Analyse der Metalle

Erster Ergänzungsband

zu den Bänden
I Schiedsanalysen · II Betriebsanalysen

Herausgegeben vom Chemikerausschuß der GDMB
Gesellschaft Deutscher Metallhütten- und Bergleute e.V.,
Clausthal-Zellerfeld

Springer-Verlag Berlin Heidelberg NewYork 1980

Herausgeber:

Chemikerausschuß
der GDMB Gesellschaft Deutscher Metallhütten- und Bergleute e.V.,
Clausthal-Zellerfeld

Redaktion:

Dr.-Ing. Klaus Wandelburg
Bundesanstalt für Materialprüfung, Berlin

CIP-Kurztitelaufnahme der Deutschen Bibliothek

Analyse der Metalle
hrsg. vom Chemikerausschuß d. GDMB, Ges. Dt. Metallhütten- u.
Bergleute e. V., Clausthal-Zellerfeld. —
Berlin, Heidelberg, New York: Springer
NE: Gesellschaft deutscher Metallhütten- und Bergleute / Chemikerausschuß
Erg.-Bd. 1. Zu den Bänden I Schiedsanalysen, II Betriebsanalysen /
[Red.: Klaus Wandelburg]. — 1980
ISBN-13: 978-3-642-85584-9   e-ISBN-13: 978-3-642-85583-2
DOI: 10.1007/978-3-642-85583-2

NE: Wandelburg, Klaus [Red.]

Satz: Roman Leipe GmbH, Hagenbach

2061/3020 — 543210

Vorwort

Die analytische Chemie hat in den beiden letzten Jahrzehnten ganz erhebliche Fortschritte hinsichtlich ihrer Leistungsfähigkeit im allgemeinen sowie der ihr zugänglich gewordenen Erfassungsgrenzen und ihrer Genauigkeit im besonderen gemacht. Es hat dies dazu geführt, daß mehr und mehr neue chemische Prinzipien und apparative Verfahren auch Eingang in die Laboratorien der Metallindustrie finden und dort die klassischen gravimetrischen und titrimetrischen Methoden in idealer Weise ergänzen.

Dieser Entwicklung hat der Chemikerausschuß der GDMB Gesellschaft Deutscher Metallhütten- und Bergleute e.V., dessen Aufgabe es ist, die jeweils richtigsten und genauesten Verfahren für die Analyse der Nichteisenmetall-Erze, -zwischenprodukte und -endprodukte zu empfehlen, Rechnung getragen. In dem vorliegenden 1. Ergänzungsband zu „Analyse der Metalle — Schiedsanalysen und Betriebsanalysen" legt er aus seiner Arbeit die ersten 54 weitgehend überarbeiteten oder völlig neu entwickelten Vorschriften vor, die er als Ergebnis seiner experimentellen Arbeiten als derzeit leistungsfähigste erkannt hat. Eine Vielzahl von ihnen haben bereits Eingang in die nationale und internationale Normung gefunden. Die Arbeiten an einem weiteren Ergänzungsband sind bereits in vollem Gange. Diese Bände stellen dann zusammen mit den beiden Büchern „Analyse der Metalle — Schiedsanalysen" und „Analyse der Metalle — Betriebsanalysen" aktuell und geschlossen den jeweiligen Stand der Analytik im NE-Metallbereich dar.

An der Ausarbeitung der Vorschriften, ihrer gründlichen kritischen Überprüfung und der Ermittlung ihrer statistischen Leistungsdaten haben sich alle Mitarbeiter des Ausschusses, zu denen auch Fachkollegen aus Belgien, Holland, Österreich, Schweden und der Schweiz zählen, mit höchstem Engagement beteiligt. Die einzelnen Arbeitskreise werden zur Zeit wie folgt geleitet:

Aluminium	Dr. U. Mannweiler Alusuisse/Neuhausen, Schweiz
Blei	Dr. E. Wunderlich Preussag/Goslar
Edelmetalle	Dr. H. W. Haase Norddeutsche Affinerie/Hamburg
Kupfer	Dr. M. Fröhlich Hüttenwerke Kayser/Lünen
Sonder- und Refraktärmetalle	Dr. D. Hirschfeld Fried. Krupp GmbH Krupp Forschungsinstitut/Essen
Zink	Prof. Dr. H. Pohl Bundesanstalt für Materialprüfung/Berlin

Die gründliche redaktionelle Bearbeitung, beginnend mit der Ausarbeitung der einheitlichen Form für alle Vorschriften bis hin zur Mitgestaltung des Satzbildes, lag in den Händen von Herrn Dr. K. Wandelburg, Bundesanstalt für Materialprüfung, Berlin.

Ihnen allen, ob genannt oder ungenannt, gebührt in gleicher Weise unser herzlichster Dank wie dem Springer-Verlag, der unser Vorhaben in der gewohnt verständnisvollen Weise unterstützt und gefördert hat. Wir wünschen unserem Buch eine gute Aufnahme in der Fachwelt, bitten jedoch gleichzeitig um Kritik und weitere Anregung.

GDMB Gesellschaft Deutscher Metallhütten- und Bergleute e.V.
— Chemikerausschuß —

Günther Kraft   Frankfurt a. Main, im August 1979

Inhaltsverzeichnis

Vorbemerkungen

Die Analysenverfahren sind wie in den Bänden I „Schiedsanalysen" und II „Betriebsanalysen" in Kapiteln zusammengefaßt, die durch den Hauptbestandteil des zu unter-
suchenden Materials bestimmt sind. Neben den Kapiteln „Blei" (Pb), „Kupfer" (Cu),
„Zink" (Zn) und „Zinn" (Sn), die durch ein bestimmtes Element gekennzeichnet
sind, werden auch die „Sonder- und Refraktärmetalle" (SR) und die „Edelmetalle"
(EM) zu jeweils einem Kapitel zusammengefaßt.

Die hinter dem Kapitelnamen in Klammern stehenden Kurzzeichen werden mit dem
Symbol des zu bestimmenden Elementes zu einem Kurzzeichen für das einzelne Analysenverfahren kombiniert. So erhält z. B. ein Verfahren zur Zinkbestimmung im Kapitel „Kupfer" das Kurzzeichen „Cu: Zn". Zur Erleichterung des Auffindens bestimm-
ter Verfahren stehen die zugehörigen Verfahrenskurzzeichen am Kopf jeder Seite.
Enthält ein Kapitel mehrere Vorschriften zur Bestimmung desselben Elementes, so
werden zur Unterscheidung diese Verfahrenskurzzeichen numeriert und im Titel des
Verfahrens wird das Unterscheidungsmerkmal angegeben. Innerhalb der Kapitel stehen
zuerst die Verfahren zur Bestimmung des Hauptbestandteiles, die übrigen Verfahren
folgen in der alphabetischen Reihenfolge der Symbole der zu bestimmenden Elemente.

In einigen Verfahren, die die Bestimmung desselben Elementes in unterschiedlichen
Matrizes zum Ziel haben, wie z. B. Aluminium in Zinklegierungen (Zn: Al) und Aluminium in Kupferlegierungen (Cu: Al) sind die abschließenden eigentlichen Bestimmungs-
verfahren identisch. Hier wird aus praktischen Überlegungen bei jedem Verfahren die
ausführliche Beschreibung gebracht und auf Verweisungen, wie sie bisher in den
Bänden I und II üblich waren, verzichtet.

Die Gliederung der einzelnen Verfahrensbeschreibungen erfolgt nach einem für alle
Verfahren grundsätzlich gleichen Schema:

Titel		3.	Ausführung*
Grundlage		3.0	Vorbereitung
Anwendungsbereich		3.1	Analyse
Zeitaufwand		3.2	Blindwert
1.	Reagenzien	3.3	Eichung
2.	Geräte	3.4	Auswertung

---

* Auch die Untergliederung von „3. Ausführung" erfolgt nach Möglichkeit in der dargestellten
  Form. Wegen unterschiedlicher Strukturen und Erfordernisse der einzelnen Verfahren können
  jedoch Abweichungen erforderlich sein.

Zu den Gliederungspunkten im einzelnen:

Titel: Der Titel gibt den zu bestimmenden Bestandteil und den nach diesem Verfahren untersuchbaren Stoff an. Er kann einen kurzen Hinweis auf das Verfahrensprinzip enthalten.

Auf Beziehungen zu Normen oder zu Verfahren, die in Bd. I „Schiedsanalysen" (3. Aufl. 1966) oder Bd. II „Betriebsanalysen" (2. Aufl. 1961) aufgeführt sind, wird gegebenenfalls in einer Anmerkung verwiesen.

Grundlage: Hier werden in kurzer Form das Prinzip und die wesentlichen Schritte des Verfahrens dargestellt. Der Anwender soll damit schnell einen Überblick über das Verfahren erlangen können, ohne erst die ausführliche Beschreibung lesen zu müssen.

Anwendungsbereich: Es wird der Bereich der Massengehalte angegeben, die nach dem Verfahren bestimmbar sind. Auf Möglichkeiten zur Erweiterung des Anwendungsbereiches und auf mögliche Störeinflüsse wird hingewiesen.

Genauigkeit: Als Maß für die Genauigkeit des Verfahrens wird der Variationskoeffizient v (auch relative Standardabweichung genannt) der Einzelwerte angegeben, die bei der praktischen Erprobung des Verfahrens in Ringversuchen erhalten worden sind. Sind in den Ringversuchen Proben unterschiedlicher Gehalte untersucht worden, so werden gegebenenfalls unterschiedliche Variationskoeffizienten für die einzelnen Gehaltsbereiche aufgeführt.

Anmerkung: Der Variationskoeffizient v ist die auf den Mittelwert $\overline{w}$ bezogene Standardabweichung s. Er wird im allgemeinen in Prozent angegeben.

$$v = \frac{s}{\overline{w}} \cdot 100\,\%$$

Die Standardabweichung errechnet sich aus den Einzelwerten w_j, ihrem arithmetischen Mittelwert $\overline{w}$ und ihrer Anzahl n zu

$$s = \sqrt{\frac{\sum\limits_{j=1}^{n} (\overline{w} - w_j)^2}{(n-1)}}$$

An den zugrundeliegenden Ringversuchen waren im allgemeinen jeweils 5 bis 10 Laboratorien beteiligt, die für jedes Probenmaterial je 6 Einzelwerte erstellten. Die angegebenen Variationskoeffizienten sind also aus jeweils etwa 30 bis 60 Einzelbestimmungen errechnet, die ihrerseits aus 5 bis 10 voneinander unabhängigen Meßreihen hervorgegangen sind.

Zeitaufwand: Die hier angegebene Zeit ist nur ein grober Richtwert für die Dauer der Ausführung der Analyse. Sie gilt, wenn nichts anderes vermerkt ist, für die Untersuchung einer Probe im Parallelansatz einschließlich der gegebenenfalls erforderlichen Blind-, Faktor- und Eichansätze unter der Annahme, daß alle benötigten Reagenzlösungen bereitstehen. Besonders lange Reaktionszeiten, z. B. Elektrolysezeiten, sind gesondert ausgewiesen.

Es wird ausdrücklich darauf hingewiesen, daß die Angaben für den Zeitaufwand wegen der unterschiedlichen Gegebenheiten in den einzelnen Laboratorien nicht als kaufmännische Kalkulationsgrundlage dienen können.

Reagenzien: Soweit nicht anders angegeben, sind stets Reagenzien des Reinheitsgrades „zur Analyse" und destilliertes Wasser oder Reagenzien und Wasser entsprechenden Reinheitsgrades zu verwenden. Die Reagenzien werden im allgemeinen in der Reihenfolge ihrer Verwendung beim Analysengang aufgelistet. Soweit die Reagenzien durch ihren Namen nicht eindeutig bestimmt sind, werden sie im Text der Verfahrensbeschreibung zusätzlich durch ihre Gliederungsnummer gekennzeichnet.

Handelsübliche Reagenzlösungen (im wesentlichen Säuren und Laugen) werden durch die hinter ihrem Namen in Klammern gesetzte Angabe des Massengehaltes und der Dichte näher bezeichnet, z. B. Salpetersäure (65 %; 1,40 g/ml).

Im laufenden Text wird bei diesen Reagenzien nur noch kurz ihr Massengehalt angegeben, z. B. „. . . in 10 ml Salpetersäure (65 %) lösen . . ."

Der üblichen Laborpraxis entsprechend, werden verdünnte Säuren im allgemeinen durch die Summe der Volumenteile der handelsüblichen „konzentrierten" Säure und des Wassers gekennzeichnet, die zur Bereitung der verdünnten Säure miteinander zu mischen sind. Hierbei wird der Anteil des Wassers stets durch den zweiten Summanden angezeigt. Z. B. bedeutet „Schwefelsäure (1+19)", daß zur Herstellung ein Volumenteil Schwefelsäure (96 %; 1,84 g/ml) mit 19 Volumenteilen Wasser zu mischen sind.

Bei Maß- und Standardlösungen sind entweder die Stoffmengenkonzentration (Quotient aus der Stoffmenge der gelösten Substanz und dem Volumen der Lösung; Einheit z. B. mol/l) oder die Massenkonzentration (Quotient aus der Masse des gelösten Bestandteils und dem Volumen der Lösung; Einheit z. B. mg/l) angegeben.

Anmerkung: Wegen der gesetzlichen Unzulässigkeit des „Val" wird der Begriff „Normalität" nicht mehr verwendet.

In Fällen, in denen es zur eindeutigen Bezeichnung von Verbindungen erforderlich erscheint, sind ihre chemischen Formeln angegeben.

Geräte: Es werden alle im Verfahren benötigten Geräte aufgeführt, die über das einfache, üblicherweise stets vorhandene Laborgerät hinausgehen.

Ausführung: Hier wird die analytische Behandlung der Probe bis zum Erlangen des Analysenergebnisses ausführlich beschrieben, einschließlich der notwendigen Maßnahmen zur Eichung, zur Ermittlung des Blindwertes, der Titer- oder Faktorstellung und eventuell erforderlicher besonderer Vorbereitungsmaßnahmen.

Die Genauigkeit von Massen- oder Volumenangaben (erforderliche Genauigkeit bei Wägungen, beim Pipettieren, Auffüllen u. ä.) wird durch die letzte angegebene Stelle des Zahlenwertes der Größe ausgewiesen. Z. B. fordert die Angabe „10,00 ml" die Verwendung einer Vollpipette, während für das Abmessen von „10 ml" ein Meßzylinder genügt.

Eine formelmäßige Anleitung zum Errechnen des Analysenergebnisses wird nur gegeben, wenn bei der Auswertung Besonderheiten zu beachten sind. Da mit dem „Gesetz über Einheiten im Meßwesen" (1969, 1973) das Internationale Einheitensystem „SI" für den geschäftlichen Verkehr verbindlich geworden ist, werden in den Rechenbeispielen die Analysenergebnisse (z. B. der Massengehalt) aus den einzelnen Meßgrößen (z. B. Einwaage, zur Titration verbrauchtes Volumen der Maßlösung usw.) unter ausschließlicher Verwendung dieser gesetzlichen Einheiten errechnet.

Anmerkung: Die Beschränkung auf gesetzliche Einheiten läßt Größen, wie z. B. 13,72 g Pb o. ä. nicht zu, da „g Pb" keine gesetzliche Einheit ist. Derartige Größen sind jedoch leicht durch korrekte Angaben zu ersetzen, im eben genannten Beispiel durch die Masse des Bleis m(Pb) = 13,72 g. Die charakteristischen Merkmale einer Größe sind stets in ihrer Benennung oder ihrem Größenzeichen ausgedrückt und nicht in der Einheit. Umgekehrt enthält auch die Benennung einer Größe keinen Hinweis auf die zu verwendende Einheit. So ist z.B. „g Einwaage" als Größenbezeichnung in einer analytischen Berechnung u. a. deshalb unzulässig, weil das Einheitenzeichen „g" die Masse m = 1 g bedeutet und nicht irgend eine frei wählbare Masse und weil die Wahl der Einheit sich nach dem Wert der Größe richten soll, um einen praktikablen zugehörigen Zahlenwert zu erhalten (möglichst zwischen 0,1 und 100). Die Masse einer Einwaage m_E = 0,00694 g wird z. B. zweckmäßiger dargestellt als m_E = 6,94 mg. Das in der abschließenden Darstellung eines Meßergebnisses u. U. erforderliche Zusammenfassen verschiedener dezimaler Teile oder Vielfacher von Einheiten wird kaum Schwierigkeiten bereiten.

Um Mißverständnissen vorzubeugen, seien an dieser Stelle noch einige der in diesem Band häufiger verwendeten Größen erläutert (vgl. auch DIN 1310 und DIN 32625).

Massengehalt: In der Metallanalytik erfolgt die Kennzeichnung der Zusammensetzung einer Probe fast ausschließlich durch die Angabe der Massengehalte für die einzelnen Bestandteile. Der Massengehalt w(i) einer Probe für den Bestandteil i ist der Quotient aus seiner Masse m(i) und der Masse m sämtlicher Bestandteile

$$w(i) = \frac{m(i)}{m}$$

Der Massengehalt kann Werte zwischen 0 (Abwesenheit des Bestandteils i) und 1 (reiner Stoff i) annehmen. Diese Darstellungsart ist jedoch ungebräuchlich. Im allgemeinen erfolgt die Angabe in Prozent.

Beispiel: w = 0,0621 = 0,0621 · 100 % = 6,21 %

Anmerkung: In diesem Band stehen Angaben in Prozent stets für Massengehalte, sofern nichts anderes angegeben ist oder nicht die Genauigkeit eines Verfahrens als Variationskoeffizient der Einzelwerte eines Ringversuches angegeben wird.

Bei Gehalten unter 0,0001 = 0,01% wird wegen der besseren Übersichtlichkeit häufig der Quotient aus der Masse des betreffenden Bestandteils und der Gesamtmasse unter Verwendung geeigneter Masseneinheiten angegeben.

Beispiel: w = 0,0000261 = 0,00261 % = 26,1 μg/g = 26,1 g/t.

Die bisher weitverbreitete Angabe von kleinen Gehalten in ppm und ppb wird hier wegen der häufig üblichen unklaren Verwendung (1 ppm wird z. B. fälschlich auch gesetzt für 1 μg/ml) und wegen der unterschiedlichen Bedeutung von Billion in englischer und deutscher Sprache nicht mehr benutzt. Zudem sind Gehaltsangaben in μg/g, g/t, ng/g o. ä. wesentlich anschaulicher.

Konzentration: Konzentrationen sind stets volumenbezogene Größen.

Der Quotient aus der Masse m(i) einer Substanz i und dem Volumen V, in dem diese Substanz enthalten ist, ist die *Massenkonzentration* ρ(i)*

$$\rho(i) = \frac{m(i)}{V}$$

---

* Wegen der Dimensionsgleichheit von Massenkonzentration und Dichte empfiehlt DIN 1310 für beide Größen das Formelzeichen ρ. Die Massenkonzentration ρ(i) der Substanz i ist gleichzeitig ihre Partialdichte.

Häufig verwendete Einheiten für die Angabe der Massenkonzentration von Lösungen sind z. B. g/l, mg/l, μg/ml usw.

Der Quotient aus der Stoffmenge n(i) einer Substanz i und dem Volumen V, in dem diese Substanz enthalten ist, ist die *Stoffmengenkonzentration* c(i).

$$c(i) = \frac{n(i)}{V}$$

Häufig verwendete Einheiten für die Angabe der Stoffmengenkonzentration von Lösungen sind z. B. mol/l, mmol/l, mmol/ml usw.

Faktor: Der Quotient aus der Masse m(i) eines Stoffes i und dem ihm äquivalenten Volumen V einer Maßlösung ist der Faktor F(i) der Maßlösung für den Stoff i

$$F(i) = \frac{m(i)}{V}$$

Häufig verwendete Einheiten für die Faktoren von Maßlösungen sind mg/ml, μg/ml usw.

Titer: Der Titer t einer Maßlösung ist der Quotient aus ihrer tatsächlichen genauen Konzentration c und ihrer auf einen „glatten" Wert gerundeten „Nenn"-Konzentration $\tilde{c}$.

$$t = \frac{c}{\tilde{c}}$$

Literatur: Es werden nur neuere Arbeiten zitiert, die sich ausführlich mit dem dargestellten Verfahren befassen.

K. Wandelburg

Blei

Bestimmung von Blei in Bleikonzentraten

Grundlage: Nach dem Aufschluß der Probe mit Natriumperoxid, Ausfällen des Bleis als Sulfat und Umfällen des Niederschlages wird die Sulfatfällung in einem definierten Volumen alkalischer ÄDTA-Maßlösung gelöst, ggf. störendes Wismut mit Zirkoniumhydroxid als Spurenfänger ausgefällt und der ÄDTA-Überschuß mit Zink-Maßlösung bei visueller, potentiometrischer oder voltametrischer Indikation zurücktitriert.

Bei Materialien, in denen das Blei mit Sicherheit quantitativ säurelöslich ist, kann statt des Schmelzaufschlusses der Aufschluß auch mit Perchlorsäure-Schwefelsäure vorgenommen werden.

Anwendungsbereich: Bleigehalte ab etwa 20 % in Bleikonzentraten und Blei-Zink-Mischkonzentraten

Genauigkeit: $v = 0,2\,\%$ bei Bleigehalten um 50 %

Zeitaufwand: 8 Stunden für einen Doppelansatz ohne Faktorstellung

1.   **Reagenzien**

1.1   Natriumperoxid

1.2.   Perchlorsäure (60 %; 1,53 g/ml)

1.3.   Wasserstoffperoxid (30 %; 1,11 g/ml)

1.4.   Lösesäure:
Unmittelbar vor Gebrauch 50 ml Perchlorsäure (60 %) mit 100 ml heißem Wasser versetzen und 2 ml Wasserstoffperoxid (30 %) zugeben.

1.5.   Schwefelsäure (1 + 1):
500 ml Schwefelsäure (96 %; 1,84 g/ml) vorsichtig in 500 ml Wasser eintragen.

1.6.   Äthanol

1.7.   Waschlösung:
200 ml Wasser mit 100 ml Äthanol und 50 ml Schwefelsäure (1+1) mischen.

1.8.   Schwefelsäure (96 %; 1,84 g/ml)

1.9.   Salpetersäure (65 %; 1,40 g/ml)

1.10.   Kaliumhydroxidlösung:
200 g Kaliumhydroxid mit Wasser zu 1 l lösen. In Kunststoffflasche aufbewahren.

1.11.   ÄDTA-Lösung (0,1 mol/l):
37,224 g Dinatriumdihydrogenäthylendiamintetraacetat-Dihydrat in Wasser lösen und im 1000-ml-Meßkolben zur Marke auffüllen.

1.12.   Xylenolorangelösung:
0,5 g Xylenolorange mit Wasser zu 100 ml lösen. Die Lösung ist mindestens 10 Tage haltbar.

1.13.   Salpetersäure (1+1):
500 ml Salpetersäure (65 %) mit 500 ml Wasser mischen.

1.14.   Zirkoniumnitratlösung:
3,53 g Zirkonium-dichlorid-oxid-Octahydrat $ZrCl_2O \cdot 8H_2O$ in einem Becherglas mit 20 ml Salpetersäure (65 %) versetzen, ca. 10 min kochen, auf Raumtemperatur abkühlen und mit Wasser auf 1 l verdünnen.

1.15.   Kaliumhydroxidwaschlösung:
5 ml Kaliumhydroxidlösung (1.10) mit Wasser auf 100 ml verdünnen.

1.16.   Natriumfluorid

1.17.   Ammoniumacetatlösung:
500 g Ammoniumacetat mit Wasser zu 1 l lösen.

1.18.   Hexamethylentetraminlösung:
Bei Raumtemperatur gesättigte wäßrige Lösung.

1.19.   Zinklösung (0,1 mol/l):
6,537 g reines Zink (mindestens 99,995 %, frisch hergestellte oxidfreie Späne) in einem bedeckten 800-ml-Becherglas mit 25 ml Wasser und 20 ml Salpetersäure (65 %), die man in kleinen Anteilen zugibt, lösen. Stickoxide verkochen. Auf Raumtemperatur kühlen. Mit Wasser zu etwa 700 ml verdünnen und mit Hexamethylentetraminlösung (1.18) elektrometrisch auf pH = 5,5 einstellen. In einen 1000-ml-Meßkolben überspülen, auf die Eichtemperatur des Meßkolbens kühlen und zur Marke auffüllen.

Anmerkung: Die so bereitete Lösung ist über mehrere Monate haltbar. Erst dann können sich vereinzelt einige Flocken abscheiden, bedingt durch den nachträglichen pH-Anstieg auf etwa pH = 6 als Folge einer verzögerten Nachneutralisation durch Hexamethylentetramin. Lösungen, die Flockungen zeigen, sind zu verwerfen. Treten Flockungen bald nach der Bereitung der Lösung auf, ist zu vermuten, daß z. B. das Zink von geringerer Reinheit war oder die Neutralisation mit Hexamethylentetramin in der Wärme durchgeführt wurde.

1.20. Hexacyanoferratlösung für potentiometrische Indikation:
2,11 g Kaliumhexacyanoferrat(II) $K_4[Fe(CN)_6]$ und 1,65 g Kaliumhexacyano-
ferrat(III) $K_3[Fe(CN)_6]$ mit Wasser zum Liter lösen (Stoffmengenverhält-
nis 1 : 1).

1.21. Mangan(II)-komplexonat-Lösung für voltametrische Indikation:
3,077 g Mangansulfat $MnSO_4 \cdot H_2O$ und 5,321 g Äthylendiamintetraessigsäure (freie Säure) mit 50 ml Hexamethylentretraminlösung (1.18) versetzen,
ca. 200 ml Wasser zugeben, lösen und auf 1 l auffüllen.
1 ml der Lösung enthält 1 mg Mangan.
Prüfen des stöchiometischen Verhältnisses:
10 ml der Lösung mit einer Spatelspitze Hydroxylammoniumchlorid (etwa
50 mg), 1 ml Ammoniumchlorid-Ammoniak-Pufferlösung von pH = 10* und
etwas Eriochromschwarz T (Verreibung 1 : 200 mit Kochsalz) versetzen. Die
Lösung soll dabei eine schmutzigviolette oder -blaue Farbe zeigen, die nach
Zugabe von einem Tropfen 0,01-mol/l-ÄDTA-Lösung in reines Blau bzw. eines
Tropfens 0,01-mol/l-Zink-Lösung in reines Rot umschlägt.

1.22. Reines Blei (mindestens 99,99 %) in Spänen oder Granalien.

2. Geräte

2.1. Schmelztiegel aus Nickel oder Zirkonium (ca. 30 bis 35 ml) mit Deckel.

2.2. Membranfilter aus Cellulosenitrat, Durchmesser 30 bis 50 mm, Porenweite 0,45
oder 0,6 μm.

2.3. Membranfilter aus PVC, Durchmesser 30 bis 50 mm, Porenweite 0,45 μm.

2.4. Membranfiltrationsgerät mit Wittschem Topf, der zur Aufnahme eines 600-
ml-Becherglases geeignet ist.

2.5. Zur potentiometrischen Indikation:
Potentiometer (mV-Meter), auch als Titrierautomat, Kalomelelektrode,
Platindraht-Elektrode.

2.6. Zur voltametrischen Indikation:
Potentiometer mit Polarisationseinrichtung (3 bis 5 μA), Platin-Doppeldraht-
elektrode mit je ca. 10 mm² Oberfläche.

3. Ausführung

3.0. Vorbereitung
Das analysenfein vorliegende Material vor der Einwaage auf Glanzpapier aus-
breiten und mit einem Löffel mischen. Hiervon die Einwaage zur Analyse
entnehmen. In einer gleichzeitig entnommenen 30 bis 50 g umfassenden Probe

---

* 7 g Ammoniumchlorid in etwas Wasser lösen, mit 57 ml Ammoniak (25 %) versetzen und mit
Wasser auf 100 ml auffüllen.

die Nässe bestimmen durch zweistündiges Trocknen bei 105 °C. Das Analysenergebnis dann auf Trockenmaterial umrechnen.

Alternativ kann von dem auf Glanzpapier ausgebreiteten und gemischten Material eine Menge von etwa 50 g entnommen und wie oben getrocknet werden. Das so getrocknete Material erneut mischen und dann die Einwaage von diesem Material entnehmen.

3.1. Analysengang für Materialien unbekannter Zusammensetzung oder für Materialien mit säureunlöslichem Blei.

Anmerkung: Beim nachfolgend beschriebenen Schmelzaufschluß scheidet sich weder beim Kochen noch beim Stehen der sauren Lösung unter den Bedingungen der Stufen 3.1.4 bis 3.1.7 in irgend einer Weise Kieselsäure aus. Zur Überprüfung wurden mehrere Einwaagen eines Bleiglases nach Vorschrift behandelt. Selbst nach einer Standzeit von zwei Tagen im Anschluß an die Bleisulfatfällung in 3.1.7 trat keine Kieselsäureabscheidung ein und die Filtrierbarkeit war nicht beeinträchtigt. Sicherheitshalber sollten jedoch die Bedingungen von 3.1.6 (maximal 5 min kochen) und 3.1.7 (Filtration nach 1 bis 2 Stunden Standzeit) nicht überschritten werden.

Für Materialien mit quantitativ säurelöslichem Blei können die Schritte 3.1.1 bis 3.1.9 durch die einfacheren Schritte 3.2.1 bis 3.2.4 ersetzt werden.

3.1.1. 1,00 g Probe auf 0,0001 g genau gewogen, in einem Nickeltiegel mit 5 g Natriumperoxid mischen und mit 5 g Natriumperoxid abdecken. Schmelzen, indem zunächst langsam erhitzt wird, dann unter Schwenken bis zur Rotglut erhitzen und 2 bis 3 min unter weiterem Schwenken im Fluß halten.

Oder

1 g Probe wie oben in einen Zirkoniumtiegel mit 2 g Natriumperoxid mischen, mit weiteren 3 g Natriumperoxid abdecken und wie oben erhitzen.

Mögliche Variation der Schmelzmethodik für beide Tiegelarten: Nach vorsichtigem Anschmelzen über der Flamme den Tiegel für 30 min in einen auf 650 bis 700 °C aufgeheizten Muffelofen stellen.

3.1.2. Nach dem Erkalten den Tiegel mit Inhalt in ein hohes 600-ml-Becherglas geben, 125 ml Wasser zugeben, mit einem Uhrglas bedecken und die Schmelze lösen lassen. (Der Tiegeldeckel wird erst in 3.1.3 gespült.)

3.1.3. Den Tiegel entfernen. Dabei zunächst mit Wasser, dann mit Lösesäure (1.4) spülen. Den Tiegeldeckel und das Uhrglas über dem Becherglas mit wenig heißem Wasser und Lösesäure (1.4) spülen.

3.1.4. Unter Rühren 40 ml Perchlorsäure (60 %) und nach dem Lösen der Hydroxide 2 ml Wasserstoffperoxid (30 %) zufügen.

3.1.5. In bedecktem Glas erwärmen bis das schwarze Nickeloxid, das bei Verwendung von Nickeltiegeln entsteht, gelöst ist.

Bei Verwendung von Zirkoniumtiegeln kann durch das beim Schmelzvorgang gelöste Zirkonium eine Trübung oder Flockung verbleiben, die aber in der folgenden Stufe 3.1.6 durch Schwefelsäure gelöst wird.

3.1.6. 100 ml Schwefelsäure (1+1) zugeben, maximal 5 min gelinde kochen, abkühlen und 150 ml Äthanol zugeben.

3.1.7.   Nach etwa 1 bis 2 Stunden Standzeit die Bleisulfatfällung über Cellulose-nitrat-Membranfilter (2.2) absaugen. Das Becherglas zwei- bis dreimal mit wenig Waschlösung (1.7) ausspülen. Das Filter und das Filtrationsgerät zweimal mit Waschlösung (1.7) auswaschen und trockensaugen.

3.1.8.   Das Filter mit dem Niederschlag in das Becherglas zurückgeben, den Filtrationsaufsatz mit einem Stück angefeuchtetem Filterpapier auswischen (maximale Menge: ein halbes Rundfilter von etwa 12 cm Durchmesser) und dieses ebenfalls in das Becherglas geben.

3.1.9.   50 ml Schwefelsäure (96 %), 2 ml Perchlorsäure (60 %), sowie 5 ml Salpetersäure (65 %) in der genannten Reihenfolge zugeben, mit einem Uhrglas bedecken und bis zum Rauchen der Schwefelsäure erhitzen.

Anmerkung: Der leichtere und weniger dichte Rauch der Perchlorsäure geht hierbei über in den schwereren und dichten Rauch der Schwefelsäure.

Abkühlen lassen, mit etwa 20 ml Wasser aufnehmen, aufkochen und zum starken Sieden der Schwefelsäure erhitzen, bis das Bleisulfat völlig gelöst ist. Abkühlen lassen.

3.1.10.   Unter Schwenken mit etwa 100 ml kaltem Wasser sowie anschließend mit 50 ml heißem Wasser aufnehmen, das Glas mit demselben Uhrglas bedecken, das in 3.1.9 benutzt wurde, und 5 min gelinde kochen. Abkühlen, 100 ml Äthanol zugeben, kühlen und 1 Stunde stehen lassen.

3.1.11.   Das so umgefällte Bleisulfat über ein PVC-Membranfilter (2.3) absaugen, das zuvor zur besseren Benetzbarkeit mit Äthanol angefeuchtet wurde. Das Becherglas zwei- bis dreimal mit wenig Waschlösung (1.7) ausspülen. Das Filter und das Filtrationsgerät zweimal mit Waschlösung (1.7) auswaschen und trokken saugen.

Anmerkung: Ein PVC-Filter ist bei visueller Indikation unbedingt erforderlich, da sich Cellulosefilter in der folgenden Stufe 3.1.13 auflösen und störende Färbungen verursachen.

3.1.12.   Das Membranfilter mit dem Niederschlag in das Glas zurückgeben, das Filtrationsgerät mit einem Gummiwischer unter Nachwaschen mit wenig Wasser über dem Becherglas reinigen zur Erfassung möglicher kleiner Bleisulfatreste.

3.1.13.   25 ml Kaliumhydroxidlösung (1.10) sowie 50,00 ml 0,1-mol/l-ÄDTA-Lösung zugeben, mit einem Uhrglas bedecken und unter gelindem Kochen den Niederschlag lösen.

3.1.14.   Mit Wasser auf ca. 170 ml verdünnen und das PVC-Filter unter Nachspülen entfernen. 0,3 ml (3–4 Tropfen) Xylenolorangelösung (1.12) zugeben und mit Salpetersäure (1 + 1) versetzen bis der Indikator nach gelb umschlägt (der Verbrauch an Salpetersäure wird etwa 10 ml betragen). Hierbei kann evtl. vorhandenes Bariumsulfat ausfallen (siehe jedoch 3.1.16).

Anmerkung: Wenn der Wismutgehalt bekannt ist und unter 0,05 % liegt, kann auf die folgende Zirkoniumhydroxidfällung verzichtet werden. Es entfallen dann die Stufen 3.1.15 bis 3.1.18 einschließlich. Es wird direkt von Stufe 3.1.14 in die Stufe 3.1.19 für visuelle und potentiometrische Indikation gegangen. Dabei entfällt in 3.1.19 selbstverständlich die nochmalige Neutralisation mit Salpetersäure.

3.1.15. 5 ml Zirkoniumnitratlösung (1.14) zugeben und durch tropfenweise Zugabe von 5 ml Kaliumhydroxidlösung (1.10) wieder alkalisch machen.

3.1.16. Die Lösung kurz zum Sieden erhitzen und 30 min warm stehen lassen (in Stufe 3.1.14 evtl. ausgefallenes Bariumsulfat geht wieder in Lösung).

3.1.17. Auf Raumtempetatur abkühlen und über ein mit Äthanol angefeuchtetes PVC-Membranfilter absaugen. Das Filtrat quantitativ in einem 600-ml-Becherglas auffangen. Das Becherglas befindet sich in einem Wittschen Topf, wobei das Ablaufrohr der Membranfiltrationseinrichtung rechtwinklig abgebogen ist und die Wandung des Becherglases oberhalb der Flüssigkeitsoberfläche berühren soll, um ein Verspritzen zu vermeiden (ein Glasstab, der in das Ablaufrohr gesteckt und ins Becherglas gestellt wird, erfüllt den gleichen Zweck).

3.1.18. Becherglas mindestens fünfmal mit wenig Kaliumhydroxidwaschlösung (1.15) auswaschen, dabei die Lösung jedesmal durch das Filter absaugen. Filter und Membranfiltrationsaufsatz noch dreimal mit wenig Kaliumhydroxidwaschlösung nachwaschen. Das Becherglas wird aus dem Wittschen Topf entfernt, nachdem bei laufender Pumpe über einen Blindstutzen belüftet wurde.

Die weitere Behandlung der Lösung richtet sich nach der gewählten Art der Indikation. Zur Titration mit visueller oder potentiometrischer Indikation weiter von 3.1.19 bis 3.1.22; bei voltametrischer Indikation weiter bei 3.1.23.

3.1.19. Im Falle visueller oder potentiometrischer Indikation durch tropfenweise Zugabe von Salpetersäure (1+1) die Lösung wieder bis nach gelb neutralisieren (hierbei kann wieder Bariumsulfat ausfallen, das aber nicht stört und kein Bleisulfat einschließt, da Blei komplexiert ist).
2 bis 3 g Natriumfluorid zugeben und lösen. In bedecktem Glas mit Siedestab ca. 3 min kochen zur Dekomplexierung von Aluminium aus dem ÄDTA-Komplex unter Bildung des Fluorokomplexes.
Auf ca. 350 ml mit Wasser verdünnen, auf Raumtemperatur abkühlen und 5 ml Ammoniumacetatlösung (1.17) zufügen.

3.1.20. Mit Salpetersäure (1+1) oder Hexamethylentetraminlösung (1.18) elektrometrisch pH = 5,5 ± 0,1 einstellen.

3.1.21. Titration mit visueller Indikation:
Die Lösung 3.1.20 unter ständigem Rühren mit 0,1-mol/l-Zink-Lösung bis zum scharfen Umschlag nach rot titrieren.

3.1.22. Titration mit potentiometrischer Indikation:
1 ml Hexacyanoferratlösung (1.20) als potentiometrischen Indikator zur Lösung 3.1.20 geben und mit 0,1-mol/l-Zink-Lösung unter Verwendung der Elektrodenkombination (2.5) titrieren (0,1 ml der Zinklösung ergeben am Äquivalenzpunkt einen Potentialsprung von mindestens 100 mV). Gegen Ende der Titration in Volumenschritten von 1 Tropfen titrieren.
Diese Titration ist zur Automatisierung mit Hilfe eines Titrierautomaten gut geeignet.

3.1.23. Titration mit voltametrischer Indikation:
Die Stufen 3.1.19 bis 3.1.22 werden durch folgende Arbeitsweise ersetzt.

3.1.24. Zu der Lösung aus 3.1.18 (bei wismut-armem Material aus 3.1.14, siehe Anmerkung dort), deren Volumen jetzt etwa 230 bis 250 ml beträgt (ggf. auf dieses Volumen verdünnen), 2 bis 3 g Natriumfluorid (1.16) und 10 ml Hexamethylentetraminlösung (1.18) zugeben und mit Salpetersäure (1 + 1) bis zum Farbumschlag von rot nach gelb neutralisieren (über ein Ausfallen von Bariumsulfat siehe 3.1.19). In bedecktem Glas mit Siedestab ca. 3 min kochen zur Dekomplexierung von Aluminium aus dem ÄDTA-Kompex unter Bildung des Fluorokomplexes.

3.1.25. Abkühlen auf Raumtemperatur und mit Hexamethylentetraminlösung (1.18) oder Salpetersäure (1 + 1) elektrometrisch pH = 6,3 ± 0,2 einstellen.

3.1.26. 2,5 ml Mangankomplexonatlösung (1.21) zugeben und mit 0,1-mol/l-Zinklösung unter Anwendung der Geräteanordnung 2.6 titrieren. Dabei die Elektrode mit 5 μA polarisieren.

Die Zinklösung zunächst in schneller Tropfenfolge, nach Annährung an den Äquivalenzpunkt in Volumenschritten von 1 Tropfen zugeben. Der Titrationsendpunkt wird durch eine sehr scharf ausgeprägte Potentialänderung von 200 bis 300 mV je Tropfen Zinklösung indiziert. Nach Überschreiten des Äquivalenzpunktes scheidet sich an der Anode etwas Mangan(IV)-oxidhydrat ab. Dieser Niederschlag, auf dessen depolarisierender Wirkung das Prinzip dieser Indikation beruht, wird nach jeder Titration durch Eintauchen der Elektrode in Salzsäure (1 + 10), der einige Tropfen Wassersroffperoxid (30 %) zugesetzt werden, abgelöst. Nach gründlichem Abspülen ist die Elektrode wieder voll einsatzbereit.

Zur Auswertung der Titration werden die gemessenen Polarisationsspannungen gegen die jeweiligen Titrationsvolumina in einem Diagramm aufgetragen und die Kurvenäste zu beiden Seiten des Abknickpunktes in der Kurve geradlinig extrapoliert und zum Schnitt gebracht. Der Schnittpunkt ist der Äquivalenzpunkt.

3.2. Analysengang für Materialien mit quantitativ säurelöslichem Blei.

Anmerkung: Auch unter der Voraussetzung quantitativ säurelöslichen Bleis kann Siliciumdioxid als bleifreie Gangart vorliegen. Dieses begleitet das Bleisulfat bis zur Entfernung des Wismuts durch die Zirkoniumhydroxid-Mitfällung (3.1.17 und 3.1.18) und wird hier mit abfiltriert. Bei wismutarmem Material, für das keine Zirkoniumhydroxid-Mitfällung erforderlich ist, begleitet das Siliciumdioxid das Bleisulfat bis zum Ende. Es kann Trübungen hervorrufen, so vor allem beim Auflösen des Bleisulfats mit siedender Schwefelsäure.

Bei Materialien, in denen sämtliches Blei mit Sicherheit säurelöslich ist, kann der Schmelzaufschluß entfallen und stattdessen ein Säureaufschluß vorgenommen werden. Die Stufen 3.1.1 bis 3.1.9 entfallen und werden durch die folgenden Stufen 3.2.1 bis 3.2.4 ersetzt:

3.2.1. 1,00 g Probe auf 0,0001 g genau gewogen, in einem hohen 600-ml-Becherglas mit 50 ml Schwefelsäure (96 %) und 5 ml Perchlorsäure (60 %) versetzen, das Becherglas mit einem Uhrglas bedecken, bis zum Rauchen der Schwefelsäure erhitzen (siehe Anmerkung zu 3.1.9) und bis zum starken Sieden der Schwefelsäure zur völligen Zersetzung der Probe und zur Auflösung der Sulfate weiter erhitzen. Auf Raumtemperatur abkühlen.

3.2.2.   Mit etwa 100 ml Wasser unter Schwenken aufnehmen, das Glas mit demselben Uhrglas bedecken wie in 3.2.1 benutzt, 5 min gelinde kochen und dann abkühlen.

100 ml Äthanol zugeben, kühlen und 1 Stunde stehen lassen.

3.2.3.   Den Bleisulfatniederschlag über ein Membranfilter aus Cellulosenitrat (2.2) absaugen. Das Becherglas zwei- bis dreimal mit wenig Waschlösung (1.7) ausspülen. Das Filter und das Filtrationsgerät zweimal mit Waschlösung (1.7) auswaschen und trockensaugen.

3.2.4.   Das Filter mit dem Niederschlag in das Becherglas zurückgeben, das Filtrationsgerät mit einem kleinen Stück angefeuchtetem Filterpapier auswischen (maximale Menge: ein halbes Rundfilter von etwa 12 cm Durchmesser) und dieses ebenfalls in das Becherglas geben. Mit 50 ml Schwefelsäure (96 %), 2 ml Perchlorsäure (60 %) und 5 ml Salpetersäure (65 %) in der genannten Reihenfolge versetzen, mit einem Uhrglas bedecken und bis zum Rauchen der Schwefelsäure erhitzen. Abkühlen lassen, mit etwa 20 ml Wasser aufnehmen, aufkochen und zum starken Sieden der Schwefelsäure erhitzen, bis das Bleisulfat völlig gelöst ist. Abkühlen lassen und weiterverfahren ab 3.1.10 einschließlich.

3.3.   Titerstellung, Faktorstellung und Auswertung

3.3.1.   Bestimmung des Titers t der ÄDTA-Lösung.
ÄDTA läßt sich im allgemeinen gut zu einer 0,1-mol/l-Lösung einwiegen. Die genaue Konzentration ist jedoch durch Titration mit einer 0,1-mol/l-Zink-Urtiterlösung (1.19) zu ermitteln:

25,00 ml der 0,1-mol/l-ÄDTA-Lösung in ein 600-ml-Becherglas pipettieren, 25 ml Kaliumhydroxidlösung (1.10) zugeben. Der weitere Weg richtet sich nach der Art der Indikation der Titration.

Im Falle visueller oder potentiometrischer Indikation mit Wasser auf ca. 350 ml verdünnen, mit 0,3 ml Xylenolorangelösung (1.12) und mit 5 ml Ammoniumacetatlösung (1.17) versetzen. Dann weiterverfahren ab 3.1.20 einschließlich.

Im Falle voltametrischer Indikation mit Wasser auf ca. 250 ml verdünnen, mit 10 ml Hexamethylentetraminlösung (1.18) sowie 0,3 ml Xylenolorangelösung (1.19) versetzen und mit Salpetersäure (1+1) elektrometrisch auf pH = 6,3 ± 0,2 einstellen. Weiter wie in 3.1.26.

Der Zusatz von Xylenolorangelösung (Farbindikator) bei den elektrometrischen Indikationen dient der optischen Vororientierung bei der pH-Einstellung und Titration.

Insgesamt wenigstens dreimal den Titer t bestimmen und die Ergebnisse mitteln.

$$t = \frac{V(Zn)}{V(\text{ÄDTA})}$$

V(ÄDTA): Volumen der vorgelegten 0,1-mol/l-ÄDTA-Lösung.
V(Zn):   Volumen der zur Titration der Vorlage benötigten 0,1-mol/l-Zink-Lösung.

3.3.2. Faktorstellung der ÄDTA-Lösung gegen Blei:
Der theoretische Faktor einer 0,1-mol/l-ÄDTA-Lösung für Blei ist F(Pb)
= 20,72 mg/ml. Bedingt durch eine gewisse, wenn auch sehr geringe Löslichkeit
von Bleisulfat in den beiden Fällungsstufen (zusammen etwa 0,5 mg) weicht
der tatsächliche Faktor vom theoretischen Wert etwas ab und ist obendrein
etwas abhängig von der Bleimenge. Der Faktor muß daher für sehr genaue
Analysen empirisch im Bereich des Bleigehaltes der Probe gestellt werden:

Einwaagen von 300 bis 800 mg reinem Blei (1.22), je nach Bleigehalt der Probe, werden nach 3.1.1 mit Natriumperoxid geschmolzen und durchlaufen den
gesamten Analysengang.

Im Falle von quantitativ säurelöslichem Blei im Analysenmaterial (siehe 3.2)
wird das Blei zur Titerstellung in einem 600-ml-Becherglas mit 50 ml Schwefelsäure (96 %) versetzt. Man erhitzt zum starken Sieden der Schwefelsäure zum
völligen Auflösen des Bleies, kühlt und verfährt ab 3.2.2 einschließlich. Der
tatsächliche Äquivalenzfaktor für Blei ist

$$F^*(Pb) = \frac{m(Pb)}{a \cdot t - b}$$

m(Pb): Bleieinwaage zur Faktorstellung,
a: Volumen der vorgelegten 0,1-mol/l-ÄDTA-Lösung,
t: Titer der 0,1-mol/l-ÄDTA-Lösung,
b: Volumen der zur Rücktitration des ÄDTA-Überschusses erforderli-
        lichen 0,1-mol/l-Zinklösung.

3.3.3. Berechnung des Bleigehaltes der Probe
Der Bleigehalt w(Pb) der Probe in Prozent errechnet sich nach folgender Gleichung:

$$w(Pb) = \frac{(a_p \cdot t - b) \cdot F^*(Pb)}{m_p} \cdot 100\%.$$

Hierin bedeuten m_p: Probeneinwaage
                 a_p: Volumen der zur Titration der Probe vorgelegten
                         0,1-mol/l-ÄDTA-Lösung

Beispiel:

Bei der Titration seien für 25,00 ml ÄDTA-Lösung 24,85 ml Zinklösung verbraucht worden.
V(ÄDTA) = 25,00 ml; V(Zn) = 24,85 ml;

$$t = \frac{V(Zn)}{V(ÄDTA)} = \frac{24,85 \text{ ml}}{25,00 \text{ ml}} = 0,9940.$$

Zur Ermittlung des Faktors der ÄDTA-Lösung für Blei F*(Pb) bei der Untersuchung eines Konzentrats mit einem Bleigehalt von etwa 45 % seien 0,4513 g
reines Blei eingewogen worden. Zur Rücktitration der nach 3.3.2 vorgelegten
25,00 ml ÄDTA-Lösung seien 3,55 ml Zinklösung verbraucht worden.

$m(Pb) = 0{,}4513\,g; \quad a = 25{,}00\,ml; \quad t = 0{,}9940; \quad b = 3{,}55\,ml,$

$$F^*(Pb) = \frac{m(Pb)}{a \cdot t - b} = \frac{0{,}4513\,g}{25{,}00\,ml \cdot 0{,}9940 - 3{,}55\,ml} = \frac{0{,}4513\,g}{(24{,}85 - 3{,}55)\,ml},$$

$$F^*(Pb) = \frac{0{,}4513\,g}{21{,}30\,ml} = 0{,}02119\,g/ml = 21{,}19\,mg/ml.$$

Bei der Untersuchung der Probe seien bei einer Einwaage von 1.0018 g zur Rücktitration von 25,00 ml vorgelegter ÄDTA-Lösung 3,80 ml Zinklösung verbraucht worden.

$m_p = 1{,}0018\,g; \quad a_p = 25{,}00\,ml; \quad b_p = 3{,}80\,ml; \quad t = 0{,}9940; \quad F^*(Pb) = 21{,}19\,mg/ml$

$$w(Pb) = \frac{(a_p \cdot t - b_p) \cdot F^*(Pb)}{m_p} \cdot 100\%$$

$$w(Pb) = \frac{(25{,}00\,ml \cdot 0{,}9940 - 3{,}80\,ml) \cdot 21{,}19\,mg/ml}{1{,}0018\,g} \cdot 100\%,$$

$$w(Pb) = \frac{(24{,}85 - 3{,}80\,ml \cdot 21{,}19\,mg/ml}{1{,}0018\,g} \cdot 100\% = \frac{21{,}05\,ml \cdot 21{,}19\,mg/ml}{1{,}0018\,g} \cdot 100\%,$$

$$w(Pb) = \frac{446{,}05\,mg}{1{,}0018\,g} \cdot 100\% = \frac{0{,}44605\,g}{1{,}0018\,g} \cdot 100\% = 0{,}4452 \cdot 100\%,$$

$$w(Pb) = 44{,}52\%.$$

Bestimmung von Silber, Wismut und Kupfer in reinem Blei (sowie auch in Zink, Cadmium und Indium) nach Extraktion

Grundlage: Nach dem Lösen der Probe in Salpetersäure und Komplexierung der Matrix mit Äthylendiamintetraacetat werden Silber, Kupfer und Wismut bei pH = 7 als Diäthyl-dithiocarbamidate in Tetrachlorkohlenstoff extrahiert und nach dem Abdampfen des Lösungsmittels in salzsaurer Lösung durch Atomabsorptionsspektrometrie bestimmt.

Anwendungsbereich: Silbergehalte von 0,1 bis 10 µg/g
Kupfergehalte von 0,1 bis 10 µg/g
Wismutgehalte von 1 bis 100 µg/g

Genauigkeit: v = 15 % bei Silbergehalten von 0,2 bis 2 µg/g
v = 20 % bei Kupfergehalten um 0,5 µg/g
v = 10 % bei Wismutgehalten um 2 µg/g
v = 4 % bei Wismutgehalten um 50 µg/g

Zeitaufwand: 6 Stunden für einen Doppelansatz mit zwei Blindproben.

1.   Reagenzien

Soweit erhältlich hochreine Reagenzien und nur vollentsalztes oder bidestilliertes Wasser verwenden.

1.1.   Salpetersäure (1 + 2):
300 ml Salpetersäure (65 %; 1,40 g/ml) mit 600 ml Wasser mischen.

1.2.   Harnstoff

1.3.   Äthylendiamintetraacetatlösung:
150 g Äthylendiamintetraessigsäure mit 800 ml Wasser versetzen und unter Rühren 100 ml Ammoniaklösung (25 %) hinzufügen.

Nach dem Abkühlen durch weitere Zugabe von Ammoniaklösungen elektrometrisch pH = 7,0 ± 0,1 einstellen und die klare Lösung auf 1000 ml verdünnen.

Anmerkung: Für die Bestimmung von Spurengehalten insbesondere an Kupfer kann eine Reinigung der Äthylendiamintetraacetatlösung erforderlich werden:

150 g Äthylendiamintetraessigsäure mit 120 ml Wasser versetzen, unter Rühren 100 ml Ammoniaklösung (25 %) zugeben und kühlen. Durch weitere Zugabe von Ammoniak pH = 7,0 ± 0,1 einstellen. Die Lösung in einen 500-ml-Schütteltrichter überführen, 10 ml Natriumdiäthyldithiocarbamidatlösung (1.5) und 50 ml Tetrachlorkohlenstoff zugeben und 1 min schütteln. Die organische Phase verwerfen und die Extraktion mit je 50 ml Tetrachlorkohlenstoff ohne weiteren Zusatz von Natriumdiäthyldithiocarbamidatlösung so oft wiederholen, bis der letzte Extrakt farblos ist. Zur Prüfung auf Vollständigkeit der Reinigung 1 ml Natriumdiäthyldithiocarbamidatlösung zugeben und nochmals mit Tetrachlorkohlenstoff extrahieren. Der Extrakt muß farblos sein. Die so gereinigte Lösung unter Einhaltung von pH = 7,0 ± 0,1 auf 1000 ml verdünnen (pH-Korrektur mit Ammoniaklösung oder Salpetersäure).

Wegen des Gehaltes an Natriumdiäthyldithiocarbamidatresten sollte die Lösung stets frisch bereitet werden.

1.4.   Ammoniaklösung (25 %; 0,91 g/ml)

1.5.   Natriumdiäthyldithiocarbamidatlösung:
        0,5 g Natriumdiäthyldithiocarbamidat in 200 ml Wasser lösen.

1.6.   Tetrachlorkohlenstoff

1.7.   Schwefelsäure (1+1):
        500 ml Schwefelsäure (96 %; 1,84 g/ml), vorsichtig in 500 ml Wasser eintragen.

1.8.   Perchlorsäure (70 %; 1,67 g/ml)

1.9.   Salpetersäure (65 %; 1,40 g/ml)

1.10.   Salzsäure (etwa 3 mol/l):
        250 ml Salzsäure (37 %; 1,19 g/ml) mit Wasser auf 1000 ml verdünnen.
        Anmerkung: Es empfiehlt sich eine Salzsäure in der Qualität „hochrein", die mit bidestilliertem Wasser auf eine Konzentration von etwa 3 mol/l verdünnt wird. Geringere Qualitäten sind durch Destillation zu reinigen, wobei man als azeotropes Destillat eine Salzsäure mit einer Konzentration von etwa 6 mol/l erhält, die entsprechend zu verdünnen ist.

1.11.   Silber-Kupfer-Wismut-Stammlösung I (je 0,5 mg/ml):
        Je (0.500 ± 0.001) g Silber, Kupfer und Wismut (mindestens 99,9 %) in 20 bis 30 ml Salpetersäure (1+2) lösen, Stickoxide verkochen und nach dem Erkalten in einem 1000-ml-Meßkolben mit Wasser zur Marke auffüllen.

1.12.   Silber-Kupfer-Wismut-Stammlösung II (je 0,1 mg/ml):
        200,0 ml der Stammlösung 1 (1.11) mit 10 ml Salpetersäure (1+2) versetzen und mit Wasser in einem 1000-ml-Meßkolben zur Marke auffüllen.

2.   **Geräte**

2.1.   pH-Meßgerät mit Meßkette

2.2.   Atomabsorptionsspektrometer mit Schreiber und entsprechenden Lampen.

2.3.   500-ml-Scheidetrichter mit 5 bis 10 mm langem Ablaufrohr.

2.4.   250-ml-Scheidetrichter mit 5 bis 10 mm langem Ablaufrohr.

3.   **Ausführung**

3.1.   Analyse
        Anmerkung: Die Vorschrift gilt für die Untersuchung von reinem Blei. Für die Untersuchung von Zinn, Cadmium und Indium wird das Verfahren nach 3.5 abgeändert.

3.1.1. (10,00 ± 0,01) g Probe in einem mit einem Uhrglas bedeckten 250-ml-Becherglas (hohe Form) mit 35 ml Salpetersäure (1+2) unter Erwärmen lösen.

3.1.2. 20 ml Wasser zugeben und die Stickoxide verkochen. Das Auskristallisieren von Bleinitrat durch Zugabe einer ausreichenden Menge Wasser verhindern.

3.1.3. 0,5 g Harnstoff zugeben, 3 min im Sieden halten und erkalten lassen.

3.1.4. 100 ml Äthylendiamintetraacetatlösung (1.3) zugeben, unter Rühren durch Zugabe von Ammoniaklösung (25 %) nach dem Erkalten elektrometrisch pH = 7,0 ± 0,1 einstellen (gegebenenfalls pH-Korrektur mit Ammoniaklösung oder Salpetersäure).

3.1.5. Die klare Lösung in einen 250-ml-Schütteltrichter überführen und mit wenig Wasser nachspülen.

3.1.6. 5 ml Natriumdiäthyldithiocarbamidatlösung (1.5) und 20 ml Tetrachlorkohlenstoff zugeben, 2 min schütteln und nach der Phasentrennung die organische Phase in ein 250-ml-Becherglas (hohe Form) ablassen.

3.1.7. Die Extraktion viermal mit je 5 ml Natriumdiäthyldithiocarbamidatlösung (1.5) und je 20 ml Tetrachlorkohlenstoff (1.6) wiederholen.

Anmerkung: Der vorletzte Extrakt muß bereits farblos sein, andernfalls noch zusätzliche Extraktionsschritte anschließen.

3.1.8. Die vereinigten organischen Phasen mit 5 ml Schwefelsäure (1+1) versetzen, bei bedecktem Glas Tetrachlorkohlenstoff vollständig abdampfen.

3.1.9. 1,5 ml Perchlorsäure (70%) und 2 ml Salpetersäure (65%) zugeben und bei weiterhin bedecktem Glas bis zum starken Rauchen der Schwefelsäure erhitzen.

3.1.10. Nach dem Abkühlen das Uhrglas mit 1 ml Salpetersäure (65%) abspülen und entfernen. Die Lösung zur Trockne dampfen und erkalten lassen.

3.1.11. Mit 10 ml Salzsäure (etwa 3 mol/l) unter Erwärmen aufnehmen, in einen 25-ml-Meßkolben überführen und nach dem Abkühlen mit Salzsäure (etwa 3 mol/l) zur Marke auffüllen.

Anmerkung: Es können sich einige Kristalle von Bleichlorid abscheiden. Sie stören bei den Atomabsorptionsmessungen nicht, wenn man sie am Boden beläßt und nicht aufwirbelt.

3.1.12. Atomabsorptionsspektrometrie in einer Acetylen-Luft-Flamme unter optimalen Bedingungen nach Anweisungen des Geräteherstellers gegen die im Analysengang und zur Herstellung der Vergleichslösungen verwendete Salzsäure (etwa 3 mol/l).

3.2. Blindwerte

Zur Bestimmung der Blindwerte durchlaufen 35 ml Salpetersäure (1+2) den gesamten Analysengang.

Anmerkung: Der Verbrauch an Ammoniaklösung ist bei den Blindlösungen etwas größer als bei den Probelösungen. Dieser Mehrverbrauch bleibt bedeutungslos, wenn die verwendete Ammoniaklösung blindwertfrei ist. Andernfalls muß die Differenzmenge Ammoniak eingedampft und vor der pH-Einstellung der Probelösung zugeschlagen werden.

3.3. Eichkurven

3.3.1. Welchselnde Volumina der Stammlösungen I oder II (1.11 oder 1.12), je nach erwarteten Gehalten in den Blindwert- und Probelösungen, in 25-ml-Meßkolben geben, mit Wasser auf 10 bis 15 ml verdünnen, mit 6 ml Salzsäure (37%) versetzen, gut mischen (Silber geht als Dichlorokomplex in Lösung) und mit Wasser zur Marke auffüllen. Die Lösung hat jetzt eine HCl-Konzentration von etwa 3 mol/l. Diese Vergleichslösungen stets frisch bereiten.

Die Vergleichslösungen zeitlich zusammenhängend mit den Blindwert- und Probelösungen gegen Salzsäure (etwa 3 mol/l) als „Null-Lösung" atomabsorptionsspektrometrisch messen. Die für die Vergleichslösungen gemessenen Schreiberausschläge oder die ihnen proportionalen Extinktionen gegen die in 3.3.1 abgemessenen Massen an Kupfer, Silber und Wismut in einem Diagramm auftragen.

Anmerkung: Durch die Verwendung der Salzsäure (etwa 3 mol/l) als „Null-Lösung" werden die im allgemeinen sehr kleinen Eigengehalte in der für die Standardlösungen verwendeten Salzsäure automatisch eliminiert. Dies ist vor allem bei sehr geringen Spurenelementgehalten der Proben von Bedeutung.

Der Vorrat an Salzsäure (etwa 3 mol/l) und Salzsäure (37 %) sollte groß genug bemessen sein und für einen Analysengang (Ansetzen der verschiedenen Standard-, Blind- und Probelösungen) ausreichen.

Die Registrierung des AAS-Signals sollte unbedingt mit einem Schreiber erfolgen, weil so der zeitliche Signalverlauf beobachtet und evtl. Störungen (Rauschen, Driften usw.) leicht erkannt werden können.

3.4.   Auswertung
Die in den Blindwert- und Probelösungen enthaltenen Massen der zu bestimmenden Elemente anhand der jeweiligen Eichkurve ermitteln. Die in den Blindwertlösungen enthaltenen Massen von denen der Probelösungen abziehen und hieraus unter Berücksichtigung der Einwaage die Gehalte der Probe errechnen.

Anmerkung: Ein einfacher Abzug der Blindwertextinktionen von den Extinktionen der Probelösungen ist nur dann zulässig, wenn die Eichfunktion eine Gerade ist.

3.5.   Erweiterung des Verfahrens
Das Verfahren kann auch für reines Zink, Cadmium und Indium angewendet werden. Da wegen der niedrigeren Atommassen gegenüber dem Blei erheblich größere Äthylendiamintetraacetatmengen erforderlich wären, verringert man die Einwaagen auf 5 g.
Die Stufen 3.1.1 bis 3.1.4 der für Blei geltenden Vorschrift werden für die Untersuchung von Zink, Cadmium und Indium durch die im folgenden beschriebenen Stufen 3.5.1 bis 3.5.4 ersetzt.

3.5.1.   −5,00 g Zink in 25 ml Salpetersäure (67 %) oder
−5,00 g Cadmium in 15 ml Salpetersäure (67 %) oder
−5,00 g Indium in 25 ml Salpetersäure (67 %)
unter Erwärmen lösen.

3.5.2.   20 ml Wasser zugeben und die Stickoxide verkochen.

3.5.3.   0,5 g Harnstoff zugeben, 3 min im Sieden halten und dann erkalten lassen.

3.5.4.   − für Zink 160 ml Äthylendiamintetraacetatlösung (1.3) bzw.
− für Cadmium oder Indium 90 ml Äthylendiamintetraacetatlösung (1.3) zugeben, abkühlen und unter Rühren durch Zugabe von Ammoniaklösung elektrometrisch pH = 7,0 ± 0,1 einstellen. Die Lösung in einen 250-ml- oder 500-ml-Schütteltrichter überführen und mit wenig Wasser nachspülen. Weiterverarbeiten ab 3.1.6 einschließlich.

Anmerkung: Für die Blindwerte und die Vergleichslösungen müssen selbstverständlich auch die gleichen Reagenzienmengen wie für die Probe verwendet werden.

Bestimmung von Silber, Wismut und Kupfer in reinem Blei nach Nitrattrennung

Grundlage: Nach dem Lösen der Probe in Salpetersäure wird der größte Teil des Bleis als Bleinitrat ausgefällt; Silber, Kupfer und Wismut werden in der Lösung durch Atomabsorptionsspektrometrie bestimmt.

Anmerkung: Mit diesem Verfahren können ohne Abänderung außer Ag, Bi und Cu auch die Elemente Ca, Cd, Co, Fe, Ga, Hg, In, Mg, Mn, Ni, Pd, Tl und Zn in reinem Blei angereichert und bestimmt werden.

Anwendungsbereich: Silbergehalte   von 0,1 bis 10 μg/g
Kupfergehalte von 0,2 bis   2 μg/g
Wismutgehalte von 1 bis 100 μg/g
in reinem Blei.

Die Anwendbarkeit des Verfahrens auf höhere Gehalte wurde nicht überprüft.

Genauigkeit: v = 15 % bei Silbergehalten   von   0,2 bis 2 μg/g
v = 15 % bei Kupfergehalten   um   0,5 μg/g
v = 10 % bei Wismutgehalten   um   2 μg/g
v =   4 % bei Wismutgehalten   um 50 μg/g

Zeitaufwand: 4 bis 6 Stunden für einen Doppelansatz mit zwei Blindproben

1. **Reagenzien**
   Soweit erhältlich hochreine Reagenzien und nur vollentsalztes oder bidestilliertes Wasser verwenden.

1.1. Salpetersäure (65 %; 1,40 g/ml)

1.2. Salpetersäure (1+3):
250 ml Salpetersäure (65 %) in 750 ml Wasser geben.

1.3. Salpetersäure (1 mol/l):
67 ml Salpetersäure (65 %) mit Wasser auf 1000 ml verdünnen.

1.4. Kupfer-, Silber- und Wismut-Standardlösungen (1 mg/l):
Jeweils 1,000 g möglichst reines Silber, Kupfer bzw. Wismut (mindestens 99,9 %) in je 40 ml Salpetersäure (1+3) unter Erwärmen lösen. Stickoxide verkochen und mit Salpetersäure (1 mol/l) im Meßkolben auf je 1000 ml auffüllen.

2. **Geräte**
   Atomabsorptionsspektrometer mit Schreiber und entsprechenden Lampen.

3.   Ausführung

3.0.   Vorbemerkung
Es ist unbedingt chloridfrei zu arbeiten (Geräte, Chemikalien, Luft), andernfalls können Minderbefunde an Silber auftreten.

3.1.   Analyse

3.1.1.   (10,00±0,01)g Probematerial in einem mit einem Uhrglas bedeckten 400-ml-Becherglas (breite Form) mit 100 ml Salpetersäure (1+3) versetzen und unter Erwärmen lösen. Die Lösung bei nicht zu hoher Temperatur auf einer Heizplatte (Asbestunterlage!) oder einem siedenden Wasserbad zu einem noch feuchten Kristallbrei einengen. Die Probe abkühlen lassen.

Anmerkung: Die Probe darf nicht vollständig trocken werden, andernfalls können Minderbefunde auftreten.

3.1.2.   Den Salzrückstand mit 25 ml Salpetersäure (65 %) unter leichtem Erwärmen aufnehmen und auf Raumtemperatur abkühlen, Die überstehende Lösung in ein 150-ml-Becherglas dekantieren und dabei darauf achten, daß keine Bleinitratkristalle mitgerissen werden.

3.1.3.   Den Schritt 3.1.2 noch zweimal mit je 10 ml Salpetersäure (65 %) wiederholen, jedoch ohne zu erwärmen.

3.1.4.   Die vereinigten Lösungen bei nicht zu hoher Temperatur auf 0,5 bis 1,0 ml eindampfen und auf Raumtemperatur abkühlen.

3.1.5.   Den Rückstand unter leichtem Erwärmen mit 5 ml 1-mol/l-Salpetersäure aufnehmen, die Lösung in einen 10-ml-Meßkolben überführen, mit 1-mol/l-Salpetersäure nachspülen und damit zur Marke auffüllen.

3.1.6.   Atomabsorptionsspektrometrie der Probelösungen (3.1.5) und der Eichlösungen (3.3.1) in einer Acetylen-Luft-Flamme unter optimalen Bedingungen nach Anweisung des Geräteherstellers.

3.2.   Blindwert
Die in 3.1.1 bis 3.1.3 benötigten Säuremengen in ein 150-ml-Becherglas geben und von 3.1.4 bis 3.1.6 weiterverarbeiten.

3.3.   Eichkurven

3.3.1.   Für jedes Element in je eine Reihe von 10-ml-Meßkoben steigende Mengen der Standardlösungen (1.4) einmessen. Die Volumina so wählen, daß der vermutete Gehaltsbereich abgedeckt wird. Erforderlichenfalls die Standardlösungen definiert mit 1-mol/l-Salpetersäure vorverdünnen.

3.3.2.   Diese Eichlösungen mit den Probelösungen und ihren Blindwertlösungen (3.2) zeitlich zusammenhängend unter denselben apparativen Bedingungen (3.1.6) gegen die zur Herstellung der Vergleichslösung verwendete 1-mol/l-Salpetersäure (Blindwert der Eichlösungen) atomabsorptionsspektrometrisch messen. Die gemessenen Extinktionen der Eichösungen gegen die zugehörigen Silber-, Kupfer- bzw. Wismutmengen jeweils in einem Diagramm auftragen.

Anmerkung: Durch die Verwendung der 1-mol/l-Salpetersäure als „Null-Lösung" werden die im allgemeinen sehr kleinen Eigengehalte in der für die Standardlösungen verwendeten Salpetersäure eliminiert. Dies ist vor allem bei sehr geringen Spurenelementgehalten der Proben von Bedeutung. Der Vorrat an 1-mol/l-Salpetersäure sollte groß genug be-

messen sein und für einen Analysengang (Ansetzen der verschiedenen Standard-, Blind-
und Probelösungen) ausreichen.

3.4.   Auswertung

Mit Hilfe der jeweiligen Eichkurven die in Probe- und Blindlösungen enthaltenen Massen des zu bestimmenden Elementes ermitteln, die in der Blindlösung
enthaltenen Massen von den entsprechenden Massen der Probelösungen abziehen und hieraus unter Berücksichtigung der Einwaage die Gehalte der Probe
errechnen.

Anmerkung: Ein einfacher Abzug der Blindwertextinktion von den Extinktionen der
Probelösungen ist nur dann zulässig, wenn die Eichfunktion eine Gerade ist.

Bestimmung von Schwefel in Hart- und Weichblei

Grundlage: Beim Lösen der Probe in einem reduzierenden Säuregemisch wird der enthaltene Schwefel zu Schwefelwasserstoff umgesetzt, im Stickstoffstrom in Zinkacetatlösung übergeleitet und hier als Zinksulfid gebunden. Der Suldidschwefel wird mit N,N-Dimethyl-p-phenylendiamin in Gegenwart von Eisen(III)-salz zu Methylenblau umgesetzt, dessen Färbung photometriert wird.

Anwendungsbereich: Schwefelgehalte von 1 bis 80 μg/g (geprüfter Bereich).

Anmerkung: Die obere Gehaltsgrenze kann durch Verringerung der Einwaage erhöht werden, soweit es die Homogenität des Probematerials zuläßt.

Genauigkeit: v = 5 % bei Schwefelgehalten um 80 μg/g

v = 15 % bei Schwefelgehalten um 3 μg/g

Zeitaufwand: 2 bis 2,5 Stunden für eine Probe ohne Vorbereitungsarbeiten je nach Einwaage und Lösedauer.

1.   **Reagenzien**
    Wasser destilliert oder bidestilliert, nicht über Ionenaustauscher gereinigt (Sulfogruppen der Kationenaustauscher!).

1.1.   Lösungssäuregemisch:
    600 ml Bromwasserstoffsäure (47 %; 1,50 g/ml), 120 ml Jodwasserstoffsäure (57 %; 1,70 g/ml), 80 ml Ameisensäure (98 %; 1,22 g/ml) und 20 g Natriumhypophosphit $NaH_2PO_2 \cdot H_2O$ mischen.

    Diese Mischung zur Entfernung von Schwefel in einem 2-l-Destillierkolben 1,5 bis 2 Stunden unter Durchleiten von Stickstoff (ca. 10 l/h) am Rückfluß kochen, unter weiterem Durchleiten von Stickstoff abkühlen und in eine Glasflasche mit Schliffstopfen abfüllen. Dieses Auskochen beim Lagern der Lösung wöchentlich wiederholen, um eingeschleppte Schwefelmengen zu entfernen.

1.2.   Absorptionslösung:
    25 g Zinkacetat $(CH_3COO)_2Zn \cdot 2H_2O$ und 6,25 g Natriumacetat $CH_3COONa \cdot 3H_2O$ in Wasser lösen und auf 500 ml auffüllen. Falls erforderlich, filtrieren.

1.3.   N,N-Dimethyl-p-phenylendiamin-Lösung:
    0,5 g N,N-Dimethyl-p-phenylendiammoniumdichlorid in 300 ml Wasser lösen, mit 100 ml Schwefelsäure (96 %) versetzen, nach dem Kühlen mit Wasser auf 500 ml auffüllen. Falls erforderlich, filtrieren.

1.4.   Eisen(III)-sulfat-Lösung:
    12,5 g Eisen(III)-ammoniumsulfat $FeNH_4(SO_4)_2 \cdot 12 H_2O$ mit etwa 80 ml Wasser und 2,5 ml Schwefelsäure (96 %) versetzen, zum Lösen erwärmen, abkühlen und mit Wasser auf 100 ml auffüllen.

1.5.	Stickstoff:

Qualität „nachgereinigt" oder „hochrein" aus Druckflaschen. Vor dem Eintritt in die Apparatur durch eine mit Wasser gefüllte Waschflasche leiten. Bei geringeren Stickstoffqualitäten wird das Gas durch eine mit Gaswaschlösung (1.6) beschickte Waschflasche geleitet.

Keine Gummischläuche (schwefelhaltig), sondern Kunststoffschläuche verwenden!

1.6. Gaswaschlösung:

10 g Natriumhypophosphit $NaH_2PO_2 \cdot H_2O$ und 10 g Pyrogallol in 100 ml Wasser lösen.

1.7. Schwefel-Stammlösung (1 mg/ml):

2,72 g Kaliumsulfat K_2SO_4 2 Stunden bei 150 °C getrocknet, in sehr reinem (z. B. bidestilliertem) Wasser lösen und im 500-ml-Meßkolben zur Marke auffüllen.

1.8. Schwefel-Standardlösung (10 µg/ml):

10,00 ml Schwefel-Stammlösung (1.7) kurz vor Gebrauch mit sehr reinem (z. B. bidestilliertem) Wasser im 1000-ml-Meßkolben zur Marke auffüllen.

1.9. Platinlösung (2 mg/ml):

500 mg Platinfolie in einem Gemisch aus 5 ml Salzsäure (1+1) und 2 ml Salpetersäure (1+1) lösen und zur Trockne dampfen.

Mindestens zweimal zum vollständigen Vertreiben der Salpetersäurereste mit je 5 ml Salzsäure (1+1) zur Trockne dampfen und mit Wasser auf 250 ml verdünnen.

2. Geräte

2.1. Destillierapparatur (s. Bild 1)

2.2. Strömungmesser für Stickstoff mit geeignetem Meßbereich.

2.3. Spektralphotometer mit Küvetten von 10 bis 50 mm Schichtdicke. Wellenlänge der Meßstrahlung 691 nm oder, weniger günstig, 578 oder 670 nm.

3. Ausführung

3.0. Vorbereitung

3.0.1. Probebearbeitung

Vorzugsweise Sägen oder Raspeln. Bei Weichblei ist Bohren oder Hobeln vorzuziehen, wobei ein möglichst feiner Span anzustreben ist.

3.0.2. Reinigen der Apparatur

Der Rückflußkühler mit seinen Ansatzrohren muß absolut fettfrei sein, um die Bildung nicht rückfließender Tropfen, die Minderbefunde verursachen können, bei der Destillation zu vermeiden. Er wird hierzu folgendermaßen gereinigt:

Nacheinander spülen mit Methanol, Salzsäure, (1+9) verdünnt, reinem Wasser und wieder mit Methanol, das vollständig abtropfen muß. Ist dies nicht der

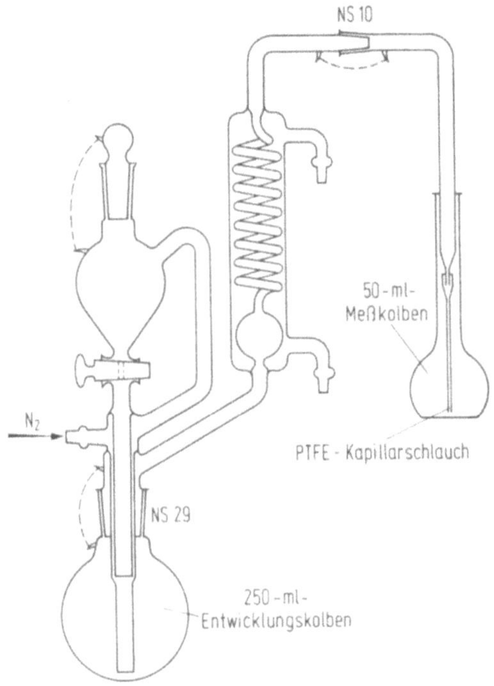

Bild 1. Destillierapparatur zum Schwefelbestimmungsverfahren. M 1 :5

Fall, so ist den genannten Spülvorgängen ein Spülen mit Flußsäure, (1+50) verdünnt, voranzuschicken.

Anmerkung: Minderbefunde können auch erhalten werden, wenn die Schlangen des Rückflußkühlers zu wenig Gefälle haben, so daß hier Kondensat verbleibt. Das Kondensat muß vollständig abfließen.

3.0.3. Behandlung der Schliffe
- Tropfrichterstopfen mit etwas Wasser benetzen,
- Tropftrichterhahn schwach mit Silikonfett fetten,
- Schliff am Destillierkolben mit Wasser benetzen,
- Schliff des Einleitungsrohres schwach mit Silikonfett fetten.

3.0.4. Aufbewahren der Apparatur
Um bei längeren Arbeitspausen den Eintritt von Luftverunreinigungen in die Apparatur zu vermeiden, wird ein leerer Destillierkolben angeschlossen und der Schliff für das Einleitungsrohr mit einer Hülsenkappe verschlossen. Bei kurzzeitiger Arbeitsunterbrechung kann das Verschließen der Apparatur durch den normalen Stickstoffstrom ersetzt werden.

3.1. Auskochen der Apparatur
Vor Beginn der Analyse, mindestens aber bei Beginn des Arbeitstages, muß die Apparatur mit Lösesäuregemisch (1.1) schwefelfrei ausgekocht werden.

Dies ist vor jeder Analyse erforderlich, auch bei Aufstellung der Eichkurve und bei Blindproben. Für die Routine genügt das Auskochen am Beginn des Arbeitstages, wenn die Apparatur zwischen den Analysen verschlossen wird (3.0.4):

25 ml Lösesäuregemisch (1.1) in den Tropftrichter geben und diesen verschließen. Die Apparatur mit einem Stickstoffstrom von 10 l/h etwa 10 min spülen. Den Tropfrichterhahn öffnen und das Lösesäuregemisch in den Destillierkolben einfließen lassen. Ohne Absorptionsvorlage bei einem Stickstoffstrom von 4 l/h 20 bis 30 min am Rückfluß kochen.

Danach einen 50-ml-Meßkolben, der mit 30 ml Wasser und 5 ml Absorptionslösung (1.2) gefüllt ist, nunmehr als Absorptionsvorlage an die Destillationsapparatur anschließen (s. Bild 1). 20 bis 30 min weiter kochen, um zu ermitteln, ob noch Schwefelreste in der Apparatur vorhanden sind. Dazu die Absorptionsvorlage abnehmen und weiterbearbeiten nach 3.3.4 bis 3.3.7.

Es darf beim Photometrieren kein Unterschied zum Reagenzienleerwert (3.2) meßbar sein. Andernfalls ist die Apparatur noch nicht schwefelfrei und muß weitere 20 bis 30 min ausgekocht werden.

3.2.	Reagenzienleerwert:

30 ml Wasser, 5 ml Absorptionslösung (1.2), 5 ml N,N-Dimethyl-p-phenylendiamin-Lösung (1.3) und 1 ml Eisen(III)-sulfat-Lösung (1.4) mischen, mit Wasser auf 50,0 ml auffüllen, 10 min stehen lassen und nach 3.3.7 photometrieren.

3.3.	Analyse

3.3.1. 1 g Probematerial in den Destillierkolben geben und diesen an die Apparatur anschließen. 25 ml Lösungssäuregemisch (1.1) in den Tropfrichter geben und diesen verschließen.

Falls erforderlich, bei sehr reinem Blei, das sich nur langsam löst, der Einwaage im Kolben zur Beschleunigung des Lösevorgangs 2,5 ml Platinlösung (1.9) zusetzen.

Die Apparatur 10 min mit einem Stickstoffstrom von 10 l/h spülen und danach den Stickstoffstrom auf 1 bis 2 l/h drosseln.

3.3.2. 30 ml Wasser und 5 ml Absorptionslösung (1.2) in einen 50-ml-Meßkolben füllen und in diese Absorptionsvorlage das Einleitungsrohr eintauchen.

Anmerkung: Verunreinigungen an Schwermetallen, die säurebeständige Sulfide bilden, stören in den Reagenzien zur Absorption des Schwefelwasserstoffs und bei der Methylenblaubildung. Insbesondere Kupfer führt bereits in μg-Mengen zu Minderbefunden an Schwefel. Der Schwermetallgehalt der Reagenzien kann aber „eingeeicht" werden, indem man zur Aufstellung der Eichkurve und bei der Analyse dieselben Reagenzlösungen verwendet. Verunreinigungen von außen sind fernzuhalten. Das betrifft in erster Linie die Handhabung des Einleitungsrohres zur Absorptionsvorlage, das stets auf einer sauberen Unterlage abgelegt werden muß.

Das Lösesäuregemisch aus dem Tropftrichter in den Destillierkolben einlaufen lassen.

3.3.3. Schwach erwärmen *(nicht kochen!)*. Das Verbindungsrohr zwischen Kolben und Rückflußkühler muß kalt bleiben.

Hartbleiproben sind in 10 bis 15 min, Weichbleiproben in 20 bis 30 min gelöst. Die Lösezeit darf 10 min nicht unterschreiten, andernfalls muß ein neuer Ansatz ohne Erwärmen oder ggf. ohne Zusatz von Platinlösung (1.9) gelöst werden.

Anmerkung: Beim Lösen entsteht Wasserstoff. Bei zu raschem Lösen wird Lösesäuregemisch versprüht und als Nebel in die Absorptionsvorlage transportiert. Hier verhindern oder beeinträchtigen schon kleinste Mengen von Jodwasserstoffsäure die Methylenblaubildung. Dieses ist die häufigste Fehlerursache.

Wenn der Lösevorgang beendet ist (keine deutliche Wasserstoffentwicklung mehr sichtbar), den Stickstoffstrom auf 3 bis 4 l/h erhöhen, bis zum gelinden Sieden erhitzen und dieses 20 min zum völligen Austreiben des Schwefelwasserstoffs halten.

Anmerkung: Der bei Hartbleiproben nach dem Lösen verbleibende Schlamm besteht vor allem aus Antimon.

3.3.4.   Die Absorptionsvorlage abnehmen, hierbei das Einleitungsrohr *nur außen* mit Wasser abspritzen und 5 ml N,N-Dimethyl-p-phenylendiamin-Lösung (1.3) in die Absorptionsvorlage geben.

3.3.5.   Das Einleitungsrohr nach jeder Bestimmung 3 mal mit Wasser und 1 mal mit Methanol durchspülen und die Waschflüssigkeit verwerfen.

3.3.6.   In die Absorptionsvorlage 1 ml Eisen(III)-sulfat-Lösung (1.4) geben, mit Wasser auf 50,0 ml auffüllen und an einem vor direktem Sonnenlicht geschützten Platz 10 min stehen lassen.

3.3.7.   Photometrieren bei einer Wellenlänge von 691 nm
— bei Schwefelgehalten von 1 bis 25 μg/g in 50-mm-Küvetten,
— bei Schwefelgehalten von 10 bis 100 μg/g in 10-mm-Küvetten.

Alternative Wellenlängen, jedoch mit geringerer Empfindlichkeit und höherer Untergrundextinktion, sind 578 und 679 nm.

3.4.   Blindwert
Ein Blindansatz ohne Probematerial durchläuft den Analysengang von 3.3.1 bis 3.3.7. Das „schwache Erwärmen" nach 3.3.3 entfällt, d. h. sofort 20 min gelinde kochen bei einem Stickstoffstrom von 3 bis 4 l/h.

Anmerkung: Der Blindwert setzt sich zusammen einerseits aus der Färbung, die durch Schwefelrestgehalte in den Chemikalien, vor allem im Lösesäuregemisch, hervorgerufen wird und andererseits aus der Eigenfärbung (Untergrund) der zur Methylenblauerzeugung benutzten Reagenzien (3.2). Im allgemeinen interessiert nur der summarische Wert, da bei der Aufstellung der Eichkurve und bei der Bearbeitung der Analysenprobe stets die Differenz der Extinktionen von Meßprobe und Blindprobe gebildet wird und sich so der in beiden Größen enthaltene Blindwert heraushebt. Die Kenntnis der Eigenfärbung der Reagenzien (3.2, Untergrund) ist nur für das Auskochen der Apparatur nach 3.1 erforderlich oder allgemein für den Fall, daß man den wahren, durch Schwefelspuren verursachten, Blindwert kennen möchte.

3.5.   Eichkurve
1,00 bis 5,00 ml der Schwefelstandardlösung (1.8), die 10 bis 50 μg Schwefel enthalten, in den Destillationskolben genau einmessen und von 3.3.1 bis 3.3.7 weiterverarbeiten. Wie bei den Blindproben entfällt auch hier das „schwache Erwärmen" nach 3.3.3, d. h. sofort 20 min gelinde kochen bei einem Stickstoffstrom von 3 bis 4 l/h.

Die um ihren Blindwert (3.4) verminderten Extinktionen der Eichlösungen gegen die zugehörigen Schwefelmengen in einem Diagramm auftragen. Die Eichfunktion ist nahezu eine Gerade, die durch den Nullpunkt verlaufen muß.

3.6.   Auswertung
Aus den um ihren Blindwert (3.4) verminderten Extinktionen der Analysenproben anhand der Eichkurve den Schwefelgehalt ermitteln.

Literatur

Musha S.: Sci. Rep. Res. Inst. Tohoku Univ., Ser. A., 5 (1953) 232.
Yokosuka S., Shirakawa, S.: Jap. Analyst, 7 (1958) 368–72.
Gustafsson, L.: Talanta 4 (1960) 227–235 und 236–243.

Bestimmung von Zinn in Hartblei

Grundlage: Nach dem Lösen der Probe mit Bromwasserstoffsäure und nachfolgend mit Brom wird nach Zugabe von Jodwasserstoffsäure Zinn als Jodid mit Benzol extrahiert, mit Salzsäure reextrahiert und durch Atomabsoptionsspektrometrie in Gegenwart von Phosphorsäure bestimmt.

Anwendungsbereich: Zinngehalte von $10\,\mu g/g$ bis 0,1 % in Hartblei.

Anmerkung: Etwa vorhandenes oxidisches Zinn wird bei der beschriebenen Aufschlußmethodik mit erfaßt.

Genauigkeit: $v = 10\%$ bei Zinngehalten um $20\,\mu g/g$
$v = \ 3\%$ bei Zinngehalten von $200\,\mu g/g$ bis 0,1 %

Zeitaufwand: 4 bis 5 Stunden für eine Probe mit Blindprobe.

1.   Reagenzien

1.1.   Bromwasserstoffsäure (47 %; 1,50 g/ml)

1.2.   Brom

1.3.   Unterphosphorige Säure (50 %; 1,25 g/ml)

1.4.   Jodwasserstoffsäure (57 %; 1,70 g/ml), jodhaltig, übliche Handelsware

1.5.   Jodwasserstoffsäure, entfärbt:
Zu 990 ml handelsüblicher Jodwasserstoffsäure (1.4) 10 ml unterphosphorige Säure (50 %) geben, in eine braune Schliffflasche abfüllen und über Nacht stehen lassen. Die Säure muß farblos bis gelb sein, andernfalls weitere unterphosphorige Säure zugeben. Die angegebene Menge unterphosphoriger Säure reicht aber im allgemeinen zur vollständigen Reduktion aus.

Durch Luftzutritt kann die im Flaschenhals befindliche Säure etwas stärker gefärbt sein, daher zur Sichtkontrolle 10 bis 20 ml abfüllen.

Verschiedentlich wird im Handel eine Jodwasserstoffsäure „mit H_3PO_2 stabilisiert" angeboten, deren Gehalt an unterphosphoriger Säure 0,5 % betragen soll. Eine solche Säure ist ebenfalls geeignet, wenn sie wie angegeben, einen Jodwasserstoffgehalt von etwa 57 % aufweist und höchstens gelb gefärbt ist.

1.6.   Benzol (nicht aus verzinnten Blechkanistern oder aus Gefäßen, die im Verschluß eine Zinnfolie enthalten)

Anmerkung: Alle Arbeiten mit Benzol unbedingt unter einem gut ziehenden Abzug ausführen.

1.7.   Waschsäure:
20 ml Bromwasserstoffsäure (47 %) mit 30 ml entfärbter Jodwasserstoffsäure (1.5) kurz vor Gebrauch mischen.

1.8.   Salzsäure (1+9):
100 ml Salzsäure (37%; 1,19 g/ml) mit 900 ml Wasser mischen.

1.9.   Phosphorsäure-Salzsäure:
170 ml o-Phosphorsäure (85%; 1,71 g/ml) mit Salzsäure (1+1) auf 1000 ml verdünnen.

1.10.   Wasserstoffperoxid (30%; 1,11 g/ml)

1.11.   Salzsäure (1+1):
500 ml Salzsäure (37%) mit 500 ml Wasser mischen.

1.12.   Zinn-Stammlösung (0,4 mg/ml):
$(0,400 \pm 0,001)$ g Zinn (mindestens 99,99%) in 100 ml Salzsäure (37%) unter Zusatz von etwas Wasserstoffperoxid unter Erwärmen lösen. Kühlen und mit 100 ml Wasser versetzen. Im 1000-ml-Meßkolben mit Salzsäure (1+1) zur Marke auffüllen.

2.   Geräte

2.1.   Atomabsorptionsspektrometer mit Einrichtung für Acetylen-Lachgas-Flamme und Zinn-Hohlkathodenlampe.

2.2.   250-ml-Scheidetrichter mit 5 bis 10 mm langem Ablaufrohr.

3.   Ausführung

3.0.   Vorbereitung
Probematerial wird durch Sägen, Feilen oder Raspeln erhalten.
Bei Antimongehalten über 12% die Späne durch Sieben (Maschenweite 0,2 bis 0,3 mm) in 2 Fraktionen trennen und diese anteilig einwiegen.

3.1.   Analyse

3.1.1. $(5,00 \pm 0,01)$ g Probe in einem mit einem Uhrglas bedeckten 250-ml-Becherglas (hohe Form) mit 40 ml Bromwasserstoffsäure (47%) versetzen und bei Raumtemperatur unter häufigem Schwenken reagieren lassen. Das Schwenken soll bewirken, daß evtl. vorhandenes oxidisches Zinn in ständigen Kontakt mit Blei und damit mit naszierendem Wasserstoff kommt.

3.1.2.   Auf 60 bis 80 °C erwärmen und hier etwa 10 min unter häufigem Schwenken zum Lösen des restlichen Bleis reagieren lassen (es verbleibt ein aus Antimon und möglicherweise Arsen bestehender feiner Schlamm).

3.1.3.   Bei Raumtemperatur unter Schwenken 1,5 ml Brom zugeben und den bei 3.1.2 verbliebenen Rückstand lösen. Gegebenenfalls wie unter 3.1.2 beschrieben erwärmen und anschließend wieder auf Raumtemperatur kühlen.

3.1.4.   3 ml unterphosphorige Säure (50%) unter Schwenken zugeben zur Reduktion des überschüssigen Broms und auf Raumtemperatur kühlen (es kann elementares Arsen ausfallen, das aber in 3.1.5 bei Zugabe jodhaltiger Jodwasserstoffsäure wieder in Lösung geht).

3.1.5. Die Lösung in einen 250-ml-Scheidetrichter (2.2) überführen und mit 2 × 10 ml
jodhaltiger Jodwasserstoffsäure (1.4) nachspülen (evtl. in 3.1.4 ausgefallenes
braunes oder schwarzes elementares Arsen geht in Lösung. Dafür kann jetzt
gelbes Arsentrijodid ausfallen, das aber später mit Benzol gelöst wird).

3.1.6. 40 ml entfärbte Jodwasserstoffsäure (1.5) unter gleichzeitigem Spülen des
Becherglases in den Scheidetrichter geben.
Anmerkung: Bei allen Phasentrennungen von 3.1.7 bis 3.1.10 bleibt stets die Hahnbohrung
des Scheidetrichters mit wäßriger Phase gefüllt.

3.1.7. Mit 50 ml Benzol 1 min schütteln. Etwa 2 min absetzen lassen. Die wäßrige
Phase in einen zweiten Scheidetrichter überführen. Die verbliebene Benzolphase schwenken zum Sammeln von Resten an wäßriger Phase, die ebenfalls
in den zweiten Schütteltrichter abgelassen werden.
Anmerkung: Wenn sich im Falle hoher Arsengehalte das ausgefallene Arsentrijodid bei
der ersten Extraktion nicht völlig in Benzol löst, vor der Phasentrennung weiteres Benzol
in Anteilen von je 10 ml zugeben und schütteln bis der gesamte Niederschlag gelöst ist.
Dann die Phasentrennung wie oben vornehmen.

3.1.8. Zur wäßrigen Phase im zweiten Scheidetrichter 50 ml Benzol geben und wiederum 1 min schütteln. Die wäßrige Phase verwerfen, die Benzolphase wie oben
schwenken zum Sammeln von Resten an wäßriger Phase, die ebenfalls verworfen werden.

3.1.9. Die Benzolphase aus dem zweiten Scheidetrichter in den ersten Scheidetrichter überführen und mit 10 ml Benzol nachspülen. Die vereinigten Phasen
schwenken zum Sammeln von Tröpfchen an wäßriger Phase. Diese verwerfen.

3.1.10. 2 × mit je 5 ml Waschsäure (1.7) je 30 s schütteln. Die wäßrige Phase jeweils
verwerfen. Die Benzolphase schwenken zum Sammeln von Tröpfchen an wäßriger Phase, die abgelassen und verworfen werden.
Anmerkung: In den folgenden Reextraktionsstufen wird die Hahnbohrung beim Ablassen der wäßrigen Phase stets mit Benzol gefüllt.

3.1.11. 3 × mit je 10 ml Salzsäure (1+9) je 1 min zur Reextraktion des Zinns schütteln. Nach dem Ablassen des ersten Reextraktes, der die Hauptmenge des
Zinns enthält, das Ablaufrohr des Scheidetrichters mit etwas Salzsäure (1+1)
nachspülen.
Die Reextrakte in einem 250-ml-Becherglas (hohe Form) sammeln.

3.1.12. Die gesammelten Reextrakte mit 20 ml Salzsäure (37 %) und 1 ml Phosphorsäure-Salzsäure (1.9) versetzen. Knapp unterhalb des Siedepunktes auf 20 bis
25 ml einengen.
Anmerkung: Dieses „Eindunsten" ist dem Verkochen vorzuziehen, um Verluste durch
Versprühen und Antrocknen an der Glaswand zu vermeiden.

3.1.13. Etwa 0,2 ml (2 bis 3 Tropfen) Wasserstoffperoxid (1.10) in die heiße Lösung geben und zur besseren Entfernung des aus Jodidresten gebildeten Jods häufig
umschwenken. Wenn das Entweichen der Joddämpfe nachläßt, weitere 0,2 ml
Wasserstoffperoxid zugeben und erneut schwenken. Diese Zugabe an Wasserstoffperoxid mit nachfolgendem Schwenken so oft wiederholen, bis kein elementares Jod in der Lösung mehr gebildet wird. Je nach Gehalt an Arsen·

trijodid und Resten an Waschsäure werden 0,5 bis 1,0 ml Wasserstoffperoxid benötigt.

Zu beachten ist, daß die Oxidation des Jodids beendet sein muß, bevor ein Volumen von etwa 10 ml erreicht wird, da sonst die Gefahr einer Zinnverflüchtigung besteht.

Anmerkung: Die von elementarem Jod befreite Lösung ist gelb gefärbt auf Grund der Bildung von Jodchlorid, das aus nicht verdampftem elementarem Jod und Oxidationsmittelüberschuß entstanden ist. Die Farbe bleibt bis zum Ende des Eindampfens (3.1.14) bestehen.

3.1.14. Knapp unterhalb des Siedepunktes eindampfen auf 1 bis 3 ml (vgl. Anmerkung zu 3.1.12).

3.1.15. Mit 5 ml Salzsäure (1+1) aufnehmen, mit einem Uhrglas bedecken, bis kurz unterhalb des Siedepunktes erhitzen und hier unter mehrmaligem Schwenken 3 bis 5 min stehen lassen. Nach dem Abkühlen auf Raumtemperatur mit Salzsäure (1+1) in einen 25-ml-Meßkolben überführen und mit dieser Säure zur Marke auffüllen.

3.1.16. Atomabsorptionsspektrometrie bei einer Wellenlänge von 235,4 nm in reduzierender Lachgas-Acezylen-Flamme.

Die rote Zone der Flamme soll beim Einsprühen von Lösung oder Wasser in der Mitte etwa 20 mm hoch sein. Der Lichtstrahl geht durch die Mitte der roten Zone.

3.2. Blindwert

3.2.1. In ein 250-ml-Becherglas (hohe Form) 40 ml Bromwasserstoffsäure (47 %) und anschließend 1,5 ml Brom geben.

3.2.2. Ohne Entfernung des Broms und ohne Erwärmen 3 ml unterphosphorige Säure (50 %) unter Schwenken zugeben und abkühlen (die Menge an unterphosphoriger Säure reicht zur völligen Reduktion des gesamten eingesetzten Broms aus). Von 3.1.5 bis 3.1.16 weiterverarbeiten.

3.3. Eichkurve

3.3.1. Wechselnde Volumina der Stammlösung (1.12) von 0 bis 50 ml in eine Reihe von 100-ml-Meßkolben einmessen, 4 ml Phosphorsäure-Salzsäure (1.9) zugeben und mit Salzsäure (1+1) zur Marke auffüllen.

Anmerkung: Sämtliche Zinnlösungen entsprechen in ihrer Säurekonzentration einer Salzsäure (1+1) wie sie auch bei der Analysenlösung vorliegt. Die phosphorsäurehaltigen Eichlösungen mit Zinnkonzentrationen bis zu 20 mg/100 ml sind bei Aufbewahrung in Kunststoffflaschen über wenigstens 4 Wochen beständig.

3.3.2. Die Eichlösungen mit den Probelösungen (3.1.15) und den Blindwertlösungen (3.2.2) zeitlich zusammenhängend unter denselben apparativen Bedingungen (3.1.16) atomabsorptionsspektrometrisch messen. Die um ihren Blindwert verminderten Extinktionen der Eichlösungen gegen die zugehörigen Zinnmengen in einem Diagramm auftragen.

3.4.   Auswertung

Aus der um ihren Blindwert verminderten Extinktion der Probelösung mit Hilfe der Eichkurve 3.3 die Zinnmenge ermitteln und unter Berücksichtigung der Einwaage den Zinngealt der Probe errechnen.

Kupfer

Bestimmung von Kupfergehalten über 99,90 % in unlegiertem Kupfer

Anmerkung: Diese Vorschrift stimmt sachlich überein mit DIN 50502 (Oktober 1973) und ISO 1553–1976. Sie ist gegenüber der Methode im Bd. I, S. 234 f. präzisiert und durch die photometrische Bestimmung des Restkupfergehaltes der elektrolysierten Lösung ergänzt.

Grundlage: Nach dem Lösen der Probe in einer Mischung von Schwefelsäure und Salpetersäure wird das Kupfer bei ruhendem Elektrolyten elektrolytisch abgeschieden und gravimetrisch bestimmt. Liegt der elektrogravimetrisch gefundene Kupfergehalt bei oder unter dem Kupfergehalt in der Probenspezifikation, so wird der Restkupfergehalt in der elektrolysierten Lösung photometrisch als Oxalyldihydrazid-Komplex bestimmt.

Anwendungsbereich: Unlegiertes Kupfer mit einem Kupfergehalt von mindestens 99,90 %.

Eventuell vorhandenes Silber wird ebenfalls als Kupfer ausgewiesen.

Das Verfahren ist nicht anwendbar, wenn das Kupfer Bestandteile enthält, die unter den Lösebedingungen unlösliche kupferhaltige Rückstände bilden oder außer Silber noch weitere Bestandteile, die elektrolytisch zusammen mit dem Kupfer abgeschieden werden.

Genauigkeit: $v = 0,01\%$
Die in Doppelbestimmungen ermittelten Gehalte dürfen um
höchstens $0,015\%$ voneinander abweichen. Bei größeren Abweichungen ist die Bestimmung zu wiederholen.

Zeitaufwand: 20 Stunden, davon etwa 16 Stunden Elektrolysezeit.
Anmerkung: Es ist zweckmäßig, die Elektrolyse über Nacht auszuführen.

1.   Reagenzien

1.1.   Schwefelsäure (96%; 1,84 g/ml)

1.2.   Salpetersäure (65%; 1,40 g/ml)

1.3.   Salpetersäure (1 + 1):
500 ml Salpetersäure (65%) mit 500 ml Wasser mischen.

1.4.   Schwefelsäure-Salpetersäure-Gemisch:
300 ml Schwefelsäure (96%) vorsichtig unter Rühren in 750 ml Wasser eintragen, nach dem Abkühlen mit 210 ml Salpetersäure (65%) mischen.

1.5.   Äthanol oder Methanol

1.6.   Citronensäurelösung:
200 g Citronensäure $C_6H_8O_7 \cdot H_2O$ in Wasser lösen und im Meßkolben auf
1 l auffüllen.

1.7.   Ammoniaklösung (25%; 0,91 g/ml)

1.8.   Acetaldehydlösung (40%):
400 g Acetaldehyd C_2H_4O vorsichtig unter Eiskühlung in 600 g Wasser oder
Methanol lösen.
Anmerkung: Da der Siedepunkt des Acetaldehyds bei etwa 21 °C liegt, ist die Kühlung
unbedingt notwendig. Die alkoholische Lösung ist haltbarer als die wäßrige Lösung.

1.9.   Oxalyldihydrazidlösung:
2,5 g Oxalyldihydrazid $(NH_2 \cdot NH)_2C_2O_2$ unter schwachem Erwärmen in Wasser lösen, nach Abkühlung im 1000-ml-Meßkolben mit Wasser zur Marke auffüllen.

1.10.   Kupfer-Stammlösung (1 mg/ml):
$(1,0000 \pm 0,0005)$ g Elektrolytkupfer in einem 250-ml-Becherglas in 10 ml
Salpetersäure (1 + 1) lösen, die Lösung zum Entfernen der überschüssigen Säure
auf 2 bis 3 ml eindampfen und mit 50 ml Wasser aufnehmen. Diese Lösung
quantitativ in einen 1000-ml-Meßkolben überspülen und mit Wasser zur Marke
auffüllen.

1.11.   Kupfer-Standardlösung ($10\,\mu g/ml$):
10,00 ml der Kupfer-Stammlösung (1.10) in einen 1000-ml-Meßkolben pipettieren und mit Wasser zur Marke auffüllen.
Die Lösung vor Gebrauch frisch ansetzen.

2.   Geräte

2.1.   Gleichstromquelle, z. B. Gleichrichter oder 6-Volt-Akkumulator. Bei Verwendung eines Gleichrichters empfiehlt sich die Einschaltung einer Pufferbatterie.

2.2.   Handelsübliches Elektrolysegerät einschließlich Meß- und Regelmöglichkeit
für den Elektrolysestrom mit Platinnetzkathode und Platindrahtanode. Beide
Elektroden sind durch Sandstrahlen aufgerauht. Ihre Gesamthöhe beträgt etwa
130 mm. Folgende Maße werden für die Elektroden empfohlen:

Kathode
30 bis 50 mm Durchmesser und 50 bis 60 mm Höhe des zylindrischen Netzes.
Etwa 1,3 mm Durchmesser des Stieles aus einer Platin-Rhodium-, Platin-Iri-
dium- oder Platin-Ruthenium-Legierung. Das Netz weist etwa 100 bis 400 Ma-
schen/cm^2 auf und ist aus Platindraht mit einem Durchmesser von etwa
0,2 mm hergestellt. Zur Versteifung ist der Netzrand des Zylinderteils etwa
3 mm umgebördelt oder mit Platindraht oder -band verschweißt.

Anode
Der Draht der Platinlegierung ist mindestens 1 mm dick und als Wendel mit
7 Windungen ausgebildet. Die Wendel hat eine Höhe von etwa 50 mm und
einen Durchmesser von etwa 12 mm.

2.3.   400-ml-Becherglas (hohe Form) mit passendem Uhrglas und 2 Uhrglashalbschalen als Deckel. Die Uhrglashalbschalen sind mit geeigneten Aussparungen
für den Durchgang der Elektrodenstiele versehen.

2.4.   Wärmeschrank, auf (110 ± 3) °C regelbar.

2.5.   Spektralphotometer, Wellenlänge der Meßstrahlung 546 nm.

2.6.   Küvetten, vorzugsweise mit einer Schichtdicke von 20 mm.

3.   Ausführung

3.0.   Wägungen der Probe und der Kathode mit Kupferniederschlag.

3.0.1.   Mit Zweischalenanalysenwaagen:
(1) Unter Verwendung eines markierten 5-g-Gewichtsstückes 5,0050 bis
5,0070 g der Probe auf 0,0001 g genau einwägen.
(2) Die bei (110 ± 3) °C getrocknete Kathode zusammen mit demselben markierten 5-g-Gewichtsstück, das zum Einwägen der Probe benutzt wurde,
wägen. Die dafür erforderlichen Gewichtsstücke kennzeichnen. Durch Abzug
von 5,0000 g von der so gefundenen Gesamtmasse die Masse der Kathode
berechnen.

(3) Wägen der Kathode mit Kupferniederschlag unter Benutzung derselben Gewichtsstücke, die zum Wägen der blanken Kathode verwendet wurden mit Ausnahme des markierten 5-g-Gewichtsstückes, das vorher zusammen mit der blanken Kathode gewogen wurde.

3.0.2.　Mit Einschalenanalysenwaagen:

(1) Kathode allein auf 0,0001 g genau wägen.

(2) Ohne Entfernung der Kathode von der Waagschale etwa 5 g der Probe auf 0,0001 g genau dazu wägen. Die Masse der Probe als Differenz zwischen der Masse der Kathode mit Probe und der Masse der Kathode ohne Probe berechnen.

(3) Kathode mit Niederschlag wägen. Die Masse des Kupferniederschlages als Differenz zwischen der Masse der Kathode mit Niederschlag und der Masse der blanken Kathoden berechnen.

3.1.　Elektrogravimetrische Bestimmung

3.1.1.　Die Einwaage der Probe nach 3.0 in ein 400-ml-Becherglas überführen. Dazu 45 ml des Schwefelsäure-Salpetersäure-Gemisches (1.4) geben. Das Becherglas mit einem gut sitzenden Uhrglas bedecken und einige Minuten stehen lassen, bis die Reaktion fast abgeklungen ist.

3.1.2.　Auf eine Temperatur von 80 bis 90 °C erwärmen, bis vollständige Lösung eingetreten ist. Die Lösung auf dem Wasserbad erhitzen, bis die Stickstoffoxide quantitativ entfernt sind. Danach das Uhrglas und die Innenwand des Becherglases mit Wasser abspülen und die Lösung auf 300 ml verdünnen.

3.1.3.　Die bei (110 ± 3) °C getrocknete und nach 3.0 gewogene Kathode und die Anode an das Elektrolysegerät (2.2) anschließen und in die Lösung eintauchen. Das Becherglas mit den beiden Uhrglashalbschalen bedecken.

3.1.4.　Ohne Rühren bei einer Kathoden-Stromdichte von 0,6 A/dm^2 elektrolysieren. Sobald die Lösung farblos wird, die Stromdichte auf etwa 0,3 A/dm^2 reduzieren, die Uhrglashälften, die Elektrodenstiele und die Wand des Becherglases sorgfältig mit Wasser abspülen. Die Elektrolyse solange fortsetzen, bis die Kupferabscheidung vollständig ist.

Zur Überprüfung der Vollständigkeit der Kupferabscheidung die Kathode etwa 0,5 cm tiefer in die Lösung eintauchen und beobachten, ob auf dem blanken Platin eine Verfärbung durch Kupferabscheidung auftritt.

3.1.5.　Wenn keine Verfärbung beobachtet wird, das Becherglas ohne Abschalten der Spannung schnell durch ein zweites der gleichen Größe austauschen, welches etwa 350 ml Wasser enthält. Nach dem Austausch die Elektrolyse weitere 15 min fortsetzen.

3.1.6.　Danach das Becherglas entfernen. Die Kathode abnehmen, in Äthanol oder Methanol spülen und im Wärmeschrank bei (110 ± 3) °C etwa 3 bis 5 min lang trocknen, abkühlen lassen und nach 3.0 wägen.

Ist der elektrolytisch gefundene Kupfergehalt gleich der oder kleiner als die Angabe des Kupfergehaltes in der Spezifikation der Probe, so ist eine Bestimmung des Restkupfergehaltes nach 3.2 durchzuführen.

3.2.   Photometrische Bestimmung des Restkupfergehaltes.

3.2.1.   Die in 3.1.5 erhaltene elektrolysierte Probelösung auf etwa 200 ml einengen, abkühlen, quantitativ in einen 250-ml-Meßkolben überführen und mit Wasser zur Marke auffüllen.

3.2.2.   10,00 ml dieser Lösung in einen 50-ml-Meßkolben pipettieren. Reagenzlösungen in der nachstehenden Reihenfolge und Menge zugeben, dabei nach jeder Zugabe den Kolben durchschütteln:

– 2 ml Citronensäurelösung (1.6),
–11 ml Ammoniaklösung (1.7),

Anmerkung: Nach Zugabe der Ammoniaklösung muß die Probelösung den pH-Wert (8,8 ± 0,2) aufweisen, andernfalls diesen pH-Wert mit Schwefelsäure bzw. Ammoniaklösung einstellen.

–10 ml Acetaldehydlösung (1.8) und
–10 ml Oxalyldihydrazidlösung (1.9).

Nach Zugabe der Reagenzien die Lösung abkühlen, bis zur Marke mit Wasser auffüllen und danach 30 min stehen lassen.

3.2.3.   Die Extinktion der Lösung bei etwa 546 nm gegen eine Vergleichslösung (3.3.2) messen.

3.2.4.   Aus der gemessenen Extinktion mit Hilfe der Eichkurve 3.3.4 die im 10-ml-Aliquot der Probelösung enthaltene Kupfermenge ermitteln und auf die gesamte in der Lösung 3.2.1 verbliebene Restkupfermenge umrechnen.

3.3.   Eichkurve für die photometrische Bestimmung.

3.3.1.   45 ml des Schwefelsäure-Salpetersäure-Gemisches (1.4) in einen 250-ml-Meßkolben geben und mit Wasser zur Marke auffüllen.

3.3.2.   Vergleichslösung für die Photometrie:
10 ml der Lösung (3.3.1) in einem 50-ml-Meßkolben wie in 3.2.2 beschrieben mit Reagenzlösungen versetzen und mit Wasser zur Marke auffüllen.

3.3.3.   Je 10 ml der Lösung aus 3.3.1 in eine Reihe von fünf 50-ml-Meßkolben überführen. Dazu 1,0, 2,0, 3,0, 4,0 und 5,0 ml der Kupfer-Standardlösung (1.11), entsprechend 10, 20, 30, 40 und 50 μg Kupfer, geben.
Die Lösungen wie in 3.2.2 und 3.2.3 beschrieben weiterbehandeln.

3.3.4.   Die gemessenen Extinktionen gegen die zugehörigen Kupfermengen in einem Diagramm auftragen. Die Eichfunktion ist bei ausreichend monochromatischem Licht eine Gerade.

3.4.   Auswertung
Aus den Daten der elektrogravimetrischen Bestimmung und gegebenenfalls der photometrischen Restbestimmung den Massengehalt der Probe an Kupfer w(Cu) in Prozent nach folgender Gleichung errechnen:

$$w(Cu) = \frac{m_1 - m_2 + m_3}{m_p} \cdot 100\,\%$$

Hierin bedeuten:

m_1 | Masse der Platinkathode mit Kupferniederschlag
m_2 | Masse der vorgetrockneten Platinkathode ohne Niederschlag
m_3 | Photometrisch bestimmte Restkupfermasse der elektrolysierten Probelösung
m_p | Einwaage der Probe

Bestimmung von Kupfer in Kupfer-Knetlegierungen und Kupfer-Gußlegierungen

Anmerkung: Diese Vorschrift stimmt sachlich überein mit DIN 50503 und ISO 1554–1976.

Grundlage: Nach dem Lösen der Probe in einem Gemisch von Borsäurelösung, Fluß-säure und Salpetersäure wird das Kupfer bei ruhendem Elektrolyten elektrogravimetrisch bestimmt.

Anwendungsbereich: Kupfer-Knetlegierungen und Kupfer-Gußlegierungen, insbesondere Kupfer-Zink-, Kupfer-Aluminium- und Kupfer-Nickel-Zink-Legierungen, sofern diese keine Bestandteile enthalten, die unter den angegebenen Arbeitsbedingungen unlösliche kupferhaltige Rückstände bilden oder zusammen mit dem Kupfer elektrolytisch abgeschieden werden.

Genauigkeit: $v = 0,05\%$ bei Kupfergehalten um 60%

Anmerkung: Die in Doppelbestimmungen ermittelten Gehalte dürfen um höchstens 0,07% voneinander abweichen. Bei größeren Abweichungen ist die Bestimmung zu wiederholen.

Zeitaufwand: 8 Stunden, davon etwa 6 Stunden Elektrolysezeit.

1. Reagenzien

1.1. Borsäurelösung:
40 g Borsäure H_3BO_3 im 1000-ml-Meßkolben in Wasser lösen und mit Wasser zur Marke auffüllen.

1.2. Flußsäure (40%; 1,13 g/ml)

1.3. Salpetersäure (1 + 1):
500 ml Salpetersäure (65%; 1,40 g/ml) mit 500 ml Wasser mischen.

1.4. Ammoniaklösung (25%; 0,91 g/ml)

1.5. Äthanol oder Methanol

2. Geräte

2.1. Gleichstromquelle, z. B. Gleichrichter oder 6-Volt-Akkumulator. Bei Verwendung eines Gleichrichters empfiehlt sich die Einschaltung einer Pufferbatterie.

2.2. Handelsübliches Elektrolysegerät einschließlich Meß- und Regelmöglichkeit für den Elektrolysestrom mit Platinnetzkathode und Platindrahtanode. Beide Elektroden sind durch Sandstrahlen aufgerauht. Ihre Gesamthöhe beträgt etwa 130 mm. Für die Elektroden werden folgende Maße empfohlen:

Kathode
30 bis 50 mm Durchmesser und 50 bis 60 mm Höhe des zylindrischen Netzes. Etwa 1,3 mm Durchmesser des Stieles aus einer Platin-Rhodium-, Platin-Iridium- oder Platin-Ruthenium-Legierung. Das Netz weist etwa 100 bis 400

Maschen/cm^2 auf und ist aus Platindraht mit einem Durchmesser von etwa 0,2 mm hergestellt. Zur Versteifung ist der Netzrand des Zylinderteiles etwa 3 mm umgebördelt oder mit Platindraht oder -band verschweißt.

Anode

Der Draht der Platinlegierung ist mindestens 1 mm dick und als Wendel mit 7 Windungen ausgebildet. Die Wendel hat eine Höhe von etwa 50 mm und einen Durchmesser von etwa 12 mm.

2.3. 400-ml-Becherglas, hohe Form, mit passendem Uhrglas und 2 Uhrglashalbschalen als Deckel. Die Uhrglashalbschalen sind mit geeigneten Aussparungen für den Durchgang der Elektrodenstiele versehen.

2.4. 5-ml-Meßzylinder aus flußsäurebeständigem Kunststoff.

2.5. Wärmeschrank, auf $(110 \pm 3)\,°C$ regelbar.

3. Ausführung

3.1. Analyse

3.1.1. 2,5 g Probematerial, möglichst feine Späne, auf 0,1 mg genau einwägen. Die Einwaage in ein 400-ml-Becherglas überführen und mit 15 ml Borsäurelösung (1.1), 2 ml Flußsäure (40 %) und 30 ml Salpetersäure (1+1) versetzen.

Das Becherglas mit einem gut sitzenden Uhrglas bedecken und nach dem Abklingen der Hauptreaktion zum vollständigen Lösen der Probe gegebenenfalls gelinde erwärmen..

3.1.2. Uhrglas und Innenwand des Becherglases mit etwa 50 ml Wasser sorgfältig abspülen und bei wieder bedecktem Becherglas zum quantitativen Vertreiben der Stickstoffoxide etwa 5 min gelinde kochen.

3.1.3. Die Lösung auf Raumtemperatur abkühlen und mit Ammoniaklösung bis zum Auftreten eines Niederschlages neutralisieren. Dann gerade so viel Salpetersäure (1+1) zugeben, daß der Niederschlag eben wieder in Lösung geht, weitere 20 ml Salpetersäure (1+1) im Überschuß zugeben und mit Wasser auf 300 ml verdünnen.

3.1.4. Die bei $(110 \pm 3)\,°C$ getrocknete und auf 0,1 mg genau gewogene Kathode und die Anode an das Elektrolysegerät (2.2) anschließen, in die Lösung eintauchen und das Becherglas mit den beiden Uhrglashalbschalen (2.3) bedecken.

3.1.5. Ohne zu rühren bei einer Kathodenstromdichte von 0,6 A/dm^2 elektrolysieren. Sobald die Lösung farblos wird, die Stromdichte auf etwa 0,3 A/dm^2 reduzieren, die Uhrglashälften, die Elektrodenstiele und die Wand des Becherglases sorgfältig mit Wasser abspülen. Die Elektrolyse solange fortsetzen, bis die Kupferabscheidung vollständig ist.

Zur Überprüfung der Vollständigkeit der Kupferabscheidung die Kathode etwa 0,5 cm tiefer in die Lösung eintauchen und beobachten, ob auf dem blanken Platin eine Verfärbung durch Kupferabscheidung auftritt.

3.1.6. Wenn keine Verfärbung beobachet wird, das Becherglas ohne Abschalten der Spannung schnell durch ein zweites der gleichen Größe austauschen, welches etwa 350 ml Wasser enthält. Nach dem Austausch die Elektrolyse weitere 15 min fortsetzen.

3.1.7. Danach das Becherglas entfernen, die Kathode abnehmen, in Äthanol oder Methanol spülen und im Wärmeschrank bei $(110 \pm 3)\,°C$ etwa 3 bis 5 min lang trocknen, abkühlen und wägen.

3.2. Auswertung

Aus der Massendifferenz der Kathode vor und nach der Elektrolyse und der Masse der Probe den Kupfergehalt errechnen.

Maßanalytische Bestimmung von Silber in Kupfer und Kupferlegierungen

Grundlage: Nach dem Lösen der Probe in einem Salpetersäure-Weinsäure-Gemisch und Komplexierung des Kupfers mit Äthylendiamintetraacetat wird das Silber in schwach alkalischer, ammoniumacetathaltiger Lösung mit Thioacetamid titriert. Die Titration wird voltametrisch mit Hilfe von zwei sulfidierten Silberelektroden indiziert.

Bei quecksilberhaltigen Proben oder bei Antimon-, Zinn- oder Eisengehalten von jeweils mehr als 0,1 % werden das Silber und ein Teil des Kupfers zuvor als Jodid von den störenden Begleitelementen abgetrennt.

Anwendungsbereich: Silbergehalte von 0,02 bis 0,2 %

Anmerkung: Der Anwendungsbereich kann durch Verringerung der Einwaage (0,5 g) und Erhöhung der Konzentration der Thioacetamidlösung auf 0,005 mol/l auf 4 % erweitert werden.

Genauigkeit: v = 0,5 % bei Silbergehalten um 0,1 %

Zeitaufwand: 3 Stunden

1.   Reagenzien

1.1.   Salpetersäure-Weinsäure-Gemisch:
200 g Weinsäure $C_4H_6O_6$ in Wasser lösen, 500 ml Salpetersäure (65 %; 1,40 g/ml) zugeben und auf 2000 ml verdünnen.

1.2.   Kaliumjodidlösung:
50 g Kaliumjodid in Wasser lösen, auf 500 ml verdünnen.

1.3.   Salpetersäure (65 %; 1,40 g/ml)

1.4.   Perchlorsäure (60 %; 1,53 g/ml)

1.5.   Salpetersäure (1 + 1):
500 ml Salpetersäure (65 %; 1,40 g/ml) mit 500 ml Wasser mischen.

1.6.   Ammoniumacetatlösung:
250 g Ammoniumacetat CH_3COONH_4 in Wasser lösen und auf 500 ml verdünnen.

1.7.   Äthylendiamintetraacetatlösung:
100 g Natriumhydroxid in 800 ml Wasser unter Rühren lösen, 200 g Äthylendiamintetraessigsäure in kleineren Portionen zugeben, nach dem Erkalten durch Zutropfen von 10-mol/l-Natronlauge pH = 9,0 einstellen und auf 1000 ml verdünnen.

1.8.	Natronlauge (10 mol/l): 200 g Natriumhydroxid in Wasser lösen und nach dem Erkalten auf 500 ml verdünnen. In einer Polyäthylenspritzflasche aufbewahren.

1.8.   Natronlauge (10 mol/l):
200 g Natriumhydroxid in Wasser lösen und nach dem Erkalten auf 500 ml verdünnen.
In einer Polyäthylenspritzflasche aufbewahren.

1.9.   Gelatinelösung:
1 g Gelatine in 500 ml Wasser von 50 °C lösen, erkalten lassen und 0,5 g Thymol zugeben. Verschlossen aufbewahren.
Anmerkung: Diese Lösung ist mindestens 2 Wochen haltbar.

1.10.   Thioacetamidlösung (0,001 mol/l):
10,212 g Kaliumhydrogenphthalat $C_8H_5O_4K$ und 4,081 g Natriumphosphat $Na_3PO_4 \cdot 12\ H_2O$ in Wasser lösen. 0,0751 g Thioacetamid CH_3CSNH_2 zugeben und lösen. Mit 0,5 g Thymol versetzen und in einem 1000-ml-Meßkolben zur Marke mit Wasser auffüllen.
Anmerkung: Diese Lösung besitzt einen pH-Wert von 5 und ist mindestens einen Monat haltbar.

1.11.   Silber-Standardlösung (0,1 mg/ml):
$(0,1000 \pm 0,0001)$ g Silber (mindestens 99,999 %) in 20 ml Salpetersäure $(1+1)$ unter Erwärmen lösen, nach dem Erkalten in einem 1000-ml-Meßkolben zur Marke mit chloridfreiem Wasser auffüllen.
Anmerkung: Um eine Aufnahme von Chloridionen und die Adsorption von Silberionen an der Glaswand zu vermeiden, ist diese Lösung täglich frisch zu bereiten.

1.12.   Kupfer (mindestens 99,999 %, Silbergehalt unter 1 μg/g)

2.   Geräte

2.1.   Membranfilter aus Cellulosenitrat, 20 bis 30 mm Durchmesser, Porenweite 0,45 μm

2.2.   Membranfiltrationsgerät

2.3.   pH-Meßgerät mit Einstabmeßkette

2.4.   Potentiometer mit Polarisationseinrichtung oder besser

2.5.   Potentiograph mit Titrierstand und 20-ml-Kolbenbürette

2.6.   Platin-Doppelelektrode:
2 Platindrähte von je 1 mm Durchmesser und 4 mm freier Länge entsprechend einer freien Oberfläche von je ca. 13 mm^2 im Abstand von etwa 1 bis 2 mm parallel in ein Glasrohr eingeschmolzen, versilbert und sulfidiert:
Die Platin-Doppelelektrode aus schwach ammoniakalischer kaliumcyanidhaltiger 0,05-mol/l-Silberlösung (5,4 g/l) mit einer Stromdichte von 10 mA/mm^2 (beide Platin-Elektroden haben eine Gesamtoberfläche von 25 mm^2) 20 min versilbern (eine Platin-Spirale als Anode verwenden). Dann aus schwach schwefelsaurer 0,05-mol/l-Natriumsulfidlösung (3,9 g/l) – ausgeschiedener Schwefel wird abfiltriert – 20 min mit etwa 1 μA/mm^2 (25 μA bei 25 mm^2) sulfidieren (eine Platin-Spirale als Kathode verwenden).
Die erhaltene Silbersulfid-Meßkette behält ihre Wirksamkeit mindestens über einen Monat.

2.7.   1000-ml-Meßkolben, geeicht

2.8.   Vollpipetten, geeicht, 5 ml bis 50 ml

3.   Ausführung

3.1.   Analyse

3.1.1.   Quecksilberfreies Probematerial mit Antimon-, Zinn- oder Eisengehalten unter jeweils 0,1 %.

(1) $(2,000 \pm 0,0002)$ g Probe in einem mit einem Uhrglas bedeckten 400-ml-Becherglas (hohe Form) in 20 ml Salpetersäure $(1 + 1)$ unter Erwärmen lösen.

(2) 15 ml Perchlorsäure (60%) zugeben, das Becherglas mit einem Uhrglas bedecken, Salpetersäure abdampfen, die Perchlorsäure auf ein Volumen von 5 bis 10 ml einrauchen und erkalten lassen. Das Uhrglas abspülen und entfernnen.

(3) 2,0 ml Ammoniumacetatlösung (1.6) und 65 ml Äthylendiamintetraacetatlösung (1.7) zugeben.

Weiterverarbeiten nach 3.1.3.

3.1.2.   Quecksilberhaltige Proben oder Proben mit Antimon-, Zinn- oder Eisengehalten von jeweils mehr als 0,1 %.

(1) $(2,000 \pm 0,002)$ g Probe in einem mit einem Uhrglas bedeckten 400-ml-Becherglas (hohe Form) in 40 ml Salpetersäure-Weinsäure-Gemisch (1.1) unter Erwärmen lösen.

Nach vollständigem Lösen der Probe zur Entfernung der Stickoxide 5 min lang kochen, erkalten lassen und auf 200 ml verdünnen.

(2) 5 ml Kaliumjodidlösung (1.2) zugeben, einige Male mit dem Glasstab rühren, die gefällten Jodide klar absitzen lassen (etwa 10 min), über ein Membranfilter (2.1) filtrieren und mit wenig Wasser waschen.

(3) Das Filter mit den Jodiden in das bei der Fällung benutzte Becherglas zurückbringen, im Filtrieraufsatz haftende Jodidreste mit 10 ml Salpetersäure (65%) lösen, 15 ml Perchlorsäure (60%) zugeben, das Becherglas mit einem Uhrglas bedecken und erhitzen.

Nach dem oxidierenden Zerstören des Filters und der Jodide die Salpetersäure abdampfen.

(4) Beim beginnenden Sieden der Perchlorsäure 2 ml Salpetersäure (65%) zutropfen und erneut abdampfen.

Diesen Schritt noch zweimal wiederholen.

(5) Die Perchlorsäure auf ein Volumen von 5 bis 10 ml einrauchen, erkalten lassen, das Uhrglas abspülen und entfernen.

Nach 3.1.1. (3) weiterverarbeiten.

3.1.3.   Die Lösung auf 180 ml verdünnen, durch Zutropfen von 10-mol/l-Natronlauge unter Rühren pH = 9,0 einstellen und 10 ml Gelatinelösung (1.9) zugeben.

3.1.4. Mit 0,001-mol/l-Thioacetamidlösung unter ständigem Rühren titrieren.

Die Indikation erfolgt voltametrisch mit Hilfe zweier mit 0,25 bis 0,3 μA polarisierten Silbersulfid-Elektroden (2.6).

Anmerkung: Nähert sich die Titration dem Äquivalenzpunkt, so ist bei Verwendung eines Potentiometers vor der Zugabe jedes weiteren Tropfens der Thioacetamid-Lösung die Einstellung eines konstanten Potentials abzuwarten (Meßbereich 100 mV). Verwendet man einen Potentiographen, so ist vor Erreichen des Äquivalenzpunktes die Titriergeschwindigkeit auf einen konstanten, reproduzierbaren Wert von etwa 0,35 ml/min zu verringern (Meßbereich 250 oder 500 mV). Der Endpunkt der Titration wird durch eine Potentialspitze von 300 mV angezeigt.

3.2. Faktorstellung

3.2.1. Bei quecksilberfreiem und antimon-, zinn- und eisenarmen Probematerial, das nach 3.1.1. bearbeitet wurde, 2 g Kupfer (1.12) nach 3.1.1 (1) bis 3.1.1 (3) behandeln, ein dem Silbergehalt der Probe entsprechendes Volumen Silber-Standardlösung (1.11) zumessen und weiterverfahren nach 3.1.3 bis 3.1.4.

3.2.2. Bei quecksilberhaltigem oder antimon-, zinn- oder eisenreicherem Probematerial, das nach 3.1.2 bearbeitet wurde, ein dem Silbergehalt der Probe entsprechendes Volumen Silber-Standardlösung (1.11) in ein 400-ml-Becherglas (hohe Form) einmessen, 10 ml Perchlorsäure (60%) zugeben und weiterverfahren nach 3.1.1. (3) bis 3.1.4.

3.2.3. Der Silberfaktor F(Ag) der Thioacetamidlösung ist der Quotient aus der zur Faktorstellung verwendeten Silbermasse m (Ag) und dem Volumen V der zu seiner Titration verbrauchten Thioacetamidlösung.

$$F(Ag) = \frac{m(Ag)}{V}$$

Anmerkung: Zweckmäßig werden insbesondere bei der Untersuchung mehrerer Proben mit unterschiedlichen Silbergehalten zur Faktorstellung mehrere Ansätze mit abgestuften Silbermengen verarbeitet. Der Silberfaktor der Thioacetamidlösung ist im Falle graphischer Auswertung etwas vom Silbergehalt abhängig. Der für den Silbergehalt der Probe geltende Faktor wird dann durch Interpolation ermittelt.

3.3. Auswertung

Mit Hilfe des für den Silbergehalt der Probe geltenden Silberfaktors aus dem für die Titration der Probe verbrauchten Volumen der Thioacetamidlösung unter Berücksichtigung der Einwaage den Silbergehalt berechnen.

Literatur

Bush, D. H.; Zuehlke, C. W.; Ballard, A. E.: Anal. Chem. 31 (1959) 136
Lenhardt, K.: Erzmetall 28 (1975) 172

Atomabsorptionsspektrometrische Bestimmung von Silber in Kupfer

Anmerkung: Nach diesem Verfahren kann Silber in kurzer Zeit ohne Abtrennung bestimmt werden, wenn der Zeitaufwand für die dokimastische Edelmetallbestimmung nicht gerechtfertigt ist bzw. wenn die Einrichtung für die Dokimasie nicht vorhanden ist.

Grundlage: Die Probe wird in Salpetersäure gelöst. In dieser Probelösung wird Silber direkt mit Hilfe der Atomabsorptionsspektrometrie bestimmt.

Anwendungsbereich: Silbergehalte von 0,005 bis 1 %

Genauigkeit: $v = 1,3\%$ bei Silbergehalten über 0,1 %

Zeitaufwand: 2 Stunden

1.   Reagenzien

1.1.   Salpetersäure (1+1):
500 ml Salpetersäure (65 %; 1,40 g/ml) mit 500 ml Wasser mischen

1.2.   Silber-Stammlösung (1 mg/ml):
$(1,000 \pm 0,001)$ g Silber (mindestens 99,99 %) in einem 200-ml-Erlenmeyerkolben in 20 ml Salpetersäure (1+1) lösen, Stickoxide verkochen, abkühlen, in einen 1000-ml-Meßkolben überführen und mit Wasser zur Marke auffüllen.

1.3.   Silber-Standardlösung (0,1 mg/l):
100,00 ml der Silber-Stammlösung (1.2) in einen 1000-ml-Meßkolben pipettieren und mit Wasser zur Marke auffüllen.

1.4.   Kupfer-Matrixlösung (20 mg/ml):
10,0 g Kupfer (Silbergehalt unter 5 µg/g) in einem 600-ml-Becherglas mit 200 ml Salpetersäure (1+1) lösen, Stickoxide verkochen, abkühlen, in einen 500-ml-Meßkolben überführen und mit Wasser zur Marke auffüllen.
Anmerkung: 50 ml dieser Lösung enthalten 1 g Kupfer und 20 ml Salpetersäure (1+1).

1.5.   Salpetersäure (65 %; 1,40 g/ml)

1.6.   Schwefelsäure (96 %; 1,84 g/ml)

2.   Geräte

2.1.   Atomabsorptionsspektrometer mit Einrichtung für Luft-Acetylen-Flamme

2.2.   Hohlkathodenlampe für Silber, Wellenlänge der Meßstrahlung 328,1 nm

3.   Ausführung

3.0.   Vorbereitung
Es ist unbedingt chloridfrei zu arbeiten (Geräte, Chemikalien, Luft), andernfalls können Minderbefunde an Silber auftreten.

3.1.   Analyse

3.1.1. (1,000 ± 0,001) g Probematerial in einem 200-ml-Erlenmeyerkolben mit 20 ml Salpetersäure (1 + 1) lösen, zum Vertreiben der Stickoxide kurz aufkochen und abkühlen.

Bei Verbleiben eines Löserückstandes weiter nach 3.1.2, sonst nach 3.1.3.

3.1.2. Wenn beim Lösen der Probe ein dunkler Löserückstand zurückbleibt, die Lösung durch ein mittelporiges Filter in den nach 3.1.3 erforderlichen Meßkolben filtrieren, das Filter mit Wasser auswaschen, in den Lösekolben zurückgeben und mit Salpetersäure (65 %) und Schwefelsäure (96 %) zerstören.

Die Schwefelsäure bis auf einen Rest von 1 ml abrauchen, nach dem Erkalten mit 10 ml Wasser aufnehmen, aufkochen, abkühlen und zur Hauptlösung in den Meßkolben geben.

Den Eichlösungen ist im Falle eines Aufschlusses 1 ml Schwefelsäure (96 %) zuzusetzen.

Bei blei- oder zinnhaltigen Proben kann eine weiße Trübung verbleiben, die über ein feinporiges Filter abfiltriert werden muß. Die Silberbestimmung wird dadurch nicht gestört.

3.1.3. Die Probelösung
— bei Silbergehalten unter 0,2 % in einen 100-ml-Meßkolben,
— bei höheren Silbergehalten in einen 500-ml-Meßkolben
überspülen und mit Wasser zur Marke auffüllen.

3.1.4. Atomabsorptionsspektrometrie der Eich-, Blindwert- und Probelösungen in einer Acetylen-Luft-Flamme bei einer Wellenlänge von 328,1 nm unter optimalen Bedingungen nach Angaben des Geräteherstellers.

3.2. Blindwert
Je nach Volumen der Probelösung in 3.1.3
— 50,0 ml Kupfer-Matrixlösung (1.4) für Silbergehalte unter 0,2 %
   (Probe auf 100 ml aufgefüllt) oder
— 10,0 ml Kupfer-Matrixlösung (1.4) für höhere Silbergehalte
   (Probe auf 500 ml aufgefüllt)
im 100-ml-Meßkolben mit Wasser zur Marke auffüllen.

3.3. Eichlösungen

3.3.1. In eine Reihe von 100-ml-Meßkolben Kupfer-Matrixlösung wie in 3.2 einfüllen und wechselnde Volumina Silber-Standardlösung (1.3) so einmessen, daß der Silbergehalt der Proben mit den Eichlösungen sicher abgedeckt werden kann. Die Meßkolben mit Wasser zur Marke auffüllen.

3.3.2. Die Eichlösungen mit den Probe- und Blindwertlösungen zeitlich zusammenhängend und unter denselben apparativen Bedingungen (3.1.4) atomabsorptionsspektrometrisch messen.

3.4. Auswertung

3.4.1. Die um den Blindwert verminderten Extinktionen der Eichlösungen gegen die zugehörigen Silbermengen in einem Diagramm auftragen.

3.4.2. Anhand der Eichkurve aus der um den Blindwert verminderten Probenextinktion die in der Probe enthaltene Silbermenge ermitteln und daraus unter Berücksichtigung der Einwaage und einer ggf. vorgenommenen Aliquotierung (3.1.3) den Silbergehalt der Probe berechnen.

Bestimmung von Aluminium als Legierungsbestandteil in Kupferlegierungen

Anmerkung: Aus dieser Arbeitsvorschrift sind die Normen DIN 50509 und ISO 3110–1975 hervorgegangen.

Grundlage: Nach dem Lösen der Probe mit Salpetersäure und Komplexieren mit ÄDTA wird der an Aluminium gebundene Anteil des ÄDTA mit Hilfe von Natriumfluorid freigesetzt und mit Kupferlösung unter Anwendung der voltametrischen Indikation titriert.

Bei titan- und zirkoniumhaltigem Probematerial (Summe der Gehalte über 0,01 %) werden Titan und Zirkonium vor der Titration als Kupferron-Komplexe mit Chloroform extrahiert.

Anwendungsbereich: Aluminiumgehalte von 0,5 bis 12 % in allen Kupferlegierungen

Genauigkeit: $v = 0,5\,\%$ bei Aluminiumgehalten um 4 %
$v = 0,7\,\%$ bei Aluminiumgehalten um 7 %

Zeitaufwand: 2 Stunden für eine Einzelbestimmung

1.   Reagenzien

1.1.   Salpetersäure (1 + 1):
500 ml Salpetersäure (65 %; 1,40 g/ml) mit 500 ml Wasser mischen.

1.2.   Mangan(II)-nitrat-Lösung:
4,55 g Mangan(II)-nitrat $Mn(NO_3)_2 \cdot 4H_2O$ in Wasser lösen und auf 1000 ml auffüllen.
1 ml der Lösung enthält 1 mg Mangan.

1.3.   ÄDTA-Lösung (0,2 mol/l):
74,5 g   Dinatriumdihydrogenäthylendiamintetraacetat-Dihydrat   in   Wasser lösen und auf 1000 ml auffüllen.

1.4.   Hexamethylentetramin

1.5.   Kupferlösung (0,05 mol/l):
3,177 g Elektrolytkupfer (mindestens 99,99 %) in 20 ml Salpetersäure (1 + 1) lösen, Stickoxide verkochen und mit Wasser auf 1000 ml auffüllen.

1.6.   Natriumfluoridlösung:
25 g Natriumfluorid in Wasser lösen und auf 1000 ml auffüllen.

1.7.   Salzsäure (1 + 1):
500 ml Salzsäure (37 %; 1,19 g/ml) mit 500 ml Wasser mischen.

1.8.   Wasserstoffperoxid (30 %; 1,11 g/ml)

1.9.   Kupferronlösung:
10 g Kupferron in Wasser lösen und auf 100 ml auffüllen.

1.10.   Chloroform

1.11.   Perchlorsäure (70%; 1,67 g/ml)

1.12.   Salpetersäure (65%; 1,40 g/ml)

2.   Geräte

2.1.   Potentiometer oder direkt schreibender Potentiograph mit Polarisationseinrichtung (2 μA).

2.2.   Platin-Doppelelektrode:
Zwei Platindrähte von je 1 mm Durchmesser und etwa 4 mm freier Länge entsprechend einer freien Oberfläche von etwa je 13 mm^2 im Abstand von etwa 3 mm parallel in ein Glasrohr eingeschmolzen.

2.3.   100-ml-Scheidetrichter mit 5 bis 10 mm langem Ablaufrohr

3.   Ausführung

3.0.   Vorbereitung
Probematerial möglichst fein zerspanen.

3.1.   Analyse
Für titan- und zirkoniumhaltiges Probematerial (Summe der Gehalte über 0,01%) werden die Stufen 3.1.1 und 3.1.2 durch die Stufen 3.1.7 bis 3.1.11 ersetzt.

3.1.1.   In einem mit einem Uhrglas bedeckten 250-ml-Becherglas
- bei Aluminiumgehalten unter 4% (0,500 ± 0,001) g Probematerial mit 5 ml Wasser und 5 ml Salpetersäure (1 + 1),
- bei höheren Aluminiumgehalten (0,200 ± 0,001) g Probematerial mit 5 ml Wasser und 3 ml Salpetersäure (1 + 1)
versetzen, erforderlichenfalls zur Beschleunigung des Auflösens leicht erwärmen.

3.1.2.   Nach vollständigem Lösen auf etwa 1 bis 2 ml eindampfen und 25 ml Wasser zugeben.
Anmerkung: Bei zinnreichen Legierungen fällt Zinn(IV)-oxidhydrat aus und ist abzufiltrieren.
Dieser Niederschlag ist normalerweise frei von Aluminium. Soll er dennoch mituntersucht werden, wird das Zinn am zweckmäßigsten mit Brom und Bromwasserstoffsäure als Bromid verflüchtigt und die Lösung des Rückstandes mit der filtrierten Probelösung vereinigt.

3.1.3.   Die Probelösung mit 1 ml Mangannitratlösung (1.2) und
- bei Einwaagen von 0,5 g (für Aluminiumgehalte unter 4%) mit 42 ml 0,2-mol/l-ÄDTA-Lösung oder
- bei Einwaagen von 0,2 g (für höhere Aluminiumgehalte) mit 22 ml 0,2-mol/l-ÄDTA-Lösung
versetzen.
Anmerkung: Bei Mangangehalten der Probe über 0,5% kann der Zusatz von Mangannitratlösung entfallen.

3.1.4. Mit Hexamethylentetramin den pH-Wert auf 6,0 bis 6,2 einstellen und die Lösung etwa 5 min kochen.

3.1.5. Nach dem Abkühlen auf Zimmertemperatur den Überschuß an ÄDTA mit 0,05-mol/l-Kupferlösung unter Anwendung der voltametrischen Indikation zurücktitrieren:

Platin-Doppelelektrode (2.2) mit $2\,\mu A$ polarisieren. Die Maßlösung zunächst in schneller Tropfenfolge, nach Annäherung an den Äquivalenzpunkt in Volumschritten von 1 Tropfen zugeben. Der Titrationsendpunkt wird durch eine sehr scharf ausgeprägte Potentialänderung von über 100 mV pro Tropfen indiziert.

3.1.6. Die austitrierte Lösung mit 20 ml Natriumfluoridlösung (1.6) versetzen, den pH-Wert kontrollieren, wenn nötig, mit einigen Tropfen Salpetersäure (1+1) auf 6,0 bis 6,2 nachstellen.

2 min kochen, die Lösung auf Zimmertemperatur abkühlen lassen und das freigesetzte, an Aluminium gebunden gewesene ÄDTA mit 0,05-mol/l-Kupferlösung wie bei 3.1.5 titrieren.

Anmerkung: Nach Überschreiten des Äquivalenzpunktes scheidet sich an der Anode etwas Mangan(IV)-oxidhydrat ab. Dieser Niederschlag, auf dessen depolarisierender Wirkung das Prinzip dieser Indikation beruht, ist nach jeder Titration durch Eintauchen der Elektrode in etwas Salzsäure (1+10), der 2 bis 3 Tropfen Wasserstoffperoxid (30%) zugesetzt wurden, abzulösen. Nach gründlichem Abspülen ist die Eletrode wieder einsatzbereit.

Zur Auswertung der Titration werden die gemessenen Polarisationsspannungen gegen die jeweiligen Titrationsvolumina in einem Diagramm aufgetragen und die Kurvenäste zu beiden Seiten des Abknickpunktes in der Kurve linear extrapoliert. Der Schnittpunkt ist der Äquivalenzpunkt.

Die Titration läßt sich auch mit schreibenden Geräten indizieren. Es wird dabei unter den gleichen Bedingungen gearbeitet, lediglich die 0,05-mol/l-Kupferlösung ist zweckmäßig durch eine Lösung mit der Konzentration 0,1 mol/l zu ersetzen.

3.1.7. *Anmerkung:* Für titan- und zirkoniumhaltiges Probematerial (Summe der Gehalte über 0,01%) die Schritte 3.1.1 und 3.1.2 durch die Schritte 3.1.7 bis 3.1.11 ersetzen.

In einem mit einem Uhrglas bedeckten 250-ml-Becherglas bei titan- und zirkoniumhaltigen Probematerial und
- bei Aluminiumgehalten unter 4% $(0,500\pm0,001)$g mit 30 ml Salzsäure (1+1) und portionsweise mit 10 ml Wasserstoffperoxid (30%),
- bei höheren Aluminiumgehalten $(0,200\pm0,001)$g mit 25 ml Salzsäure (1+1) und portionsweise mit 5 ml Wasserstoffperoxid

unter Kühlung und häufigem Umschwenken versetzen. Nach dem Lösen den Peroxidüberschuß durch Kochen (etwa 5 min) zerstören.

3.1.8. Die Lösung auf Zimmertemperatur abkühlen und mit wenig Wasser in einen 100-ml-Scheidetrichter überspülen. Das Gesamtvolumen soll dabei 50 ml nicht überschreiten.

3.1.9. 2 bis 5 ml Kupferronlösung (1.9) und 20 ml Chloroform zugeben und 1 min kräftig schütteln. Nach der Phasentrennung die organische Phase ablassen und verwerfen.

Die wäßrige salzsaure Phase nochmals mit 1 ml Kupferronlösung (1.9) und 10 ml Chloroform extrahieren und die organische Phase verwerfen.

Anmerkung: Bei höheren Gehalten an extrahierbaren Metallen, erkennbar an einer Gelbfärbung des Extraktes, die Extraktion so oft wiederholen, bis die organische Phase nicht
mehr gelb gefärbt ist.

3.1.10. Die von Titan und Zirkonium sowie eventuell anwesendem Eisen befreite Lösung in ein 250-ml-Becherglas (hohe Form) ablassen, den Scheidetrichter mit
Wasser nachspülen und die Lösung auf etwa 5 ml eindampfen.

3.1.11. 5 ml Perchlorsäure (70 %) und 5 ml Salpetersäure (65 %) zugeben, bis auf etwa
1 ml eindampfen und nach dem Abkühlen mit 25 ml Wasser aufnehmen. Eventuell vorhandene unlösliche Rückstände abfiltrieren (vgl. Anmerkung zu
3.1.2). Von 3.1.3 bis 3.1.6 weiterverarbeiten.

3.2   Aluminiumfaktor der 0,05-mol/l-Kupferlösung. Eine Faktorstellung für die
Kupferlösung kann entfallen, da das zur Herstellung verwendete Elektrolyt-
kupfer (mindestens 99,99 %) Urtitersubstanz ist. Der Faktor für Aluminium
F(Al) ist

$$F(Al) = 1{,}349 \text{ mg/ml.}$$

3.4.   Auswertung

Zur Endpunkterkennung bei der Rücktitration des ÄDTA-Überschusses vor
der Fluoridzugabe (3.1.5) ist eine geringere Übertitration erforderlich. Dieses
überschüssige Volumen der 0,05-mol/l-Kupferlösung ist dem Volumen hinzu-
zurechnen, das anschließend zur Titration des nach der Aluminiumdemaskierung freigesetzten ÄDTA-Anteils (3.1.6) verbraucht wird.

Aus dem bei der Rücktitration vor der Demaskierung (3.1.5) insgesamt zugesetzten Volumen b, dem hierbei ermittelten tatsächlich aequivalenten Volumen
a und dem nach der Demaskierung zusätzlich verbrauchten Volumen c der
0,05-mol/l-Kupferlösung errechnet sich unter Berücksichtigung der Masse der
Probe m_p und des Aluminiumfaktors der Kupferlösung F(Al) der Aluminiumgehalt w(Al) der Probe in Prozent zu

$$w(Al) = \frac{[(b-a)+c] \cdot F(Al)}{m_p} \cdot 100\,\%.$$

Beispiel: a = 11,15 ml; b = 11,30 ml; c = 14,55 ml; m_p = 0,200 g.

$$w(Al) = \frac{[(11{,}30\,\text{ml} - 11{,}15\,\text{ml}) + 14{,}55\,\text{ml}] \cdot 1{,}349\,\text{mg/ml}}{0{,}200\,\text{g}} \cdot 100\,\%,$$

$$w(Al) = \frac{(0{,}15\,\text{ml} + 14{,}55\,\text{ml}) \cdot 1{,}349\,\text{mg/ml}}{0{,}200\,\text{g}} \cdot 100\,\%,$$

$$w(Al) = \frac{14{,}70\,\text{ml} \cdot 1{,}349\,\text{mg/ml}}{0{,}200\,\text{g}} \cdot 100\,\%,$$

$$w(Al) = \frac{19{,}83\,\text{mg}}{0{,}200\,\text{g}} \cdot 100\,\% = \frac{0{,}01983\,\text{g}}{0{,}200\,\text{g}} \cdot 100\,\%,$$

$$w(Al) = 0{,}09915 \cdot 100\,\% = 9{,}915\,\%.$$

Literatur

Kraft, G.; Dosch, H.: Erzmetall 21 (1968) 308

Bestimmung von Arsen in Kupfer und Kupferlegierungen

Anmerkung: Aus dieser Vorschrift sind die Normen ISO 3220 – 1975 und DIN 50510 hervorgegangen.

Gegenüber den Vorschriften in Bd. I, S. 238 f und Bd. II, S. 406 und 428 ist diese Arbeitstechnik weniger zeitaufwendig und universell anwendbar.

Grundlage: Nach dem Lösen der Probe in Salzsäure unter Zusatz von Wasserstoffperoxid wird das Arsen aus der salzsauren, bromwasserstoff- und perchlorsäurehaltigen Lösung mit Toluol extrahiert. Nach der Rückextraktion des Arsens mit Wasser, Umsetzen mit Molybdat und Reduktion der gebildeten Molybdatoarsensäure zu Molybdänblau wird dessen Färbung photometrisch gemessen.

Anwendungsbereich: Arsengehalte von 10 µg/g bis 0,8 % in allen Kupfersorten und -legierungen

Die Anwesenheit von Phosphor und Silicium in Mengen bis zu 2 mg stören nicht.

Genauigkeit:

$v = 15\%$ bei Arsengehalten um 10 µg/g

$v = 6\%$ bei Arsengehalten um 0,01 %

$v = 3\%$ bei Arsengehalten um 0,03 %

$v = 1,5\%$ bei Arsengehalten über 0,4 %

Zeitaufwand: 2 Stunden für eine Doppelbestimmung mit Blindansatz

1. Reagenzien

1.1. Salzsäure (1 + 1): 500 ml Salzsäure (37 %; 1,19 g/ml) mit 500 ml Wasser mischen.

1.2. Wasserstoffperoxid (30 %; 1,11 g/ml)

1.3. Salzsäure (37 %; 1,19 g/ml)

1.4. Bromwasserstoffsäure (47 %; 1,50 g/ml)

1.5. Perchlorsäure (70 %; 1,67 g/ml)

1.6. Toluol

1.7. Kaliumpermanganatlösung (etwa 0,02 mol/l): 0,316 g Kaliumpermanganat $KMnO_4$ in 100 ml Wasser lösen.

1.8. Schwefelsäure (1 + 19): 100 ml Schwefelsäure (96 %; 1,84 g/ml) vorsichtig in Wasser eintragen und auf 2000 ml auffüllen.

1.9. Ammoniummolybdatlösung: 1,0 g Ammoniumheptamolybdat $(NH_4)_6 Mo_7O_{24} \cdot 4H_2O$ in 200 ml Schwefelsäure (1 + 19) lösen.

Die Lösung täglich frisch bereiten.

1.10. Ascorbinsäurelösung:
2 g Ascorbinsäure in 100 ml Wasser lösen.
Die Lösung täglich frisch bereiten.

1.11. Arsen-Stammlösung (400 μg/ml):
0,132 g Arsentrioxid As_2O_3 in einem 250-ml-Polyäthylenbecher mit 10 ml Natronlauge (1 mol/l) lösen, 50 ml Salzsäure (37%) zugeben und im 250-ml-Meßkolben zur Marke auffüllen.

1.12. Arsen-Standardlösung (20 μg/ml):
25,00 ml Arsen-Stammlösung (1.11) in einen 500-ml-Meßkolben pipettieren, 20 ml Salzsäure (1+1) zugeben und mit Wasser zur Marke auffüllen.

2.   Geräte

2.1. Spektralphotometer, Wellenlänge der Meßstrahlung 578 oder 840 nm

2.2. Küvetten mit Schichtdicken von 10, 20 und 40 mm

2.3. 100-ml-Scheidetrichter mit etwa 5 bis 10 mm langem Ablaufrohr

2.4. Polyäthylenbecher, 250 ml

3.   Ausführung

3.1. Analyse

3.1.1. – 2,000 g Probematerial bei Arsengehalten unter 0,02% oder
– 0,500 g Probematerial bei höheren Arsengehalten
im 100-ml-Erlenmeyerkolben mit 20 ml Salzsäure (1+1) und in mehreren kleinen Anteilen mit 10 ml Wasserstoffperoxid (30%) versetzen. Unter Kühlung und ständigem Umschwenken lösen und auf etwa 5 ml eindampfen.

3.1.2. Die Lösungen der 2-g-Einwaagen bei Arsengehalten zwischen 0,02 und 0,08% nach 3.1.4 weiterverarbeiten.

3.1.3. Die Lösungen der 0,5-g-Einwaagen bei Arsengehalten über 0,08% in 50-ml-Meßkolben überführen und zur Marke auffüllen.

Je nach vermutetem Arsengehalt
– 10,00 ml für Gehalte zwischen 0,08 und 0,4% oder
– 5,00 ml für Gehalte zwischen 0,4 und 0,8%
in 100-ml-Bechergläser pipettieren, mit 1 ml Wasserstoffperoxid (30%) versetzen und auf etwa 5 ml eindampfen.

3.1.4. Nach dem Abkühlen der Lösungen 3.1.2 oder 3.1.3 diese mit etwa 20 ml Salzsäure (37%) in 100-ml-Scheidetrichter (2.3) überspülen, 5 ml Bromwasserstoffsäure (47%) und 10 ml Perchlorsäure (70%) zugeben und danach durch 1 min langes, kräftiges Schütteln mit 25 ml Toluol das Arsen extrahieren.

3.1.5. Nach der Phasentrennung (etwa 1 min) die wäßrige Phase ablassen und verwerfen.

3.1.6. Die Toluolphase mit 10 ml Salzsäure (37%) 20 s lang schütteln, die salzsaure Phase ablassen und verwerfen.

3.1.7 Aus der Toluolphase durch kräftiges 1 min langes Schütteln mit 25 ml Wasser das Arsen reextrahieren. Die wäßrige Phase in einen 100-ml-Meßkolben ablassen, die Toluolphase mit wenigen Millilitern Wasser nachwaschen und das Waschwasser mit dem wäßrigen Extrakt vereinigen.

Den wäßrigen Extrakt mit 1 ml Kaliumpermanganatlösung (1.7) versetzen, zur Oxidation des Arsens auf etwa 60 °C erwärmen und dann abkühlen.

3.1.8. 10 ml Ammoniummolybdatlösung (1.9) und 10 ml Ascorbinsäurelösung (1.10) zugeben, zum Sieden erhitzen und 2 min bei dieser Temperatur halten.

3.1.9. Nach dem Abkühlen auf Raumtemperatur die 100-ml-Meßkolben mit Wasser zur Marke auffüllen.

3.1.10. Die Extinktion der Probelösung bei 578 nm (Hg-Linie) oder 840 nm (Absorptionsmaximum) in 10-, 20- oder 40-mm-Küvetten gegen Wasser als Vergleichslösung messen.

3.2. Blindwert

Der Arsengehalt der verwendeten Reagenzien ist normalerweise vernachlässigbar klein. Die durch ihn bewirkte Extinktion des Blindwertes sollte aber zur Sicherheit in üblicher Weise ermittelt werden. Sie wird in jedem Fall kompensiert, wenn bei allen Messungen und bei der Aufstellung der Eichkurve (3.3) stets die gleichen Mengen derselben Reagenzien verwendet werden.

3.3. Eichkurve

3.3.1. 5,00 g arsenfreies Kupfer im 400-ml-Becherglas mit 50 ml Salzsäure (1+1) bei portionsweiser Zugabe von insgesamt 25 ml Wasserstoffperoxid (30 %) wie unter 3.1.1 beschrieben lösen. Nach dem Abkühlen die Lösung im 100-ml-Meßkolben zur Marke auffüllen.

3.3.2. In eine Reihe von 100-ml-Bechergläsern je 5,0 ml der Kupferlösung (3.3.1) pipettieren und dazu steigende Mengen Arsen-Standardlösung (1.12) zwischen 0 und 20,00 ml, entsprechend Arsenmengen bis zu 400 μg, genau einmessen.

3.3.3. Nach Zugabe von jeweils 1 ml Wasserstoffperoxid (30 %) auf etwa 5 ml eindampfen und wie unter 3.1.4 bis 3.1.10 beschrieben weiterverfahren.

3.3.4. Die um die Extinktion ihres Blindwertes verminderten Extinktionen der Eichlösungen ggf. auf eine Schichtdicke von 10 mm umrechnen (Division durch die Schichtdicke in cm) und diesen Wert gegen die zugehörigen Arsenmengen in einem Diagramm auftragen.

Anmerkung: Bei Messung mit genügend monochromatischer Strahlung werden bei 578 nm und 840 nm lineare Abhängigkeiten der Extinktion von der Konzentration erhalten. Die Farbintensität der Lösungen ist für mehrere Stunden konstant.

3.4. Auswertung

Die um die Extinktion ihres Blindwertes verminderte Extinktion der Probelösung ggf. auf die Schichdicke von 10 mm umrechnen (durch die Schichtdicke in Zentimetern dividieren). Hieraus an Hand der bei 578 bzw. 840 nm aufgestellten Eichkurven, die in den Einwaagen bzw. aliquoten Abnahmen

(3.1.2 bis 3.1.3) enthaltenen Arsenmengen ermitteln, und unter Berücksichtigung der Probemenge (3.1.2 bzw. 3.1.3) den Arsengehalt der Probe berechnen.

Literatur

Pohl, H.: Z. anal. Chem. 134 (1951) 177
Tanaka, K.: Jap. Analyst 9 (1960) 700–704
Pohl, H.: Erzmetall 24 (1971) 491–493

Bestimmung von Wismut in Kupfer und Kupferlegierungen

Anmerkung: Gegenüber den Vorschriften in Bd. I, S. 236 ff. und Bd. II, S. 405 und S. 866 ff. ist das Verfahren schneller, empfindlicher und universell anwendbar.

Grundlage: Wismut wird in schwachsaurer Probelösung an frisch gefälltem Mangandioxidhydrat angereichert, von der Matrix abgetrennt, aus der Lösung des Niederschlages nach Maskierung störender Begleitelemente als Wismutdiäthyldithiocarbamidat mit Chloroform extrahiert und photometrisch bestimmt.

Anwendungsbereich: Wismutgehalte von 0,5 μg/g bis 0,5 %

Genauigkeit: $v = 20\%$ bei Wismutgehalten unter 5 μg/g
$v = 10\%$ bei Wismutgehalten von 5 bis 50 μg/g
$v = 5\%$ bei Wismutgehalten von 50 bis 500 μg/g
$v = 1\%$ bei Wismutgehalten von 0,05 bis 0,5 %

Zeitaufwand: 5 Stunden für zwei Proben mit Blindansatz

1.   Reagenzien

1.1.   Salpetersäure (1 + 1):
500 ml Salpetersäure (65 %; 1,40 g/ml) mit 500 ml Wasser mischen.

1.2.   Ammoniaklösung (25 %; 0,91 g/ml)

1.3.   Mangannitratlösung:
80 g Mangannitrat $Mn(NO_3)_2 \cdot 4H_2O$ in Wasser lösen und auf 1000 ml auffüllen.

1.4.   Kaliumpermanganatlösung (etwa 0,2 mol/l):
31 g Kaliumpermanganat in Wasser lösen und auf 1000 ml auffüllen.

1.5.   Salzsäure (1 + 1):
500 ml Salzsäure (37 %; 1,19 g/ml) mit 500 ml Wasser mischen.

1.6.   Wasserstoffperoxid (30 %; 1,11 g/ml)

1.7.   Brom-Salzsäure:
100 ml Brom in 1000 ml Salzsäure (37 %; 1,19 g/ml) lösen.

1.8.   Weinsäurelösung:
500 g Weinsäure in Wasser lösen und auf 1000 ml auffüllen.

1.9.   ÄDTA-Lösung (100 g/l):
100 g Dinatriumdihydrogenäthylendiamintetraacetat-Dihydrat in Wasser lösen und auf 1000 ml auffüllen.

1.10.   Hydroxylammoniumchloridlösung:
20 g Hydroxylammoniumchlorid in 100 ml Wasser lösen.

1.11.   Kaliumcyanidlösung:
100 g Kaliumcyanid in Wasser lösen und auf 1000 ml auffüllen.

1.12.   Diäthyldithiocarbamidatlösung:
0,25 g Natriumdiäthyldithiocarbamidat in 100 ml Wasser lösen.

1.13.   Chloroform

1.14.   Natronlauge (20 g/l):
20 g Natriumhydroxid in 1000 ml Wasser lösen.

1.15.   Wismut-Stammlösung (0,4 mg/ml):
100,0 mg Wismut (mindestens 99,9 %) in 50 ml Salpetersäure (1 + 1) in einem mit einem Uhrglas bedeckten 400-ml-Becherglas lösen, Stickstoffoxide etwa 3 bis 5 min verkochen, abkühlen, in einen 250-ml-Meßkolben überspülen und mit Wasser zur Marke auffüllen.

1.16.   Wismut-Standardlösung (40 µg/ml):
25,00 ml Wismut-Stammlösung (1.15) in einen 250-ml-Meßkolben pipettieren, 50 ml Salpetersäure (65 %) zugeben und mit Wasser zur Marke auffüllen.

2.   Geräte

2.1.   Spektralphotometer, Wellenlänge der Meßstrahlung 405 nm

2.2.   Küvetten mit 50 mm Schichtdicke

2.3.   250-ml-Scheidetrichter mit etwa 5 bis 10 mm langem Ablaufrohr, braungefärbt

2.4.   Mechanische Schüttelmaschine

3.   Ausführung

3.1.   Analyse

3.1.1.   1,000 bis 5,000 g Probematerial, bei sehr geringen Wismutgehalten 10,00 oder auch 25,00 g, im 750-ml-Erlenmeyerkolben mit möglichst wenig Salpetersäure (1 + 1) unter Erwärmen lösen.

3.1.2.   Nach vollständigem Lösen der Probe 20 ml Wasser zusetzen und 5 min lang die Stickstoffoxide verkochen.

3.1.3.   Mit etwa 300 bis 400 ml Wasser verdünnen, langsam Ammoniaklösung (25 %) zugeben, bis ein Kupferhydroxid-Niederschlag ungelöst bleibt. Den Niederschlag mit möglichst wenig Salpetersäure (1 + 1) zurücklösen.
Der pH-Wert soll jetzt zwischen 3,0 und 3,5 liegen.

3.1.4.   Falls Kupferlegierungen mit höheren Zinn- und Antimongehalten analysiert werden, treten die Fällungen bereits in stärker sauren Bereichen auf. Dann unter Verwendung von geeignetem Indikator-Papier mit Ammoniaklösung (25 %) den pH-Wert einstellen.

3.1.5.   5 ml Mangannitratlösung (1.3) und 3 ml Kaliumpermanganatlösung (1.4) zufügen. Unter stetigem Umschütteln (Gefahr des Stoßens!) zum Sieden erhitzen bis die Permanganat-Färbung verschwindet. Erneut 3 ml Kaliumpermanganatlösung (1.4) zugeben, unter Umschütteln weiter kochen bis die Permanganatfärbung wieder verschwindet und die überstehende Lösung klar ist.

3.1.6.   Den Niederschlag über ein Filter mittlerer Porengröße abfiltrieren, Niederschlag und Filter gut (4 bis 6 mal) mit heißem Wasser auswaschen. Das Filtrat verwerfen. Den Niederschlag mit Wasser in ein 250-ml-Becherglas spülen. Das Fällgefäß mit heißer Salzsäure (1+1) unter Zusatz von einigen Tropfen Wasserstoffperoxid (30%) sorgfältig ausspülen, mit dieser Säure Niederschlagsreste vom Filter lösen und mit heißem Wasser gut nachwaschen.

3.1.7.   20 ml Brom-Salzsäure (1.7) zugeben und vorsichtig eindampfen. Von Zeit zu Zeit einige Tropfen Wasserstoffperoxid (30%) zugeben bis keine Bromdämpfe mehr entweichen. Das Eindampfen bis zu einem Volumen von etwa 5 ml fortsetzen.

3.1.8.   10 ml Weinsäurelösung (1.8) und 30 ml ÄDTA-Lösung (1.9) zugeben. Mit Ammoniaklösung (25%) gegen Lackmuspapier neutralisieren und 5 ml im Überschuß zusetzen. Dann mit 2 ml Hydroxylammoniumchloridlösung (1.10) und 5 ml Kaliumcyanidlösung (1.11) versetzen.

Anmerkung: Bei den folgenden Arbeitsschritten direktes Sonnenlicht oder starkes Kunstlicht (Leuchtstoff-Lampen mit UV-Strahlung) vermeiden. Braungefärbte Glasgeräte benutzen!

3.1.9.   Die Lösung in einen 250-ml-Scheidetrichter (2.3) überführen. Das Lösungsvolumen kann zwischen 80 und 150 ml, der pH-Wert soll bei etwa 13 liegen.

3.1.10.   2,5 ml Diäthyldithiocarbamidatlösung (1.12) und 10 ml Chloroform zugeben und kräftig 10 min lang auf einer Schüttelmaschine extrahieren.

3.1.11.   Nach der Phasentrennung (etwa 30 s) die Chloroformphase in einen zweiten 250-ml-Scheidetrichter ablassen, der 20 ml Natronlauge (1.14) enthält.

3.1.12.   Die wäßrige Phase im ersten Scheidetrichter durch 10 min langes Schütteln mit 10 ml Chloroform und weiteres 5 min langes Schütteln mit 5 ml Chloroform extrahieren und auch diese Chloroform-Extrakte im zweiten Scheidetrichter sammeln. Die wäßrige Phase verwerfen.

3.1.13.   Die vereinigte organische Phase kräftig 5 min lang mit der Natronlauge schütteln, dann 5 ml ÄDTA-Lösung (1.9) sowie 5 ml Kaliumcyanidlösung (1.11) zufügen und 10 s lang schütteln. Mit Wasser auf 40 bis 50 ml verdünnen, 3 ml Diäthyldithiocarbamidatlösung (1.12) zusetzen und kräftig durch 10 min langes Schütteln extrahieren.

3.1.14.   Nach der Phasentrennung die gelbgefärbte Chloroformphase in einen 25-ml-Meßkolben ablassen. Wäßrige Phase durch 10 s langes Schütteln mit 1 bis 2 ml Chloroform waschen. Waschchloroform in den Meßkolben ablassen und mit Chloroform (bei 20 °C) zur Marke auffüllen. Die wäßrige Phase verwerfen.

Anmerkung: Wegen der beträchtlichen Löslichkeit von Chloroform in Wasser ist trotz Extraktion mit mehr als 25 ml Chloroform das verbleibende Volumen stets kleiner als 25 ml.

3.1.15.   Die Lösung über ein kleines, trockenes Faltenfilter in die Küvette (2.2) filtrieren und die Extinktion bei 405 nm gegen Chloroform als Vergleichslösung messen.

Anmerkung: Die Messung soll innerhalb von 30 min nach der Extraktion erfolgen. Bei Anwesenheit von 100 μg Wismut wird eine Extinktion von etwa 0,5 gemessen. Der Wismut-Diäthyldithiocarbamidat-Komplex hat ein Absorptionsmaximum bei etwa 250 nm. Diese Wellenlänge ist jedoch wegen der sehr hohen Blindwert-Extinktion zur Messung ungeeignet.

3.2. Blindwert

Der Wismutgehalt der verwendeten Reagenzien ist normalerweise vernachlässigbar klein. Er sollte aber zur Sicherheit in üblicher Weise ermittelt werden. Die Extinktion des Blindwertes liegt in der Größenordnung von 0,002 bis 0,004.

3.3. Eichkurve

3.3.1. Steigende Mengen der Wismut-Standardlösung (1.16) zwischen 0 und 5 ml, entsprechend Wismutmengen bis zu 200 μg, in eine Reihe von 250-ml-Scheidetrichtern (2.3) genau einmessen, die 10 ml Weinsäurelösung (1.8), 5 ml ÄDTA-Lösung (1.9), Ammoniaklösung (25 %) bis zum Neutralpunkt (Lackmuspapier), weitere 5 ml Ammoniaklösung (25 %) im Überschuß sowie 5 ml Kaliumcyanidlösung (1.11) enthalten. Das Volumen mit Wasser auf etwa 50 ml bringen.

3.3.2. 3,0 ml Diäthyldithiocarbamidatlösung (1.12) und 10 ml Chloroform zugeben und kräftig 10 min lang auf einer Schüttelmaschine extrahieren. Den Chloroformextrakt in einen 25-ml-Meßkolben ablassen. Die wäßrige Phase noch einmal durch 10 min langes Schütteln mit 10 ml Chloroform und weiteres 5 min langes Schütteln mit 5 ml Chloroform extrahieren und auch diese Chloroformextrakte in den 25-ml-Meßkolben ablassen. Die wäßrige Phase verwerfen.

Weiterverarbeiten nach 3.1.15.

Anmerkung: Die gegen Chloroform als Vergleichslösung gemessene Extinktion der Lösung ohne Wismutzusatz ist die Extinktion des Blindwertes der Eichlösungen.

3.3.3. Die um die Extinktion ihres Blindwertes verminderten Extinktionen der Eichlösungen gegen die zugehörigen Wismutmengen in einem Diagramm auftragen. Die Eichfunktion ist eine Gerade.

3.4. Auswertung

Aus der um die Extinktion ihres Blindwertes verminderten Extinktion der Probelösung an Hand der Eichkurve die enthaltene Wismutmenge ermitteln und hieraus unter Berücksichtigung der Einwaage den Wismutgehalt der Probe errechnen.

Literatur

Bode, H.: Z. anal. Chem. 143 (1954) 182–195
Bode, H.: Z. anal. Chem. 144 (1955) 166–186
Pohl, H.: Metall 18 (1964) 113–115

Bestimmung von Eisen als Legierungsbestandteil in Kupferlegierungen

Anmerkung: Aus dieser Vorschrift ist die Norm ISO/DIS 4748 hervorgegangen.

Grundlage: Nach dem Lösen der Probe in Salzsäure und Wasserstoffperoxid wird das Eisen als Chlorokomplex mit Methylisobutylketon extrahiert und in Gegenwart von Ammoniumfluorid bei pH = 4,5 mit Zinklösung indirekt komplexometrisch gegen Xylenolorange als Indikator titriert.

Anwendungsbereich: Eisengehalte von 0,5 bis 5 % in allen Legierungen, die unter den genannten Bedingungen löslich sind.

Anmerkung: Durch Vergrößerung der ÄDTA-Zugabe in 3.1.8 kann der Anwendungsbereich auf höhere Eisengehalte erweitert werden.

Genauigkeit: $v = 1,5$ % bei Eisengehalten um 2 %

$v = 0,8$ % bei Eisengehalten um 5 %

Zeitaufwand: 2 Stunden

1.   Reagenzien

1.1.   Salzsäure (1 + 1):
500 ml Salzsäure (37 %; 1,19 g/ml) mit 500 ml Wasser mischen.

1.2.   Salzsäure (37 %; 1,19 g/ml)

1.3.   Wasserstoffperoxid (30 %; 1,11 g/ml)

1.4.   Methylisobutylketon

1.5.   Lithiumchloridlösung:
275 g Lithiumchlorid in Wasser lösen und auf 1000 ml auffüllen.

1.6.   Äthanol

1.7.   Ammoniumfluoridlösung (1 mol/l):
37,0 g Ammoniumfluorid in Wasser lösen und auf 1000 ml verdünnen.

1.8.   Thioharnstofflösung:
100 g Thioharnstoff in Wasser lösen und auf 1000 ml auffüllen.

1.9.   Hexamethylentetraminlösung:
200 g Hexamethylentetramin in Wasser lösen und auf 1000 ml auffüllen.

1.10.   ÄDTA-Lösung (0,05 mol/l):
18,613 g Dinatriumdihydrogenäthylendiamintetraacetat-Dihydrat in Wasser lösen und auf 1000 ml auffüllen.

1.11.   Xylenolorange-Indikator:
1 g Xylenolorange mit 100 g Kaliumnitrat verreiben.

1.12. Zinklösung (0,05 mol/l):
3,269g Feinzink (mindestens 99,99%, frisch hergestellte oxidfreie Späne) in 25 ml Salpetersäure (1+1) lösen, Stickoxide verkochen, mit Hexamethylentetramin auf einen pH-Wert zwischen 4 und 5 einstellen und auf 1000 ml mit Wasser auffüllen.

2.   Geräte

2.1.   Magnetrührer

2.2.   250-ml-Scheidetrichter mit etwa 5 bis 10 mm langem Ablaufrohr.

3.   Ausführung

3.0.   Vorbereitung
Probematerial möglichst fein zerspanen.

3.1.   Analyse

3.1.1. (1,000 ± 0,001) g Probematerial in einem mit einem Uhrglas bedeckten 250-ml-Becherglas (hohe Form) mit 10 ml Salzsäure (1+1) und 10 ml Salzsäure (37%) versetzen und unter Kühlen und ständigem Umschwenken 10 ml Wasserstoffperoxid (30%) in kleinen Portionen zugeben.

3.1.2. Nach vollständigem Lösen der Probe den Peroxidüberschuß durch Kochen (etwa 5 min) weitgehend zerstören.

3.1.3. Die Lösung auf Zimmertemperatur abkühlen und mit wenig Salzsäure (1+1) in einen 250-ml-Scheidetrichter (2.2) überspülen.
Anmerkung: Das gesamte Volumen soll 50 ml nicht überschreiten.

3.1.4. 30 ml Methylisobutylketon zugeben, den Scheidetrichter mit einem Schliffstopfen verschließen und 1 min kräftig schütteln.
Nach der Phasentrennung die untere salzsäure Phase in einen zweiten Scheidetrichter ablassen und nochmals mit 20 ml Methylisobutylketon 1 min extrahieren.
Anmerkung: Bei der zweiten Extraktion mit Methylisobutylketon nur mäßig schütteln, da sonst die Phasentrennung erschwert ist.

3.1.5. Die wäßrige salzsaure Phase ablassen und verwerfen, den zweiten organischen Extrakt mit dem ersten vereinigen und die vereinigten Extrakte zur Reinigung mit 20 ml Lithiumchloridlösung (1.5) ca. 30 s kräftig schütteln. Nach der Phasentrennung die untere wäßrige Phase ablassen und verwerfen.

3.1.6. Die das Eisen enthaltende gereinigte Ketonphase in ein 400-ml-Becherglas (breite Form) ablassen, den Scheidetrichter mit etwa 50 ml Wasser spülen, 2 ml Salzsäure (1+1) zugeben und zur Überführung des Eisens in die wäßrige Phase mit einem Magnetrührer intensiv rühren.

3.1.7. Während des Rührens mit 100 ml Äthanol (1.6) versetzen (hierbei wird die Lösung einphasig) und soviel Ammoniumfluoridlösung (1.7) zugeben, bis die Lösung farblos geworden ist (etwa 5 ml).

3.1.8. Zu dieser Lösung 5 ml Thioharnstofflösung (1.8) und 20,00 ml 0,05-mol/l-
ÄDTA-Lösung zugeben und den pH-Wert mit Hexamethylentetraminlösung
(1.9) auf $4,5 \pm 0,1$ einstellen (hierzu sind etwa 10 bis 20 ml erforderlich).

Anmerkung: Die angegebene ÄDTA-Vorlage reicht für Eisengehalte bis zu etwa 5 % aus.
Bei höheren Gehalten ist die ÄDTA-Vorlage entsprechend zu vergrößern.

3.1.9. Eine Spatelspitze (etwa 0,1 g) Xylenolorange-Indikator (1.11) zusetzen und
den Überschuß an ÄDTA mit 0,05-mol/l-Zinklösung bis zum Umschlag von
gelb nach rot zurücktitrieren. Die Maßlösung in der Nähe des Äquivalenzpunktes tropfenweise zugeben. Der Indikatorumschlag ist sehr scharf.

Anmerkung: Nach der Zugabe von Xylenolorange soll die Lösung reingelb sein. Da die
Titrationslösung im wesentlichen aus organischen Lösungsmitteln besteht, ist die Reaktionsgeschwindigkeit zwischen ÄDTA und Zink etwas vermindert; deshalb besonders
in der Nähe des Äquivalenzpunktes langsam titrieren.

3.2. Titerstellung für die 0,05-mol/l-ÄDTA-Lösung:
ÄDTA läßt sich im allgemeinen gut zu einer Lösung der Konzentration
0,05 mol/l einwiegen. Die genaue Konzentration ist jedoch durch Titration
mit einer 0,05-mol/l-Zink-Urtiterlösung zu ermitteln.

Hierzu 20,00 ml 0,05-mol/l-ÄDTA-Lösung in ein 400-ml-Becherglas (breite
Form) pipettieren, mit Wasser auf etwa 100 ml verdünnen, mit 5 ml Thioharnstofflösung (1.8) sowie 100 ml Äthanol (1.6) versetzen und den pH-Wert
mit Hexamethylentetraminlösung (1.9) auf $4,5 \pm 0,1$ einstellen. Weiter verfahren wie unter 3.1.9.

Der Titer t der ÄDTA-Lösung ist der Quotient aus den Volumina der zur
Titration verbrauchten 0,05-mol/l-Zinklösung und der vorgelegten 0,05-
mol/l-ÄDTA-Lösung.

$$t = \frac{V(Zn)}{V(\text{ÄDTA})} \cdot$$

Der Eisenfaktor F(Fe) einer ÄDTA-Lösung der Konzentration von genau
0,05 mol/l ist

$F(Fe) = 2,793$ mg/ml.

3.3. Auswertung
Aus dem bei der Analyse vorgelegten Volumen a der 0,05-mol/l-ÄDTA-Lö-
sung, dem zur Rücktitration des Überschusses erforderlichen Volumen b der
0,05-mol/l-Zinklösung und der Masse m_p der Probenmenge errechnet sich der
Eisengehalt w(Fe) in Prozent zu

$$w(Fe) = \frac{(a \cdot t - b) \cdot F(Fe)}{m_p} \cdot 100\,\%.$$

Bestimmung von Eisen als Verunreinigung in Kupfer und Kupferlegierungen

Anmerkung: Die in Bd. I, S. 244f. aufgeführte Arbeitsvorschrift wird im folgenden an die Vorschriften ISO 1812–1976 und DIN 50504 (Okt. 1973) angeglichen.

Grundlage: Nach dem Lösen der Probe in Salzsäure und Wasserstoffperoxid wird der Eisen(III)-chlorokomplex mit Methylisobutylketon extrahiert. Nach Rückextraktion in eine wäßrige Phase und Reduktion mit Ascorbinsäure wird der Eisen(II)-1,10-Phenanthrolin-Komplex photometrisch gemessen.

Anwendungsbereich: Eisengehalte von 2 μg/g bis 0,4 %

Genauigkeit: $v = 10\,\%$ bei Eisengehalten um 0,002 %
$v = \;\;5\,\%$ bei Eisengehalten um 0,02 %
$v = \;\;2\,\%$ bei Eisengehalten um 0,2 %

Zeitaufwand: 2 Stunden

1.   **Reagenzien**
Zur Bestimmung von Eisengehalten unter 0,01 % doppelt destilliertes Wasser verwenden.

1.1.   Methylisobutylketon

1.2.   Petroleumbenzin, Siedebereich etwa 40 bis 60 °C

1.3.   Wasserstoffperoxid (30 %; 1,11 g/ml)

1.4.   Salzsäure (37 %, 1,19 g/ml)

1.5.   Salzsäure (1 + 1):
500 ml Salzsäure (37 %; 1,19 g/ml) mit 500 ml Wasser mischen.

1.6.   Salzsäure (7 + 3):
700 ml Salzsäure (37 %; 1,19 g/ml) mit 300 ml Wasser mischen.

1.7.   Ascorbinsäurelösung:
10 g Ascorbinsäure in Wasser lösen und auf 1 l auffüllen. Die Lösung ist 3 bis 4 Tage haltbar.

1.8.   Flußsäure (40 %; 1,13 g/ml)
Anmerkung: Wird nur für siliciumreiche Proben benötigt.

1.9.   1,10-Phenanthrolin-Lösung, gepuffert:
1 g 1,10-Phenanthroliniumchlorid in einem 500-ml-Meßkolben mit 215 ml Eisessig und danach unter Kühlung mit 265 ml Ammoniaklösung (25 %; 0,91 g/ml) versetzen. Mit Eisessig oder Ammoniaklösung einen pH-Wert von 6,5 ± 0,1 einstellen und mit Wasser zur Marke auffüllen.

1.10. Eisen-Stammlösung (0,1 mg/ml):
(0,1000 ± 0,0005) g Eisen (mindestens 99,99 %) in 20 ml Salzsäure (1 + 1) lösen, in einem 1000-ml-Meßkolben mit Wasser zur Marke auffüllen.

1.11. Eisen-Standardlösung (10 μg/ml):
50,00 ml Eisen-Stammlösung (1.10) in einen 500-ml-Meßkolben pipettieren, mit 10 ml Salzsäure (1 + 1) versetzen und mit Wasser zur Marke auffüllen.

2.   Geräte

2.1. Zum Lösen siliciumreicher Proben 400-ml-Becher aus hitze- und flußsäurebeständigem Kunststoff oder Platinschalen.

2.2. 250-ml-Scheidetrichter mit 5 bis 10 mm langem Ablaufrohr.

2.3. Spektralphotometer mit 10-mm-Küvetten, Wellenlänge der Meßstrahlung 520 nm.

2.4. pH-Meßgerät

3.   Ausführung

3.0. Vorbereitung
Alle Glasgeräte vor Gebrauch mit etwa 40 °C warmer Salzsäure (1 + 1) reinigen.

3.1. Analyse

3.1.1. (5,000 ± 0,001) g Probematerial in ein 400-ml-Becherglas, bei siliciumreichen Proben in einen Kunststoffbecher oder eine Platinschale (2.1), einwägen.

Siliciumfreie Proben mit 40 ml Salzsäure (1 + 1) versetzen und in kleinen Portionen insgesamt 40 ml Wasserstoffperoxid (30 %) unter Kühlen und häufigem Umschwenken zugeben. Nach vollständigem Lösen erhitzen und überschüssiges Wasserstoffperoxid 2 min lang verkochen. Auf Raumtemperatur abkühlen.

Siliciumreiche Proben in geeigneten Gefäßen (2.1) zusätzlich mit etwa 50 Tropfen Flußsäure (40 %) versetzen.

3.1.2. Aliquotieren der Probe
Die für den weiteren Analysengang ab 3.1.3 erforderliche Probemenge richtet sich nach dem Eisengehalt:

(1) Bei Eisengehalten unter 0,004 % die Probelösung quantitativ in einen 250-ml-Scheidetrichter (2.2) überführen. Mit Salzsäure (1 + 1) nachspülen.

(2) Bei Eisengehalten zwischen 0,003 und 0,04 % die Probelösung quantitativ in einen 250-ml-Meßkolben überführen, mit Salzsäure (1 + 1) nachspülen, mit der gleichen Säure zur Marke auffüllen und 25,00 ml in einen 250-ml-Scheidetrichter pipettieren.

(3) Bei Eisengehalten zwischen 0,03 und 0,4 % die Probelösung quantitativ in einen 500-ml-Meßkolben überführen, mit Salzsäure (1 + 1) nachspülen, mit der gleichen Säure zur Marke auffüllen, 5,00 ml in einen 250-ml-Scheidetrichter pipettieren und 20 ml Salzsäure (1 + 1) zugeben.

3.1.3. Die Lösung im Scheidetrichter mit 30 ml Methylisobutylketon versetzen und 30 s schütteln. Nach der Phasentrennung die untere salzsaure Phase in einen zweiten Scheidetrichter ablassen und nochmals mit 20 ml Methylisobutylketon 30 s schütteln.

Die wäßrige Phase ablassen und verwerfen.

3.1.4. Den zweiten Extrakt mit dem ersten im ersten Scheidetrichter vereinigen und die vereinigten Extrakte dreimal mit je 20 ml Salzsäure (1 + 1) waschen. Die Waschsäure jeweils verwerfen.

Anmerkung: Beim Waschen mit Salzsäure (1 + 1) nur mäßig schütteln, da sonst die Phasentrennung erschwert werden kann. Bei schlechter Phasentrennung zu ihrer Beschleunigung etwa 2 ml Petroleumbenzin (1.2) zugeben und danach nicht mehr schütteln.

3.1.5. Zu dem gewaschenen Extrakt 10 ml Ascorbinsäurelösung (1.7) geben, 20 s schütteln und die wäßrige Phase in einen 50-ml-Meßkolben ablassen.

Die Extraktion mit weiteren 10 ml Ascorbinsäure (1.7) noch einmal wiederholen und die wäßrigen Extrakte in dem 50-ml-Meßkolben vereinigen.

3.1.6. 5,0 ml 1,10-Phenanthrolin-Lösung (1.9) zugeben, mit Wasser zur Marke auffüllen und innerhalb von 30 min in einer 10-mm-Küvette bei 510 nm gegen Wasser messen.

Anmerkung: Zur Aufstellung der Eichkurve dieselben Küvetten benutzen wie bei den Proben.

3.2. Blindwert

Ein Reagenzienblindansatz ohne Probematerial durchläuft den ganzen Analysengang von 3.1.1 bis 3.1.6.

3.3. Eichkurve

In eine Reihe von 50-ml-Meßkolben steigende Mengen von 0 bis 20 ml Eisenstandardlösung (1.11), entsprechend Eisenmengen zwischen 0 und 200 μg, geben, 20 ml Ascorbinsäurelösung (1.7) zusetzen, gründlich durchschütteln, 1 min stehen lassen, 5 ml 1,10-Phenanthrolin-Lösung (1.9) zufügen und mit Wasser zur Marke auffüllen.

Bei 510 nm gegen die zugehörige Blindlösung (Eichlösung ohne Eisenzusatz) messen.

Die Extinktionen der Eichlösungen gegen die zugehörigen Eisenmengen in einem Diagramm auftragen.

3.4. Auswertung

Aus der um ihren Blindwert (3.2) verminderten Extinktion der Probelösung (3.1.6) an Hand der Eichkurve die enthaltene Eisenmenge ermitteln und hieraus unter Berücksichtigung der Aliquotierung (3.1.2) und der Einwaage den Eisengehalt der Probe errechnen.

Bestimmung von Mangan in Kupfer und Kupferlegierungen

Anmerkung: Aus dieser Vorschrift sind die Normen DIN 50505 und ISO 2543–1973 hervorgegangen.

Gegenüber der Vorschrift im Bd. I, S. 255 sind Untersuchungen von silicium- oder zinnhaltigen Proben nach diesen Verfahren leichter und sicherer durchzuführen.

Grundlage: Nach dem Aufschluß der Probe in einer Mischung von Salpeter-, Fluß- und Borsäure wird das Mangan mit Kaliumperjodat zum Permanganat oxidiert, dessen Färbung photometriert wird. Als Vergleichslösung für die Photometrie dient ein Teil der Analysenlösung, bei dem das Permanganat selektiv mit Nitrit reduziert ist.

Anwendungsbereich:　Mangangehalte von 20 μg/g bis 6 % in allen Legierungen, die unter den genannten Bedingungen löslich sind.

Genauigkeit:　v = 2 % bei Mangangehalten über 0,2 %

　　　　　　　v = 6 % bei Mangangehalten um 0,03 %

Zeitaufwand:　1,5 Stunden

1.　Reagenzien

1.1.　Borsäurelösung:
40 g Borsäure H_3BO_3 in Wasser zum Liter lösen.

1.2.　Aufschlußsäure:
300 ml Borsäurelösung (1.1), 30 ml Flußsäure (40 %; 1,13 g/ml), 50 ml Salpetersäure (65 %; 1,40 g/ml) und 150 ml Wasser mischen.
Anmerkung: Diese Lösung greift Glas etwas an. Für längere Lagerung Kunststoffflasche als Vorratsgefäß verwenden.

1.3.　Verdünnungslösung: 1000 ml Borsäurelösung (1.1) mit 10 ml Schwefelsäure (96 %; 1,84 g/ml), versetzen. Einige Kristalle Kaliumperjodat KJO_4 hinzugeben und etwa 10 min kochen.
Anmerkung: Beim Kochen der Lösung mit Kaliumperjodat werden etwaige reduzierende Verunreinigungen, die zu Minderbefunden führen können, oxidiert.

1.4.　Salpetersäure (1+3):
250 ml Salpetersäure (65 %; 1,40 g/ml) mit 750 ml Wasser mischen.

1.5.　Kaliumperjodatlösung:
50 g Kaliumperjodat mit Salpetersäure (1+3) lösen und damit auch auf 1000 ml auffüllen.

1.6.　Natriumnitritlösung:
20 g Natriumnitrit in Wasser lösen und auf 1000 ml auffüllen.

1.7.　Schwefelsäure (1+3):
250 ml Schwefelsäure (96 %; 1,84 g/ml) vorsichtig in 750 ml Wasser eintragen.

1.8.   Elektrolytmangan, gereinigt:
Die Oberfläche des zur Herstellung der Mangan-Stammlösung (1.9) erforderlichen Elektrolytmangans (Mangangehalt über 99,9 %) folgendermaßen reinigen:

Einige Gramm des Metalls in einem 600-ml-Becherglas mit 60 bis 80 ml Schwefelsäure (1+3) unter Umschwenken mehrere Minuten lang waschen. Die Säure abgießen und das Metall zweimal mit Wasser spülen. Diese Reinigung 3 bis 4 mal wiederholen.

Das gereinigte Metall mit Aceton spülen, im Warmluftstrom trocknen und im Exsikkator auf Raumtemperatur abkühlen.

1.9.   Mangan-Stammlösung (1 mg/ml):
1,000 g des nach 1.8 gereinigten Mangans in einem mit einem Uhrglas bedeckten 600-ml-Becherglas mit 40 ml Schwefelsäure (1+3) und etwa 80 ml Wasser unter Erwärmen und Aufkochen vollständig lösen, abkühlen, in einen 1000-ml-Meßkolben überspülen und mit Wasser zur Marke auffüllen.

1.10. Mangan-Standardlösung (0,1 mg/ml):
100,0 ml Mangan-Stammlösung (1.9) in einen 1000-ml-Meßkolben pipettieren und mit Wasser zur Marke auffüllen.

2.   **Geräte**

2.1.   Spektralphotometer, Wellenlänge der Meßstrahlung 530 nm

2.2.   Küvetten mit Schichtdicken von 10, 20 und 40 mm

3.   **Ausführung**

3.1.   Analyse

3.1.1 (0,400 ± 0,001) g Probematerial im 300-ml-Erlenmeyerkolben mit 50 ml Aufschlußsäure (1.2) versetzen. Erforderlichenfalls zur Beschleunigung des Auflösens erwärmen.

Nach vollständigem Lösen der Probe 20 ml Wasser zusetzen und zur völligen Entfernung der Stickoxide 5 min kochen.

3.1.2. Verdünnen der Probelösung je nach Mangangehalt:

(1) Bei Mangangehalten unter 0,5 % ohne Verdünnung nach 3.1.3 weiterarbeiten.

(2) Bei Mangangehalten zwischen 0,5 und 2,5 % die nach 3.1.1 erhaltene Probelösung abkühlen, in einen 100-ml-Meßkolben überspülen und zur Marke mit Wasser auffüllen.

20,00 ml hiervon in einen 300-ml-Erlenmeyerkolben pipettieren, 40 ml Aufschlußsäure (1.2) und 10 ml Wasser zugeben, 5 min lang kochen und nach 3.1.3 weiterverarbeiten.

Die Lösung enthält 0,080 g Probematerial.

(3) Bei Mangangehalten zwischen 2 und 6% die nach 3.1.1 erhaltene Probelösung abkühlen, in einen 250-ml-Meßkolben überspülen und zur Marke mit
Wasser auffüllen.

20,00 ml hiervon in einen 300-ml-Erlenmeyerkolben pipettieren, 46 ml Aufschlußsäure (1.2) zugeben, 5 min lang kochen und nach 3.1.3 weiterarbeiten.

Die Lösung enthält 0,032 g Probematerial.

3.1.3. 5 ml Kaliumperjodatlösung (1.5) in die siedende, völlig von Stickoxiden befreite, nach 3.1.2 erhaltene Lösung geben, weitere 5 min lang kochen, danach
den Erlenmeyerkolben etwa 20 min in ein siedendes Wasserbad stellen und anschließend abkühlen.

3.1.4. Die oxidierte Probelösung mit Hilfe von Verdünnungslösung (1.3) in einen
100-ml-Meßkolben überspülen und mit Verdünnungslösung (1.3) zur Marke
auffüllen.

Anmerkung: Die Lösung (1.3) verhindert beim Verdünnen zinnhaltiger Lösungen in der
Kälte die Ausfällung von Zinnsäure und auch weitgehend den Angriff von Glas, insbe-
sondere der Küvetten, durch die Probelösung. Trotzdem sollen sicherheitshalber die
Probelösungen nicht unnötig lange Zeit in den Küvetten verbleiben.

3.1.5. Die Extinktion der Probelösung bei 530 nm in 10-, 20- oder 40-mm-Küvetten
messen.

3.1.6. Einen Teil der Probelösung nach 3.1.4 mit einem Tropfen Natriumnitritlösung
(1.6) zur selektiven Reduktion des Permanganats versetzen und die Extinktion
dieser Vergleichslösung in derselben Küvette, wie in 3.1.5 benutzt, messen.

Anmerkung: In den meisten Spektralphotometern mit optisch einwandfreien Küvetten
wird es möglich sein, direkt die Differenz der Extinktionen von Probe- und Vergleichslösung zu messen, in dem man die Probelösung gegen die auf Null kompensierte Vergleichslösung mißt.

3.2. Blindwert

Der Mangangehalt der verwendete Reagenzien ist normalerweise vernachlässigbar klein. Er wird in jedem Fall kompensiert, wenn bei allen Messungen und
bei der Aufstellung der Eichkurve (3.3) stets die gleichen Mengen derselben
Reagenzien verwendet werden.

3.3. Eichkurve

3.3.1. In eine Reihe von 300-ml-Erlenmeyerkolben steigende Mengen von Mangan-
Standardlösung (1.10) zwischen 0 und 20 ml, entsprechend Manganmengen
bis zu 2 mg, genau einmessen. Das Volumen mit Wasser auf ungefähr 20 ml
ergänzen, 50 ml Aufschlußsäure (1.2) zusetzen und 5 min lang zum Vertreiben von Stickoxiden aufkochen.

3.3.2. Die Lösungen wie in 3.1.3 bis 3.1.6 beschrieben weiterbehandeln.

Anmerkung: Die Differenz der Extinktionen der Eichlösung ohne Manganzusatz und
ihrer Vergleichslösung ist die Extinktion des Blindwertes der Eichlösungen.

Die um die Extinktion ihrer zugehörigen Vergleichslösungen verminderten
Extinktionen der Eichlösungen auf die Schichtdicke von 10 mm umrechnen
(Division durch die Schichtdicke in Zentimetern) und diese Werte gegen die
Manganmengen in einem Diagramm auftragen.

Anmerkung: Bei Messung mit genügend monochromatischer Strahlung im Absorptionsmaximum, das bei etwa 530 nm liegt, ist die Eichfunktion eine Gerade. Eine Lösung mit
einer Mangankonzentration von 1 mg/100 ml besitzt, gemessen gegen ihre Vergleichslösung bei einer Schichtdicke von 10 mm, eine Extinktion von etwa 0,5.

3.4.   Auswertung

Aus der auf die Schichtdicke von 10 mm umgerechneten (durch die Schichtdicke in Zentimetern dividierten) Differenz der Extinktionen von Probe-
und Vergleichslösung (3.1.5 und 3.1.6) an Hand der Eichkurve (3.3.2) die
in der Abnahme nach 3.1.2 enthaltene Manganmenge ermitteln und hieraus
unter Berücksichtigung der in der Abnahme 3.1.2 enthaltenen Probemenge
den Mangangehalt errechnen.

Bestimmung von Nickel als Legierungsbestandteil in Kupferlegierungen

Anmerkung: Das Verfahren ist gegenüber der in Bd. I, S. 233 f. angegebenen Methode hinsichtlich Richtigkeit, Reproduzierbarkeit und Einfachheit verbessert.

Grundlage: Nach dem Lösen der Probe in Salpetersäure in Gegenwart von Weinsäure wird das Nickel aus ammoniakalischer Lösung mit Diacetyldioxim gefällt und anschließend mit Chloroform extrahiert. Nach nasser Veraschung des Eindampfrückstandes des Extraktes wird das Nickel unter Anwendung voltametrischer Indikation komplexometrisch titriert.

Anwendungsbereich: Nickelgehalte von 2 bis 65 % in allen Legierungen, die unter den genannten Bedingungen löslich sind.

Genauigkeit: v = 0,1 % bei Nickelgehalten um 65 %

     v = 0,3 % bei Nickelgehalten um   2 %

Zeitaufwand: 3 Stunden

1.   Reagenzien

1.1.   Weinsäurelösung:
500 g Weinsäure $C_4H_6O_6$ in Wasser lösen und auf 1000 ml auffüllen.

1.2.   Salpetersäure (1 + 1):
500 ml Salpetersäure (65 %; 1,40 g/ml) mit 500 ml Wasser mischen.

1.3.   Natriumtartratlösung:
100 g Dinatriumtartrat-Dihydrat in Wasser lösen und auf 1000 ml auffüllen.

1.4.   Ammoniak (25 %; 0,91 g/ml)

1.5.   Hydroxylammoniumchlorid

1.6.   Tarnlösung:
200 g Ammoniumacetat in 500 ml Wasser lösen, mit Ammoniak (25 %) pH = 9 einstellen. 400 g Natriumthiosulfat $Na_2S_2O_3 \cdot 5H_2O$ zugeben und auf 1000 ml mit Wasser auffüllen.

1.7.   Diacetyldioximlösung:
10 g Diacetyldioxim in Methanol lösen und auf 1000 ml mit Methanol auffüllen.

1.8.   Chloroform

1.9.   Salzsäure (1 + 1):
500 ml Salzsäure (37 %; 1,19 g/ml) mit 500 ml Wasser mischen.

1.10.   Salpetersäure (65 %; 1,40 g/ml)

1.11.   Perchlorsäure (70 %; 1,67 g/ml)

1.12. ÄDTA-Lösung (0,01 mol/l):
3,7224 g Dinatriumdihydrogenäthylendiamintetraacetat-Dihydrat in Wasser lösen und auf 1000 ml auffüllen.

1.13. Hexamethylentetramin

1.14. Mangan(II)-komplexonat-Lösung:
0,6155 g Mangan(II)-sulfat $MnSO_4 \cdot H_2O$ und 1,0642 g Äthylendiamintetraessigsäure (freie Säure) mit ca. 10 g Hexamethylentetramin versetzen, in 200 ml Wasser lösen und auf 1000 ml auffüllen (1 ml enthält 0,2 mg Mangan).
Prüfen des stöchiometrischen Verhältnisses:
10 ml der Lösung mit einer Spatelspitze Hydroxylammoniumchlorid, 1 ml Ammoniumchlorid-Ammoniak-Pufferlösung von pH = 10* und mit etwas Eriochromschwarz T (Verreibung mit Kochsalz im Verhältnis 1 : 200) versetzen. Die Lösung soll dabei eine schmutzig-violette oder -blaue Farbe zeigen, die nach Hinzufügen von einem Tropfen 0,01-mol/l-ÄDTA-Lösung in reines Blau bzw. eines Tropfens 0,01-mol/l-Zink-Lösung in reines Rot umschlägt.

1.15. Kupferlösung (0,01 mol/l):
0,6354 g Elektrolytkupfer (99,99 %) in möglichst wenig Salpetersäure (1 + 1) lösen und mit Wasser auf 1000 ml auffüllen.

1.16. Zinklösung (0,01 mol/l):
0,6538 g Feinzink (99,99 %) frisch hergestellte oxidfreie Späne) in möglichst wenig Salpetersäure (1 + 1) lösen und mit Wasser auf 1000 ml auffüllen.

2. Geräte

2.1. Potentiometer oder direktschreibender Potentiograph mit Polarisationseinrichtung (1 μA)

2.2. Platin-Doppelelektroden:
2 Platindrähte von je 1 mm Durchmesser und etwa 4 mm freier Länge, entsprechend einer freien Oberfläche von etwa je 13 mm^2, im Abstand von etwa 3 mm parallel in ein Glasrohr eingeschmolzen.

2.3. 250-ml-Scheidetrichter mit etwa 5 bis 10 mm langem Ablaufrohr

3. Ausführung

3.0. Vorbereitung
Probematerial möglichst fein zerspanen.

3.1. Analyse

3.1.1. (1,000 ± 0,001) g Einwaage in einem mit einem Uhrglas bedeckten 250-ml-Becherglas (hohe Form) mit 5 ml Weinsäurelösung (1.1) und 20 ml Salpeter-

---

* 7 g Ammoniumchlorid in etwas Wasser lösen, mit 57 ml Ammoniak (25 %) versetzen und mit Wasser auf 100 ml auffüllen.

säure (1+1) versetzen. Erforderlichenfalls zur Beschleunigung des Auflösens leicht erwärmen.

3.1.2. Nach vollständigem Lösen der Probe 30 ml Wasser zusetzen und zur völligen Entfernung der Stickoxide 5 min lang kochen.

3.1.3. Lösung auf Zimmertemperatur abkühlen und
— bei Nickelgehalten unter 10 % auf 100 ml,
— bei Nickelgehalten über 10 % auf 500 ml
im Meßkolben mit Wasser auffüllen.

3.1.4. Von dieser Lösung je nach Nickelgehalt einen aliquoten Teil entsprechend der nachstehenden Tabelle in einen 250-ml-Scheidetrichter pipettieren.

Nickelgehalt der Probe %	Anzuwendendes Aliquot ml	Im Aliquot enthaltene Probemenge mg
2	50 von 100	500
5	20 von 100	200
10	50 von 500	100
20	50 von 500	100
40	25 von 500	50
60	20 von 500	40

Abnahme erforderlichenfalls mit Wasser auf etwa 50 ml verdünnen.

3.1.5. Reagenzien in der angegebenen Reihenfolge zugeben und nach jedem Zusatz gut durchschütteln:

10 ml Tartratlösung (1.3), Ammoniak (25 %) bis zur tiefblau gefärbten Lösung (Amminkomplexbildung), 0,1 bis 0,2 g (je nach Kupfermenge) Hydroxylammoniumchlorid (1.5) bis Farbaufhellung eintritt, 20 ml Tarnlösung (1.6) (30 ml bei Probealiquoten über 200 mg) und 15 ml Diacetyldioximlösung (1.7).

3.1.6. 25 ml Chloroform zugeben, 2 bis 3 min schütteln, organische Phase in ein 250-ml-Becherglas (breite Form) ablassen und mit 3 bis 4 ml Chloroform nachspülen.

Zur wäßrigen Phase nochmals 20 ml Chloroform zugeben, 2 bis 3 min schütteln, organische Phase mit der ersten vereinigen und mit 3 bis 4 ml Chloroform nachspülen.

Schließlich die wäßrige Phase noch ein drittes Mal mit 10 ml Chloroform 2 bis 3 min schütteln, die organische Phase mit den beiden vorigen Chloroformextrakten vereinigen und die wäßrige Phase verwerfen.

Anmerkung: Bei der ersten Extraktion wird der Nickel-Diacetyldioxim-Niederschlag in Chloroform zum großen Teil nicht echt gelöst, sondern lediglich darin suspendiert. Es ist dafür Sorge zu tragen, daß der im Ablaufrohr des Scheidetrichters befindliche Rest an organischer Phase auf jeden Fall jeweils mit der Hauptmenge vereinigt wird; gegebenenfalls ist dafür ein Nachspülen mit einer kleinen Menge reinen Lösungsmittels erforderlich.

Enthält die Probelösung merkliche Mengen an zweiwertigem Eisen, so nimmt die wäßrige Phase eine mehr oder weniger ausgeprägte Rotfärbung an.

3.1.7. Die vereinigten Chloroformauszüge mit 3 ml Salzsäure (1+1) überschichten, Siedestab einsetzen, auf mäßig heißer Heizplatte bis auf etwa 2 ml einengen.

3.1.8. 5 ml Salpetersäure (65 %) und 2 ml Perchlorsäure (70 %) zugeben und bis zum kräftigen Rauchen der Perchlorsäure erhitzen, jedoch nicht bis zur Trockne eindampfen.

3.1.9. Nach dem Abkühlen mit etwa 50 ml Wasser aufnehmen, in einen 250-ml-Scheidetrichter überspülen und die Schritte 3.1.5 bis 3.1.7 wiederholen, jedoch hierbei Ammoniak (25 %) tropfenweise nur soweit zugeben, bis sich die blaue Färbung der Lösung gerade eben nicht mehr verändert und nur 5 ml Tartratlösung (1.3) und 10 ml Tarnlösung (1.6) zusetzen.

3.1.10. Die zum zweiten Mal auf etwa 2 ml eingedampfte nickelhaltige Lösung aus 3.1.9 mit 5 ml Salpetersäure (65 %) und 2 ml Perchlorsäure (70 %) versetzen, bis fast zur Trockne (etwa 0,5 ml) abrauchen und den erkalteten Salzrückstand mit 20 ml Wasser in Lösung bringen.

3.1.11. Die Lösung mit 0,01-mol/l-ÄDTA-Lösung im Überschuß versetzen:
   - Bei nach 3.1.4 aliquotierten Probemengen und Nickelgehalten bis zu etwa 15 % mit 25,00 ml,
   - bei höheren Nickelgehalten mit 50,00 ml 0,01-mol/l-ÄDTA-Lösung.

   Mit Hexamethylentetramin (1.13) auf einen pH-Wert zwischen 6,2 und 6,4 einstellen und 2,5 ml Mangan(II)-komplexonat-Lösung (1.14) zugeben.

3.1.12. Den ÄDTA-Überschuß mit 0,01-mol/l-Kupferlösung unter Anwendung voltametrischer Indikation zurücktitrieren: Platin-Doppelelektrode (2.2) mit 1 μA polarisieren. Die Maßlösung zunächst in schneller Tropfenfolge, nach Annäherung an den Äquivalenzpunkt in Volumenschritten von 1 Tropfen zugeben. Der Titrationsendpunkt wird durch eine sehr scharf ausgeprägte Potentialänderung von 200 bis 300 mV pro Tropfen indiziert.

Anmerkung: Nach Überschreiten des Äquivalenzpunktes scheidet sich an der Anode etwas Mangan(IV)-oxidhydrat ab. Dieser Niederschlag, auf dessen depolarisierender Wirkung das Prinzip dieser Art von Indikation beruht, ist nach jeder Titration durch Eintauchen der Elektrode in etwas Salzsäure (1+10), der 2 bis 3 Tropfen Wasserstoffperoxid (30 %) zugesetzt werden, abzulösen. Nach gründlichem Abspülen ist die Elektrode wieder einsatzbereit.

Zur genauen Endpunktbestimmung die gemessenen Polarisationsspannungen gegen die jeweiligen Titrationsvolumina in einem Diagramm auftragen und die Kurvenäste zu beiden Seiten des Abknickpunktes in der Kurve linear extrapolieren. Der Schnittpunkt ist der Äquivalenzpunkt.

Anmerkung: Die Titration läßt sich auch mit schreibenden Geräte indizieren. Es wird dabei unter den gleichen Bedingungen gearbeitet. Lediglich die 0,01-mol/l-Kupferlösung ist zweckmäßigerweise durch eine 0,025-mol/l-Lösung zu ersetzen.

Bei etwas geringeren Genauigkeitsansprüchen kann die voltametrische Indikation durch die visuelle Indikation mit Xylenolorange (z. B. Verreibung mit Kaliumnitrat im Verhältnis 1 : 100) ersetzt werden; hierbei ist jedoch einer 0,01-mol/l-Zinklösung zur Rücktitration des ÄDTA-Überschusses der Vorzug zu geben.

3.2.   Titerstellung für die ÄDTA-Lösung:
ÄDTA läßt sich im allgemeinen gut zu einer Lösung der Konzentration von genau 0,01 mol/l einwiegen. Die genaue Konzentration ist jedoch durch Titration mit einer Kupfer-Urtiterlösung (0,01 mol/l) zu überprüfen. Hierbei soll stets das gleiche Volumen der ÄDTA-Lösung eingesetzt werden, wie es auch für die Probe abgemessen wurde:

z. B. 20,00 ml 0,01-mol/l-Kupferlösung mit 25,00 ml 0,01-mol/l-ÄDTA-Lösung versetzen, mit Hexamethylentetramin auf einen pH-Wert zwischen 6,2 und 6,4 einstellen, 2,5 ml Mangan(II)-komplexonat-Lösung zugeben und den ÄDTA-Überschuß mit 0,01-mol-Kupferlösung unter Anwendung voltametrischer Indikation zurücktitrieren.

Der Titer t der ÄDTA-Lösung ist der Quotient aus den Volumina der 0,01-mol/l-Kupferlösung V(Cu) und der vorgelegten 0,01-mol/l-ÄDTA-Lösung V(ÄDTA).

$$t = \frac{V(Cu)}{V(ÄDTA)}.$$

Der Nickelfaktor F(Ni) einer ÄDTA-Lösung der genauen Konzentration 0,01 mol/l ist

$$F(Ni) = 0,587 \text{ mg/ml}.$$

3.3.   Auswertung
Aus dem bei der Analyse vorgelgten Volumen a der 0,01-mol/l-ÄDTA-Lösung, dem zur Rücktitration des Überschusses erforderlichen Volumen b der 0,01-mol/l-Kupferlösung und der im Probenaliquot 3.1.4 enthaltenen Masse m_p der Probemenge errechnet sich der Nickelgehalt w(Ni) der Probe in Prozent zu

$$w(Ni) = \frac{(a \cdot t - b) \cdot F(Ni)}{m_p} \cdot 100\,\%.$$

Beispiel: V(ÄDTA) = 50,00 ml; V(Cu = 49,85 ml.

$$t = \frac{V(Cu)}{V(ÄDTA)} = \frac{49,85 \text{ ml}}{50,00 \text{ ml}} = 0,9970,$$

$a = 50,00$ ml; $b = 9,25$ ml; $m_p = 0,05$ g,

$$w(Ni) = \frac{(a \cdot t - b) \cdot F(Ni)}{mp} \cdot 100\,\%,$$

$$w(Ni) = \frac{(50,00 \text{ ml} \cdot 0,9970 - 9,25 \text{ ml}) \cdot 0,587 \text{ mg/ml}}{0,05 \text{ g}} \cdot 100\,\%,$$

$$w(Ni) = \frac{(49,85 - 9,25) \text{ ml} \cdot 0,587 \text{ mg/ml}}{0,05 \text{ g}} \cdot 100\,\%,$$

$$w(\text{Ni}) = \frac{40,60\,\text{ml} \cdot 0,587\,\text{mg/ml}}{0,05\,\text{g}} \cdot 100\,\%,$$

$$w(\text{Ni}) = \frac{23,832\,\text{mg}}{0,05\,\text{g}} \cdot 100\,\% = 0,4766 \cdot 100\,\% = 47,66\,\%.$$

Bestimmung von Nickelgehalten unter 2,5 % in Kupfer und Kupferlegierungen

Grundlage: Nickel wird als Diacetyldioxim-Komplex mit Chloroform extrahiert und der gelbgefärbte Komplex spektralphotometrisch bei 405 nm gemessen.

Anwendungsbereich: Nickelgehalte von 0,01 bis 2,5 %

Genauigkeit: $v = 1,3\,\%$ bei Nickelgehalten um 0,25 %

Zeitaufwand: 1,5 Stunden

1.   Reagenzien

1.1.   Chloroform

1.2.   Natriumsulfat, wasserfrei

1.3.   Salzsäure (1 + 1):
500 ml Wasser mit 500 ml Salzsäure (37 %; 1,19 g/ml) mischen

1.4.   Wasserstoffperoxid (30 %; 1,11 g/ml)

1.5.   Hydroxylammoniumchloridlösung:
10 g Hydroxylammoniumchlorid in etwa 700 ml Wasser lösen, mit Ammoniak auf $pH = 7$ einstellen und auf 1 Liter mit Wasser auffüllen.

1.6.   Natriumtartratlösung
100 g Dinatriumtartrat-Dihydrat mit Wasser zum Liter lösen

1.7.   Natriumhydroxidlösung:
40 g Natriumhydroxid mit Wasser zum Liter lösen

1.8.   Natriumacetatlösung:
200 g Natriumacetat $CH_3COONa \cdot 3H_2O$ mit Wasser zum Liter lösen

1.9.   Natriumthiosulfatlösung:
200 g Natriumthiosulfat $Na_2S_2O_3 \cdot 5H_2O$ mit Wasser zum Liter lösen

1.10.   Tarnlösung:
240 ml Natriumtartratlösung (1.6), 90 ml Natriumhydroxidlösung (1.7), 480 ml Natriumacetatlösung (1.8) und 200 ml Natriumthiosulfatlösung (1.9) miteinander mischen.

1.11.   Diacetyldioximlösung:
10 g Diacetyldioxim in Methanol lösen und mit Methanol auf 1 Liter auffüllen.

1.12.   Nickel-Stammlösung (1 mg/ml):
1,000 g Nickel (mindestens 99,9 %) in 10 ml Salpetersäure (65 %; 1,40 g/ml) lösen und die Stickoxide verkochen. Die Lösung bis zur Sirupdicke einengen, abkühlen und im 1000-ml-Meßkolben mit Wasser zur Marke auffüllen.

1.13. Nickel-Standardlösung (0,1 mg/ml):
100,0 ml Nickel-Stammlösung (1.12) in einem 1000-ml-Meßkolben mit Wasser zur Marke auffüllen.

2. Geräte

2.1. Spektralphotometer, Wellenlänge der Meßstrahlung 405 oder 365 nm.

2.2. Küvetten mit Schichtdicken von 20 und 40 mm

2.3. 250-ml-Scheidetrichter mit 5 bis 10 mm langem Ablaufrohr

3. Ausführung

3.0. Vorbereitung
Möglichst feine Späne nehmen, um den Lösungsvorgang zu verkürzen.

3.1. Analyse

3.1.1. – 1,000 g Probematerial bei Nickelgehalten unter 0,5 % oder
– 0,400 g Probematerial und 0,600 g nickelfreies Kupfer bei Nickelgehalten von 0,5 bis 2,5 %
in ein 250-ml-Becherglas geben und in 20 ml Salzsäure (1 + 1) unter portionsweiser Zugabe von 10 ml Wasserstoffperoxid (30 %) unter Kühlung und häufigem Umschwenken lösen. Wenn das Material vollständig gelöst ist, zur Zerstörung des überschüssigen Wasserstoffperoxids etwa 1 min kochen. Nach dem Abkühlen in einen 500-ml-Meßkolben überspülen und mit Wasser zur Marke auffüllen.

3.1.2. – 25,00 ml dieser Lösung bei Nickelgehalten unter 1,5 % bzw.
– 10,00 ml bei höheren Nickelgehalten
in einen 250-ml-Scheidetrichter (2.3) pipettieren.
5 ml Hydroxylammoniumchloridlösung (1.5) und 50 ml Tarnlösung (1.10) zusetzen, nach jeder Zugabe schütteln.

3.1.3. Den pH-Wert der Lösung mit 1-mol/l-Salzsäure bzw. 1-mol/l-Natronlauge auf 6.5 bis 7.2 einstellen (Indikatorpapier).

3.1.4. 3 ml Diacetyldioximlösung (1.11) zugeben und 60 s schütteln.
20,00 ml Chloroform hinzu pipettieren und 40 s schütteln.

3.1.5. Nach der Phasentrennung die Chloroformphase in ein 25-ml-Schliffkölbchen, welches 1 g Natriumsulfat (1.2) enthält, ablassen und umschütteln.

3.1.6. Die Lösung in eine verschließbare 20-mm-Küvette geben und bei 405 nm spektralphotometrisch messen.
Anmerkung: Bei zu kleinen Extinktionswerten kann in 40-mm-Küvetten bzw. bei 365 nm gemessen werden.

3.2. Blindwert
Ein Reagenzienblindansatz ohne Probematerial durchläuft den gesamten Arbeitsgang von 3.1.1 bis 3.1.6.

3.3. Eichkurve

3.3.1.   In sechs 250-ml-Bechergläsern je 1 g nickelfreies Kupfer nach 3.1.1 lösen, in 500-ml-Meßkolben überführen, mit 0, 5, 10, 20, 30 und 50 ml Nickel-Standardlösung (1.13) versetzen (entsprechend Nickelmengen von 0 bis 5 mg) und mit Wasser zur Marke auffüllen.

3.3.2.   Die merkliche Wasserlöslichkeit des Chloroforms erfordert wegen der unterschiedlichen Extraktionsvolumina die Aufstellung getrennter Eichkurven für die 10- und 25-ml-Aliquote aus 3.1.2:

Hierzu von den 0 bis 3 mg Nickel enthaltenden Ansätzen der Eichlösungen je 25,00 ml bzw. aus den 0, 3 und 5 mg enthaltenden Ansätzen je 10,00 ml in 250-ml-Scheidetrichtern (2.3) pipettieren, mit 5 ml Hydroxylammoniumchloridlösung (1.5) sowie 50 ml Tarnlösung (1.10) versetzen. Nach jeder Zugabe schütteln und von 3.1.3 bis 3.1.6 weiterverarbeiten.

3.3.3.   Die um ihren Blindwert verminderten Extinktionen der Eichlösungen gegen die zugehörigen Nickelmengen für die 10- und 25-ml-Aliquote in separaten Diagrammen auftragen.

3.4.   Auswertung

Aus den um ihren Blindwert verminderten Extinktionen der Probelösungen an Hand der entsprechenden Eichkurve die im Probenaliquot 3.1.2 enthaltene Nickelmenge ermitteln und hieraus unter Berücksichtigung der Aliquotierung und der Einwaage den Nickelgehalt der Probe errechnen.

Bestimmung von Phosphor in Kupfer und Kupferlegierungen

Anmerkung: Gegenüber der Vorschrift in Bd. I, S. 247 weist diese Vorschrift einen breiteren Anwendungsbereich auf und ist genauer und sicherer durchzuführen.

Grundlage: Die Probe wird in Salpetersäure gelöst, Störelemente werden durch Abrauchen mit Perchlorsäure, Flußsäure und Bromwasserstoffsäure entfernt und unlösliche Phosphate werden durch Schmelzen mit Natriumcarbonat aufgeschlossen.

Phosphorgehalte unter 0,01 % werden als Molybdatophosphorsäure extrahiert und als Molybdänblau photometriert.

Phosphorgehalte zwischen 0,005 und 0,5 % werden als Vanadomolybdatophosphorsäure extrahiert und photometriert.

Anwendungsbereich: Phosphorgehalte von 5 μg/g bis 0,5 %

Genauigkeit: Bei Bestimmung als Molybdänblau
$v = 10$ % bei Phosphorgehalten unter 50 μg/g
$v = 5$ % bei Phosphorgehalten über 50 μg/g

Bei Bestimmung als Vanadomolybdatophosphorsäure
$v = 10$ % bei Phosphorgehalten unter 0,05 %
$v = 5$ % bei Phosphorgehalten über 0,05 %

Zeitaufwand: 3 Stunden für eine Einzelbestimmung

1.   Reagenzien

1.1.   Salpetersäure (1 + 1):
500 ml Salpetersäure (65 %; 1,40 g/ml) mit 500 ml Wasser mischen.

1.2.   Flußsäure (40 %; 1,13 g/ml)

1.3.   Perchlorsäure (70 %; 1,67 g/ml)

1.4.   Bromwasserstoffsäure (47 %; 1,50 g/ml)

1.5.   Isobutanol

1.6.   Methanol

1.7.   Methylisobutylketon

1.8.   Ammoniummolybdatlösung I:
50 g Ammoniumheptamolybdat $(NH_4)_6Mo_7O_{24} \cdot 4H_2O$ in 250 ml Wasser lösen, eine Mischung von 115 ml Perchlorsäure (70 %) und 500 ml Wasser bei Raumtemperatur zugeben und mit Wasser auf 1000 ml auffüllen.

Die für die Analyse verwendete Volumenmenge jeweils vor Gebrauch durch Schütteln mit 10 ml Isobutanol reinigen.

Anmerkung: Nach längerem Stehen kann sich in der Lösung ein weißer Niederschlag bilden. Er beeinträchtigt die Analyse nicht, sollte jedoch nicht mit in die Analysenlösung eingebracht werden.

1.9. Zinn(II)-chlorid-Stammlösung:
$10\,g$ Zinn(II)-chlorid $SnCl_2 \cdot 2H_2O$ in $25\,ml$ Salzsäure $(37\%; 1{,}19\,g/ml)$ lösen.

1.10. Zinn(II)-chlorid-Gebrauchslösung:
$1\,ml$ Zinn(II)-chlorid-Stammlösung (1.9) mit $10\,ml$ Schwefelsäure $(1+1)$ versetzen und mit Wasser auf $200\,ml$ auffüllen.
Die Lösung täglich frisch bereiten.

1.11. Ammoniumvanadatlösung:
$2{,}5\,g$ Ammoniumvanadat NH_4VO_3 in $1000\,ml$ Wasser lösen.

1.12. Ammoniummolybdatlösung II:
$150\,g$ Ammoniumheptamolybdat $(NH_4)_6Mo_7O_{24} \cdot 4H_2O$ in $1000\,ml$ Wasser lösen.

1.13. Citronensäurelösung:
$500\,g$ Citronensäure $C_6H_8O_7 \cdot H_2O$ in $1000\,ml$ Wasser lösen.

1.14. Phosphor-Stammlösung ($0{,}2\,mg/ml$):
$0{,}8786\,g$ Kaliumdihydrogenphosphat KH_2PO_4, das zuvor bei $105\,°C$ getrocknet wurde, mit Wasser lösen und im 1000-ml-Meßkolben mit Wasser zur Marke auffüllen.

1.15. Phosphor-Standardlösung ($10\,\mu g/ml$):
$50{,}00\,ml$ Phosphor-Stammlösung (1.14) im 1000-ml-Meßkolben mit Wasser zur Marke auffüllen.

1.16. Natriumcarbonat, wasserfrei.

2. **Geräte**

2.1. Teflonbecher, $150\,ml$

2.2. Spektralphotometer, Wellenlänge der Meßstrahlung $623\,nm$ und $436\,nm$

2.3. Küvetten mit Schichtdicken von 10 und $40\,mm$

2.4. 100-ml-Scheidetrichter mit 5 bis $10\,mm$ langem Ablaufrohr

2.5. 250-ml-Scheidetrichter mit 5 bis $10\,mm$ langem Ablaufrohr

3. **Ausführung**

3.0. Vorbereitung
Mit üblichen Reinigungsmitteln gereinigte Geräte enthalten häufig phosphathaltige Waschmittelspuren. Sie sind vor der Verwendung zur Phosphorbestimmung mit heißer Salzsäure (37%) nachzureinigen.

3.1. Analyse
Analysengang je nach Phosphor-, Zirkonium-, Titan-, Niob- und Tantalgehalt wählen (3.1.1, 3.1.2, oder 3.1.3).

3.1.1. Bei Phosphorgehalten zwischen $5\,\mu g/g$ und $0{,}01\%$ und zirkonium-, titan-, niob- und tantalfreiem Probematerial.

(1) 1,00 g Probematerial in einem mit einem Teflondeckel bedeckten 150-ml-Teflonbecher mit 10 ml Salpetersäure (1+1) gegebenenfalls unter mäßigem Erwärmen lösen.

Zur Entfernung von Silicium 0,5 ml Flußsäure (40%) und 10 ml Perchlorsäure (70%) zugeben und bis zum beginnenden Rauchen erhitzen.

(2) Lösung mit 10 ml Wasser verdünnen, 10 ml Bromwasserstoffsäure (47%) zugeben und zur Entfernung von Arsen, Antimon und Zinn bis zum beginnenden Rauchen mäßig erhitzen.

Bei Zinngehalten über 1% das Abrauchen mit weiteren 10 ml Bromwasserstoffsäure (47%) wiederholen.

(3) Das beim Abrauchen gebildete Kupferbromid mit einigen Millilitern Salpetersäure (1+1) lösen und erneut bis zum Rauchen erhitzen. Die Lösung abkühlen und mit 30 ml Wasser verdünnen, 10 min kochen und auf Raumtemperatur abkühlen.

(4) Bei Phosphorgehalten unter 50 μg/g die nach 3.1.1 (3) erhaltene Lösung in einen 100-ml-Scheidetrichter überführen, mit Wasser auf 50 ml verdünnen und nach 3.1.1 (5) weiterbehandeln.

Bei Phosphorgehalten über 50 μg/g die nach 3.1.1 (3) erhaltene Lösung in einem 100-ml-Meßkolben mit Wasser zur Marke auffüllen, davon 50 ml in einen 100-ml-Scheidetrichter pipettieren und nach 3.1.1 (5) weiterarbeiten.

(5) 10 ml Ammoniummolybdatlösung I (1.8) zugeben und die Molybdatophosphorsäure mit 15 ml Isobutanol durch 30 s langes Schütteln extrahieren.

Nach der Phasentrennung die wäßrige Phase in einen zweiten Scheidetrichter ablassen und die Extraktion mit 5 ml Isobutanol wiederholen. Diesen zweiten Extrakt mit dem ersten vereinigen.

Die wäßrige Phase ein drittes Mal mit 5 ml Isobutanol extrahieren, die wäßrige Phase verwerfen und auch den dritten Extrakt mit dem ersten vereinigen.

(6) Die vereinigten drei Isobutanolextrakte in dem zuerst benutzten Scheidetrichter zweimal durch Schütteln mit je 5 ml Wasser waschen und das Waschwasser jedesmal verwerfen.

Zur organischen Phase 15 ml Zinn(II)-chloridlösung (1.10) zugeben und 30 s schütteln. Nach der Phasentrennung die wäßrige Phase verwerfen. Die blaugefärbte organische Phase in einen 50-ml-Meßkolben überführen und mit Methanol zur Marke auffüllen.

(7) Sofort in einer 10-mm-Küvette bei einer Wellenlänge von 623 nm gegen eine Mischung aus gleichen Volumenanteilen von Isobutanol und Methanol messen.

3.1.2.   Bei Phosphorgehalten zwischen 50 μg/g und 0,5% und zirkonium-, titan-, niob- und tantalfreiem Probematerial.

(1) 1,000 g Probematerial in einem 150-ml-Teflonbecher mit 10 ml Salpetersäure (1+1) gegebenenfalls unter mäßigem Erwärmen lösen.

Zur Entfernung von Silicium 0,5 ml Flußsäure (40%) und 10 ml Perchlorsäure (70%) zugeben und bis zum beginnenden Rauchen erhitzen.

(2) Die Lösung mit 10 ml Wasser verdünnen, 10 ml Bromwasserstoffsäure (47%) zugeben und zur Entfernung von Arsen, Antimon und Zinn bis zum beginnenden Rauchen mäßig erhitzen.

Bei Zinngehalten über 1% das Abrauchen mit weiteren 10 ml Bromwasserstoffsäure (47%) wiederholen.

(3) Das beim Abrauchen gebildete Kupferbromid mit einigen Millilitern Salpetersäure (1+1) lösen und erneut bis zum Rauchen erhitzen.

Die Lösung abkühlen, mit 50 ml Wasser verdünnen und 10 ml Salpetersäure (1+1) zugeben. 10 min kochen und auf Raumtemperatur abkühlen.

(4) Bei Phosphorgehalten unter 0,10% zu der nach 3.1.2 (3) erhaltenen Lösung unter Umschwenken 10 ml Ammoniumvanadatlösung (1.11) und 15 ml Ammoniummolybdatlösung II (1.12) geben und nach 3.1.2 (5) weiterarbeiten.

Bei Phosphorgehalten über 0,10% die nach 3.1.2 (3) erhaltene Lösung in einem 100-ml-Meßkolben mit Wasser zur Marke auffüllen und 20,00 ml hiervon in den vorher benutzten Teflonbecher pipettieren. 8 ml Salpetersäure (1+1) und 8 ml Perchlorsäure (70%) zugeben und mit Wasser auf 60 ml verdünnen. Unter Umschwenken mit 10 ml Ammoniumvanadatlösung (1.11) und 15 ml Ammoniummolybdatlösung II (1.12) versetzen und nach 3.1.2 (5) weiterarbeiten.

(5) Nach einer Standzeit von 10 min die Lösung in einen 250-ml-Scheidetrichter überspülen und mit Wasser auf ein Volumen von etwa 100 ml verdünnen.

(6) 10 ml Citronensäurelösung (1.13) und 20 ml Methylisobutylketon zugeben und die Vanadomolybdatophosphorsäure durch 30 s langes Schütteln extrahieren.

Nach der Phasentrennung die wäßrige Phase in den vorher benutzten Teflonbecher ablassen, die organische Phase durch einen Filterwattepfropfen in einen trockenen 50-ml-Meßkolben filtrieren.

(7) Die wäßrige Phase in den Scheidetrichter zurückgeben und die Extraktion mit 20 ml Methylisobutylketon wiederholen. Die wäßrige Phase verwerfen und die organische Phase in den 50-ml-Meßkolben (3.1.2 (6)) filtrieren.

Den Scheidetrichter mit 5 ml Methylisobutylketon nachspülen, dieses ebenfalls in den 50-ml-Meßkolben (3.1.2 (6)) filtrieren und den Meßkolben mit Methylisobutylketon zur Marke auffüllen.

(8) Die Lösung sofort bei einer Wellenlänge von 436 nm gegen Methylisobutylketon photometrieren.

— Bei Phosphorgehalten zwischen 0,005 und 0,03% eine 40-mm-Küvette,
— bei Phosphorgehalten zwischen 0,03 und 0,5% eine 10-mm-Küvette verwenden.

3.1.3. Zirkonium-, titan-, niob- oder tantalhaltiges Probematerial.

(1) Probematerial je nach Phosphorgehalt nach 3.1.1 oder 3.1.2 lösen. Nach dem Abrauchen von Fluorid und Bromid die nach 3.1.1 (3) oder 3.1.2 (3)

erhaltene Lösung durch ein Membranfilter filtrieren und das Filter mit heißem Wasser säurefrei waschen.

(2) Das Filter in einem kleinen Porzellantiegel trocknen und veraschen, den Rückstand in einen kleinen Platintiegel überführen, mit etwa 0,3 g Natriumcarbonat (1.16) mischen und damit schmelzen. Die Schmelze nach dem Abkühlen mit wenig Wasser lösen. Einen eventuell vorhandenen Rückstand abfiltrieren und mit heißem Wasser auswaschen.

(3) Die carbonathaltige Aufschlußlösung mit Perchlorsäure (70 %) gerade eben ansäuern und mit der filtrierten Probelösung 3.1.3 (1) vereinigen. Falls erforderlich auf etwa 50 ml einengen.

Je nach Phosphorgehalt nach 3.1.1 (4) oder 3.1.2 (4) weiterarbeiten.

3.2.   . Blindwert
Ein Reagenzienblindansatz ohne Probematerial durchläuft in allen Fällen unter den gleichen Bedingungen wie das Probematerial den gesamten Analysengang.

3.3.   Eichkurve

3.3.1.   Für den Analysengang 3.1.1 (Messung der Molybdänblaufärbung)
(1) Steigende Mengen von Phosphor-Standardlösung (1.15) zwischen 0 und 8 ml, entsprechend Phosphormengen bis zu 80 μg, unter denselben Bedingungen und mit denselben Reagenzienmengen wie bei der Analyse behandeln.

(2) Die um ihren Blindwert verminderten Extinktionen der Eichlösungen gegen die zugehörigen Phosphormengen in einem Diagramm auftragen.

Anmerkung: Die Eichfunktion ist eine Gerade. Einer Phosphormenge von 90 μg entspricht eine Extinktion von etwa 1.

3.3.2.   Für den Analysengang 3.1.2 (Messung der Färbung der Vanadomolybdatophosphorsäure)
(1) Steigende Mengen von Phosphor-Standardlösung (1.15) zwischen 0 und 30 ml, entsprechend Phosphormengen bis zu 300 μg, unter denselben Bedingungen und mit denselben Reagenzienmengen wie bei der Analyse behandeln.

(2) Die um ihren Blindwert verminderten Extinktionen der Eichlösungen gegebenenfalls auf eine Küvettenschichtdicke von 10 mm umrechnen (Division durch die Schichtdicke in Zentimetern). Die auf eine Schichtdicke von 10 mm bezogenen Extinktionen gegen die zugehörigen Phosphormengen in einem Diagramm auftragen.

Anmerkung: Die Eichfunktion ist eine Gerade. Einer Phosphormenge von 300 μg entspricht eine Extinktion von etwa 0,2 bei einer Schichtdicke von 10 mm.

3.4.   Auswertung
Die um ihren Blindwert verminderte Extinktion der Probelösung (3.1.1 (7) oder 3.1.2 (8)) gegebenenfalls auf eine Schichtdicke von 10 mm umrechnen (Division durch die Schichtdicke in Zentimetern) und mit Hilfe der Eichkurve (3.3.1 (2) oder 3.3.2 (2)), die in der Probelösung 3.1.1 (7) bzw. 3.1.2 (8) enthaltene Phosphormenge ermitteln. Hieraus unter Berücksichtigung der Einwaage und einer eventuell durchgeführten Aliquotierung (3.1.1 (4) bzw. 3.1.2 (4)) den Phosphorgehalt der Probe errechnen.

Bestimmung von Blei in Kupfer und Kupferlegierungen

Anmerkung: Aus dieser Vorschrift sind die Normen DIN 50507 und ISO 3112–1975 hervorgegangen. Gegenüber der Vorschrift im Bd. I, S. 249 gestattet diese Vorschrift eine schnellere und genauere Bestimmung des Bleigehaltes insbesondere in Kupferlegierungen.

Grundlage: Nach dem Aufschluß der Probe in Salzsäure und Salpetersäure wird das Blei durch Extraktionstitration mit einer Lösung von Dithizon in Chloroform bestimmt.

Anwendungsbereich: Bleigehalte von 0,005 bis 25 % in Kupfer und Kupferlegierungen mit Wismutgehalten, die gegenüber dem Bleigehalt vernachlässigbar klein sind.

Anmerkung: Wismut täuscht in diesem Verfahren eine 1,5fache Bleimenge vor.

Genauigkeit: v = 0,5 % bei Bleigehalten um 5 %

v = 2 % bei Bleigehalten um 0,02 %

Zeitaufwand: 2 Stunden für eine Einzelbestimmung

1.   Reagenzien

1.1.   Säuregemisch:
100 ml Salzsäure (37 %; 1,19 g/ml), 100 ml Salpetersäure (65 %; 1,40 g/ml) und 100 ml Wasser mischen.

1.2.   Salzsäure (1 + 1):
500 ml Salzsäure (37 %; 1,19 g/ml) mit 500 ml Wasser mischen.

1.3.   Ammoniak (25 %; 0,91 g/ml)

1.4.   Ammoniumcitratlösung I:
20 g Citronensäure $C_6H_8O_7 \cdot H_2O$ und 400 ml Ammoniak (25 %) mit Wasser auf 1000 ml auffüllen.
Anmerkung: Der pH-Wert der Lösung soll 11,2 betragen.

1.5.   Ammoniumcitratlösung II:
100 g Citronensäure $C_6H_8O_7 \cdot H_2O$ und 500 ml Ammoniak (25 %) mit Wasser auf 1000 ml auffüllen.
Anmerkung: Der pH-Wert der Lösung soll 10,9 betragen.

1.6.   Citronensäurelösung:
333 g Citronensäure $C_6H_8O_7 \cdot H_2O$ in 1000 ml Wasser lösen.

1.7.   Hydroxylammoniumchloridlösung:
100 g Hydroxylammoniumchlorid in etwa 700 ml Wasser lösen, mit Ammoniak (25 %) pH = 8,8 einstellen und mit Wasser auf 1000 ml auffüllen.

1.8.   Kaliumcyanidlösung:
100 g Kaliumcyanid in 1000 ml Wasser lösen.
Anmerkung: Die Lösung vorzugsweise in einem Polyäthylengefäß mit Kipp-Pipette aufbewahren.

1.9.   Chloroform:
Doppelt destilliert oder in der Qualität „für Bestimmungen mit Dithizon".

1.10.   Dithizon-Stammlösung:
0,320 g Dithizon in 1000 ml Chloroform (1.9) lösen.
Anmerkung: Die Lösung vor Licht geschützt aufbewahren. Gefäße aus braunem Glas sind ungeeignet, da sie die Zersetzung von Dithizon begünstigen.

1.11.   Dithizon-Maßlösung:
300 ml Dithizon-Stammlösung (1.10) mit 680 ml Chloroform (1.9) mischen.
Anmerkung: 1 ml dieser Lösung entspricht einer Bleimenge von etwa 25 μg.

1.12.   Blei-Stammlösung (1 mg/ml):
1,000 g Blei (mindestens 99,95 %) in 30 ml Salpetersäure (1+2) lösen, die Stickoxide verkochen und im 1000-ml-Meßkolben mit Wasser zur Marke auffüllen.

1.13.   Blei-Standardlösung (40 μg/ml):
40,00 ml Blei-Stammlösung (1.12) und 20 ml Salzsäure (1+1) im 1000-ml-Meßkolben mit Wasser zur Marke auffüllen.

1.14.   Kupferlösung (2 mg/ml):
2,0 g bleifreies Kupfer (Bleigehalt unter 5 μg/g) in 20 ml Salzsäure (1+1) bei portionsweiser Zugabe von 20 ml Wasserstoffperoxid (30 %) unter Kühlen und häufigem Umschwenken lösen. Überschüssiges Wasserstoffperoxid verkochen und mit Wasser auf 1000 ml verdünnen.

1.15.   Salpetersäure (1+2):
100 ml Salpetersäure (65 %; 1,40 g/ml) mit 200 ml Wasser mischen.

2.   **Geräte**
Einrichtung zur Durchführung von Extraktionstitrationen mit Dithizon (s. Bild 2) bestehend aus:

2.1.   Titrationsgefäß, zylindrisch, mit einem Innendurchmesser von etwa 33 mm, einer Höhe von 120 mm und einem Volumen von etwa 100 ml. Das Titrationsgefäß enthält eine Prallwand aus Teflon mit einer Breite von 9 mm, einer Länge von etwa 90 mm und einer Dicke von 4 mm. Die Prallwand wird durch eine Klemme in aufrechter Stellung gehalten. Am unteren Ende des Titrationsgefäßes befindet sich ein Auslaßhahn.

2.2.   Schnellrührer mit Drehzahlregelmöglichkeit und einer maximalen Drehzahl von 7000 bis 10000/min. Ein dreiflügeliger Propellerrührer (Rührerblattdurchmesser etwa 15 mm) wird am oberen Ende mit Hilfe einer Buchse aus nichtrostendem Stahl mit der Antriebswelle des Motors verbunden. Der Rührer wird in die Buchse mit einem Hartwachs (z. B. Picein) eingekittet. Wegen der hohen Drehzahl muß er sehr sorgfältig zentriert werden. Das Zentrieren erfolgt bei laufendem Motor bevor das Wachs völlig erkaltet ist.

Anmerkung: Die Leistungsfähigkeit der Rührvorrichtung wächst mit der Verringerung des Abstandes zwischen den Rührerblättern und der Prallwand. Die Durchführung des Verfahrens ist auch mit anderen mechanischen Rührvorrichtungen oder durch Schütteln von Hand möglich, jedoch wird der Zeitaufwand erheblich vergrößert.

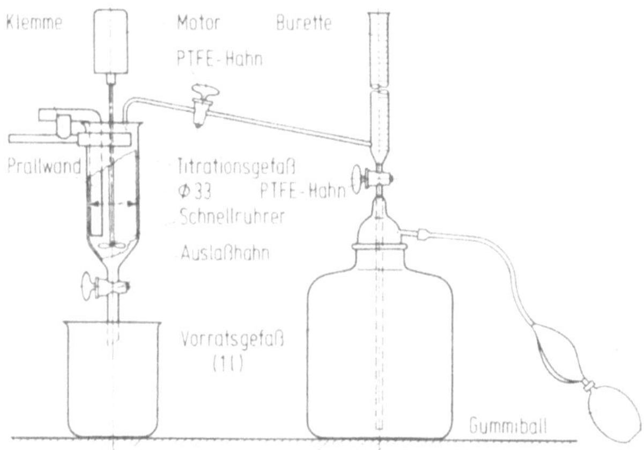

Bild 2. Einrichtung zur Durchführung von Extraktionstitrationen mit Dithizon

2.3. Bürette mit Hähnen aus Teflon und pneumatischer Nachfüllvorrichtung. Die Bürette befindet sich auf einem 1-l-Vorratsgefäß aus weißem Glas mit einem lichtundurchlässigen Überzug. Als Pumpvorrichtung dient ein Orsat-Ball.

3.   Ausführung

3.1. Analyse
Der zu wählende Analysengang 3.1.1 oder 3.1.2 richtet sich nach dem Bleigehalt der Probe.

3.1.1. Kupfer und Kupferlegierungen mit Bleigehalten zwischen 0,005 und 0,5 %.
Berylliumgehalte über 0,01 % und Phosphorgehalte über 0,2 % stören die Bestimmung.

(1) 1,000 g Probematerial in einem 100-ml-Meßkolben mit 15 ml Säuregemisch (1.1) lösen, kurz aufkochen, abkühlen und mit Wasser zur Marke auffüllen.

(2) 25,00 ml der Lösung in das Titrationsgefäß pipettieren und unter Rühren der Reihe nach 10 ml Citronensäurelösung (1.6), 20 ml Ammoniumcitratlösung II (1.5), 5 ml Hydroxylammoniumchloridlösung (1.7) und 15 ml Kaliumcyanidlösung (1.8) zugeben.

(3) Zur Vortitration aus der Bürette etwa 1 ml Dithizon-Maßlösung (1.11) einlassen und etwa 2 s rühren. Färbt sich die organische Phase rot, Zugabe von Dithizon-Maßlösung (1.11) in 1-ml-Anteilen mit anschließendem Rühren so oft wiederholen, bis die vorher rotgefärbte organische Phase rötlich lila wird. Das hierzu benötigte Volumen der Dithizon-Maßlösung (1.11) notieren, 30 s lang rühren und die organische Phase in ein 100-ml-Becherglas ablassen, das zuvor mit etwas Dithizon-Maßlösung (1.11) bleifrei gepült wurde.

Sollte nach Zugabe von 10 ml Dithizon-Maßlösung die organische Phase noch immer rein rot gefärbt sein, 30 s lang rühren, den roten bleihaltigen Extrakt in das 100-ml-Becherglas ablassen und die Vortitration erst dann weiter fortsetzen.

(4) Nach Beendigung der Vortitration und Ablassen des Extraktes zur wäßrigen Phase im Titrationsgefäß 2 ml Dithizon-Maßlösung (1.11) und 2 ml Chloroform (1.9) geben, 60 s lang rühren und die organische Phase in das 100-ml-Becherglas ablassen.

Die Zugabe von je 2 ml Dithizon-Maßlösung (1.11) und Chloroform (1.9) sowie das 60 s lange Rühren wiederholen, bis die organische Phase rein grün gefärbt bleibt.

Dann nochmals 2 ml Dithizon-Maßlösung (1.11) zugeben, 60 s lang rühren und die organische Phase in das 100-ml-Becherglas ablassen.

(5) Die vereinigten organischen Phasen in das gereinigte Titrationsgefäß überführen, das 20 ml Wasser und 5 ml Salzsäure (1+1) enthält. 10 s lang rühren, wodurch das Blei in die wäßrige Phase überführt wird. Die organische Phase ablassen und verwerfen.

(6) Zur wäßrigen Phase im Titrationsgefäß 2 Tropfen Kupferlösung (1.14), 10 ml Ammoniumcitratlösung I (1.4), 5 ml Hydroxylammoniumchloridlösung (1.7) und nach kurzem Rühren 5 ml Kaliumcyanidlösung (5.8) geben.

Anmerkung: Die Kupferlösung zeigt mit der tiefblauen Farbe des Kupfertetrammin-Komplexes den vor der Cyanidzugabe erforderlichen Ammoniaküberschuß an.

Das bei der Vortitration (3.1.1 (3)) ermittelte Volumen an Dithizon-Maßlösung (1.11) bis auf 2 ml in Anteilen von maximal 10 ml in das Titrationsgefäß geben. Nach jeder Zugabe 30 s lang rühren und die organische Phase ablassen.

(7) Zur wäßrigen Phase im Titrationsgefäß 2 ml Chloroform (1.9) geben, 2 s lang rühren und das Waschchloroform ablassen.

(8) Die Titration mit Anteilen von jeweils 0,1 ml Dithizon-Maßlösung (1.11) und 2 ml Chloroform (1.9) fortsetzen. Nach jeder Zugabe 30 s lang rühren, die organische Phase ablassen und die wäßrige Phase nach 3.1.1 (7) mit 2 ml Chloroform (1.9) waschen.

Die Titration so lange fortsetzen, bis die zuletzt erhaltene organische Phase rein grün gefärbt ist. Das hierzu erforderliche Volumen an Dithizon-Maßlösung (1.11) ohne die letzte, auch nach der Extraktion noch rein grün gefärbte Zugabe ist der Verbrauch V_1.

Anmerkung: Nur die zu einer Mischfarbe führenden Zugaben an Dithozon-Maßlösung (1.11) werden dem Verbrauch zugerechnet.

3.1.2. Kupfer und Kupferlegierungen mit Bleigehalten zwischen 0,4 und 25 %.

Berylliumgehalte über 0,03 % und Phosphorgehalte über 0,5 % stören die Bestimmung.

(1) Proben-Stammlösung:

Je nach Bleigehalt der Probe die in der nachfolgenden Tabelle angegebene Probeneinwaage in der zugehörigen Menge Säuregemisch (1.1) lösen, kurz aufkochen, abkühlen und im Meßkolben auf das angegebene Volumen mit Wasser auffüllen.

Bleigehalt %	Einwaage g	Säurege- misch ml	Volumen der Stammlösung ml
0,4 – 1,5	2	30	500
1,0 – 3,0	1	30	500
2,5 – 6,0	0,5	30	500
5,0 – 10	1	80	2000
9,0 – 25	0,5	80	2000

(2) 20,00 ml Stammlösung (3.1.2 (1)) in das Titrationsgefäß pipettieren und unter Rühren 5 ml Citronensäurelösung (1.6), 15 ml Ammoniumcitratlösung II (1.5), 5 ml Hydroxylammoniumchloridlösung (1.7) und 5 ml Kaliumcyanidlösung (1.8) zugeben.

(3) Vortitration, Reextraktion und Titration des Bleis wie in 3.1.1 (3) bis 3.1.1 (8) durchführen.

Anmerkung: Für Proben, deren Berylliumgehalt unter 0,005 % liegt und bei denen die Summe der Aluminium-, Kobalt-, Chrom-, Titan- und Zirkoniumgehalte den Bleigehalt und die Summe der Eisen- und Zinngehalte den doppelten Bleigehalt nicht überschreitet, können die Stufen 3.1.2 (2) und 3.1.2 (3) durch die einfacheren Schritte 3.1.2 (4) bis 3.1.2 (8) ersetzt werden. Hierbei entfällt die Reextraktion. Vortitration und endgültige Titration werden in gesonderten Abnahmen der Proben-Stammlösung durchgeführt.

(4) In das Titrationsgefäß, das 5 ml Ammoniumcitratlösung I (1.4) enthält, 20,00 ml Stammlösung (3.1.2 (1)) pipettieren, 5 ml Hydroxylammoniumchloridlösung (1.7) und nach kurzem Rühren 5 ml Kaliumcyanidlösung (1.8) zugeben.

Anmerkung: Bei eisenhaltigen Legierungen hat die Lösung eine gelbe Farbe.

(5) Vortitration des Bleigehaltes nach 3.1.1(3). Hierbei kann jedoch der organische Extrakt verworfen werden.

(6) Die eigentliche Bestimmung in einem neuen Ansatz nach 3.1.2 (4) durchführen. Hierzu zu der im Titrationsgefäß vorbereiteten Lösung die durch die Vortitration ermittelte Menge an Dithizon-Maßlösung (1.11) bis auf 1 ml in Anteilen von maximal 10 ml zugeben. Nach jeder Zugabe 30 s lang rühren und die organische Phase ablassen.

(7) Zur wäßrigen Phase im Titrationsgefäß 2 ml Chloroform (1.9) zugeben, 2 s lang rühren und das Waschchloroform ablassen.

(8) Die Titration mit Anteilen von jeweils 0,1 ml Dithizon-Maßlösung (1.11) und 2 ml Chloroform (1.9) fortsetzen, nach jeder Zugabe 30 s lang rühren, die organische Phase ablassen und die wäßrige Phase wie in 3.1.2 (7) mit 2 ml Chloroform (1.9) waschen.

Die Titration so lange fortsetzen, bis die zuletzt erhaltene organische Phase rein grün gefärbt ist. Das hierzu erforderliche Volumen an Dithizon-Maßlösung (1.11), ohne die letzte, auch nach der Extraktion noch rein grün gefärbte Zugabe ist der Verbrauch V_1 (s. a. Anmerkung zu 3.1.1 (8)).

3.2.   Blindwert
Sowohl für die Probe als auch für die Faktorstellung ist ein Reagenzienblindwert unter den gleichen Bedingungen wie bei der Analyse bzw. der Faktorstellung zu ermitteln.

3.3.   Faktorstellung für die Dithizon-Maßlösung

3.3.1. In das Titrationsgefäß 5 ml Salzsäure (1+1), 25,00 ml Blei-Standardlösung (1.13) und 10 ml Ammoniumcitratlösung I (1.4) geben und unter Rühren mit 2 bis 3 Tropfen Kupferlösung (1.14) auf ammoniakalische Reaktion prüfen.

3.3.2. 5 ml Hydroxylammoniumchloridlösung (1.7) und 5 ml Kaliumcyanidlösung (1.8) zugeben und mit Dithizon-Maßlösung (1.11) in der Weise titrieren, wie auch die Probe titriert wurde.

Anmerkung: Der Verbrauch an Dithizon-Maßlösung (1.11) soll 35 bis 45 ml betragen.

3.3.3. Den Faktor der Dithizon-Maßlösung (1.11) für Blei nach folgender Gleichung berechnen:

$$F(Pb) = \frac{m_{Pb}}{V_{Pb} - V_{Bl}}$$

$F(Pb)$: Faktor der Dithizon-Maßlösung, d. h. die einem bestimmten Volumen der Dithizon-Maßlösung aequivalente Masse Blei.

m_{Pb}: Masse des Bleis im vorgelegten Volumen der Blei-Standardlösung.

V_{Pb}: Volumen der bei der Titration der Blei-Standardlösung verbrauchten Dithizon-Maßlösung.

V_{Bl}: Volumen der bei der zugehörigen Blindwerttitration verbrauchten Dithizon-Maßlösung.

Anmerkung: Der Faktor der Dithizon-Maßlösung muß täglich neu bestimmt werden. Wird ein hoher Bleigehalt erwartet, dann empfiehlt es sich, die Dithizon-Maßlösung unmittelbar vor der Bestimmung einzustellen.

3.4.   Auswertung
Der Bleigehalt $w(Pb)$ der Probe in Prozent wird nach folgender Gleichung berechnet:

$$w(Pb) = \frac{(V_1 - V_2) \cdot F(Pb)}{m_E} \cdot 100\%$$

V_1: Volumen der bei der Titration der Probe verbrauchten Dithizon-Maß-
lösung,
V_2: Volumen der bei der zugehörigen Blindwerttitration verbrauchten Dithi-
zon-Maßlösung,
$F(Pb)$: Faktor der Dithizon-Maßlösung für Blei (3.3.3),
m_E: Masse der Probe im verwendeten Aliquot der Probelösung.

Literatur

Eisen, J.: Erzmetall XX (1967) 315.

Bestimmung von Schwefel in Kupfer und Kupferlegierungen

Grundlage: Beim Lösen der Probe in einem reduzierenden, antimonhaltigen Säuregemisch wird der enthaltene Schwefel zu Schwefelwasserstoff umgesetzt, im Stickstoffstrom in Zinkacetatlösung übergeleitet und hier als Zinksulfid gebunden. Der Sulfidschwefel wird in schwefelsaurer Lösung mit N,N-Dimethyl-p-phenylendiamin in Gegenwart von Eisen(III)-salz zu Methylenblau umgesetzt, dessen Färbung photometriert wird.

Anwendungsbereich: Schwefelgehalte von 1 bis $100\,\mu g/g$

> *Anmerkung:* Die obere Gehaltsgrenze kann durch Verringerung der Einwaage erhöht werden, soweit es die Homogenität des Probematerials zuläßt.

Genauigkeit: $v = 5\,\%$ bei Schwefelgehalten von etwa $80\,\mu g/g$

$v = 15\,\%$ bei Schwefelgehalten von etwa $3\,\mu g/g$

Zeitaufwand: 2 Stunden (Zinnbronze) bis 4 Stunden (Elektrolytkupfer), je nach Lösungsdauer und Einwaage ohne Vorbereitungsarbeiten.

1.   **Reagenzien**
Wasser destilliert oder bidestilliert, nicht über Ionanaustauscher gereinigt (Sulfogruppen der Kationenaustauscher!).

1.1.   Lösungssäuregemisch:
600 ml Jodwasserstoffsäure (57 %; 1,7 g/ml), 400 ml Ameisensäure (98 %; 1,22 g/ml), 100 g Natriumhypophosphit $NaH_2PO_2 \cdot H_2O$ und 0,4 g Antimon-(III)-oxid Sb_2O_3 mischen.

Diese Mischung zur Entfernung von Schwefel in einem 2-l-Destillierkolben 1,5 bis 2 Stunden unter Durchleiten von Stickstoff (ca. 10 l/h) am Rückfluß kochen, unter weiterem Durchleiten von Stickstoff abkühlen und in eine Glasflasche mit Schliffstopfen abfüllen. Dieses Auskochen beim Lagern der Lösung wöchentlich wiederholen, um eingeschleppte Schwefelmengen zu entfernen.

1.2.   Absorptionslösung:
25 g Zinkacetat $(CH_3COO)_2Zn \cdot 2H_2O$ und 6,25 g Natriumacetat $CH_3COONa \cdot 3H_2O$ in Wasser lösen und auf 500 ml auffüllen. Falls erforderlich filtrieren.

1.3.   N,N-Dimethyl-p-phenylendiamin-Lösung:
0,5 g N,N-Dimethyl-p-phenylendiammoniumdichlorid in 300 ml Wasser lösen, mit 100 ml Schwefelsäure (96 %; 1,84 g/ml) versetzen und nach dem Abkühlen auf 500 ml mit Wasser auffüllen. Falls erforderlich filtrieren.

1.4.   Eisen(III)-sulfat-Lösung:
12,5 g Eisen(III)-ammoniumsulfat $FeNH_4(SO_4)_2 \cdot 12H_2O$ mit etwa 80 ml Wasser und 2,5 ml Schwefelsäure (96 %; 1,84 g/ml) versetzen, zum Lösen erwärmen und nach dem Abkühlen auf etwa 100 ml mit Wasser auffüllen.

1.5.	Stickstoff:

Qualität „nachgereinigt" oder „hochrein" in Druckgasflasche.

Vor dem Einleiten in die Apparatur den Stickstoff durch eine mit Wasser gefüllte Waschflasche leiten. Bei geringeren Stickstoffqualitäten die Waschflasche mit Gaswaschlösung (1.6) beschicken.

Keine Gummi- (schwefelhaltig) sondern Kunststoffschläuche verwenden.

1.6. Gaswaschlösung:

10 g Natriumhypophosphit $NaH_2PO_2 \cdot H_2O$ und 10 g Pyrogallol in 100 ml Wasser lösen.

1.7. Schwefel-Stammlösung (1 mg/ml):

2,72 g Kaliumsulfat K_2SO_4, 2 Stunden bei 150 °C getrocknet, in sehr reinem (z. B. bidestilliertem) Wasser lösen und im 500-ml-Meßkolben mit Wasser zur Marke auffüllen.

1.8. Schwefel-Standardlösung (10 µg/ml):

10,00 ml Stammlösung (1.7) kurz vor Gebrauch mit sehr reinem (z. B. bidestilliertem) Wasser im 1000-ml-Meßkolben mit Wasser zur Marke auffüllen.

2. Geräte

2.1. Destillierapparatur (s. Bild 3)

2.2. Strömungsmesser für Stickstoff mit geeignetem Meßbereich.

2.3. Spektralphotometer mit 10- und 50-mm-Küvetten, Wellenlänge der Meßstrahlung 691 nm oder weniger günstig 578 oder 670 nm.

3. Ausführung

3.0. Vorbereitung

3.0.1. Probenzerspanung vorzugsweise Sägen oder Raspeln. Bohren nur dann, wenn so eine ebenso feine Zerkleinerung erreicht wird.

3.0.2. Reinigen der Apparatur

Der Rückflußkühler mit seinen Ansatzrohren muß absolut fettfrei sein, um die Bildung nicht rückfließender Tropfen, die Minderbefunde verursachen können, bei der Destillation zu vermeiden.

Hierzu folgendermaßen nacheinander in der angegebenen Reihenfolge spülen mit Methanol, Salzsäure (1+9), reinem Wasser und wieder mit Methanol, das vollständig ablaufen muß. Bleiben hiernach im Rückflußkühler noch Tropfen stehen, so ist den genannten Spülvorgängen ein Spülen mit verdünnter Flußsäure (1+50) voranzuschicken.

Anmerkung: Minderbefunde können auch erhalten werden, wenn die Schlangen des Rückflußkühlers zu wenig Gefälle haben, so daß hier Kondensat verbleibt. Das Kondensat muß vollständig zurückfließen.

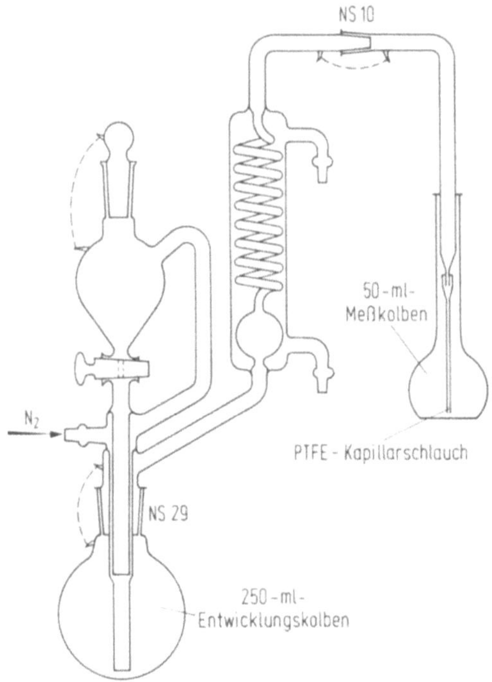

Bild 3. Destillierapparatur zum Schwefelbestimmungsverfahren

3.0.3. Behandlung der Schliffe

Tropftrichterstopfen mit etwas Wasser benetzen,
Tropftrichterhahn schwach mit Silikonfett fetten,
Schliff am Destillierkolben mit Wasser benetzen,
Schliff des Einleitungsrohres schwach mit Silikonfett fetten.

3.0.4. Aufbewahren der Apparatur

Um bei längeren Arbeitspausen den Eintritt von Luftverunreinigungen in die Apparatur zu vermeiden, wird ein leerer Destillierkolben angeschlossen und der Schliff für das Einleitungsrohr mit einer Hülsenkappe verschlossen. Bei kurzzeitiger Arbeitsunterbrechung kann das Verschließen der Apparatur durch den normalen Stickstoffstrom ersetzt werden.

3.1. Auskochen der Apparatur

Vor Beginn der Analyse, mindestens aber bei Beginn des Arbeitstages, muß die Apparatur mit Lösesäuregemisch (1.1) schwefelfrei ausgekocht werden. Dies ist vor jeder Analyse erforderlich, auch bei Aufstellung der Eichkurve und bei Blindproben. Für die Routine genügt das Auskochen am Beginn des Arbeitstages, wenn die Apparatur zwischen den Analysen verschlossen wird (3.0.4):

25 ml Lösesäuregemisch (1.1) in den Tropftrichter geben und diesen verschließen. Mit einem Stickstoffstrom von 10 l/h die Apparatur etwa 10 min spülen.

Den Tropftrichterhahn öffnen und das Lösesäuregemisch in den Destillierkolben einfließen lassen. Bei einem Stickstoffstrom von 4 l/h ohne Absorptionsvorlage 20 bis 30 min am Rückfluß kochen.

Danach einen 50-ml-Meßkolben, der mit 30 ml Wasser und 5 ml Absorptionslösung (1.2) beschickt ist, nunmehr als Absorptionsvorlage an die Destillationsapparatur anschließen (s. Bild 3) und noch 20 bis 30 min weiterkochen.

Absorptionsvorlage abnehmen, weiterbearbeiten nach 3.3.4 bis 3.3.7, um zu ermitteln, ob noch Schwefelreste in der Apparatur enthalten waren. Es darf beim Photometrieren kein Unterschied zum Reagenzienleerwert (3.2) meßbar sein. Andernfalls ist die Apparatur noch nicht schwefelfrei. Sie muß weitere 20 bis 30 min ausgekocht werden und wieder wie oben überprüft werden.

3.2. Reagenzienleerwert:
In einem 50-ml-Meßkolben 30 ml Wasser, 5 ml Absorptionslösung (1.2), 5 ml N,N-Dimethyl-p-phenylendiamin-Lösung (1.3) und 1 ml Eisen(III)-sulfat-Lösung (1.4) mischen, mit Wasser zur Marke auffüllen, 10 min stehen lassen und nach 3.3.7 photometrieren.

3.3. Analyse

3.3.1. 1 g Probematerial in den Destillierkolben geben und diesen an die Apparatur anschließen. 60 ml Lösungssäuregemisch (1.1) in den Tropftrichter geben und diesen verschließen. Die Apparatur 10 min mit einem Stickstoffstrom von 10 l/h spülen und danach den Stickstoffstrom auf 1 bis 2 l/h drosseln.

3.3.2. 30 ml Wasser und 5 ml Absorptionslösung (1.2) in einen 50-ml-Meßkolben füllen und in diese Absorptionsvorlage das Einleitungsrohr eintauchen. Das Lösesäuregemisch aus dem Tropftrichter in den Destillierkolben einlaufen lassen.

Anmerkung: Verunreinigungen an Schwermetallen, die säurebeständige Sulfide bilden, stören in den Reagenzien zur Absorption des Schwefelwasserstoffs und bei der Methylenblau-Bildung. Insbesondere Kupfer führt bereits in μg-Mengen zu Minderbefunden an Schwefel. Der Schwermetallgehalt der Reagenzien kann aber „eingeeicht" werden, indem man zur Aufstellung der Eichkurve und bei der Analyse dieselben Reagenzienlösungen verwendet. Verunreinigungen von außen sind fernzuhalten. Das betrifft in erster Linie die Handhabung des Einleitungsrohres zur Absorptionsvorlage, das stets auf einer sauberen Unterlage abgelegt werden soll.

3.3.3. Schwach erwärmen (nicht kochen!). Das Verbindungsrohr zwischen Kolben und Rückflußkühler muß kalt bleiben.

Kupfer und Kupferlegierungen sind in 20 bis 40 min gelöst, sehr reines Kupfer benötigt bis zu 2 Stunden.

Anmerkung: Beim Lösen entsteht Wasserstoff. Bei zu raschem Lösen wird Lösesäuregemisch versprüht und als Nebel vom Gasstrom in die Absorptionsvorlage transportiert. Hier verhindern oder beeinträchtigen schon kleinste Mengen von Jodwasserstoffsäure die Methylenblaubildung. Dies ist die häufigste Fehlerursache.

Wenn der Lösevorgang beendet ist (keine deutliche Wasserstoffentwicklung mehr sichtbar), den Stickstoffstrom auf 3 bis 4 l/h erhöhen, bis zum gelinden

Sieden erhitzen und dieses 20 min zum völligen Austreiben des Schwefel-wasserstoffs halten.

3.3.4. Die Absorptionsvorlage abnehmen, hierbei das Einleitungsrohr nur außen mit Wasser abspritzen und 5 ml N,N-Dimethyl-p-phenylendiamin-Lösung (1.3) in die Absorptionsvorlage geben.

3.3.5. Das Einleitungsrohr nach jeder Bestimmung 3 mal mit Wasser und 1 mal mit Methanol durchspülen, die Waschflüssigkeit verwerfen.

3.3.6. In die Absorptionsvorlage 1 ml Eisen(III)-sulfat-Lösung (1.4) geben, mit Wasser auf 50,0 ml auffüllen und an einem vor direktem Sonnenlicht geschützten Platz 10 min stehen lassen.

3.3.7. Photometrieren bei einer Wellenlänge von 691 nm
 – in 50-mm-Küvetten bei Schwefelgehalten von 1 bis 25 μg/g
 – in 10-mm-Küvetten bei Schwefelgehalten von 10 bis 100 μg/g.

Alternative Wellenlängen jedoch mit geringerer Empfindlichkeit und höherer Untergrundextinktion sind 578 und 670 nm.

3.4. Blindwert
Ein Blindansatz ohne Probematerial durchläuft den Analysengang von 3.3.1 bis 3.3.7. Das „schwache Erwärmen" nach 3.3.3 entfällt, d. h. sofort 20 min gelinde kochen bei einem Stickstoffstrom von 3 bis 4 l/h.

Anmerkung: Der Blindwert setzt sich zusammen einerseits aus der Färbung, die durch Schwefelrestgehalte in den Chemikalien, vor allem im Lösesäuregemisch hervorgerufen wird, und andererseits aus der Eigenfärbung der zur Methylenblauerzeugung benutzten Reagenzien (Untergrund). Im allgemeinen interessiert nur der summarische Wert, da bei Aufstellung der Eichkurve und bei Bearbeitung der Analysenprobe stets die Differenz der Extinktionen von Meßprobe und Blindprobe gebildet wird und sich so der in beiden Größen enthaltene Blindwert heraushebt. Die Kenntnis der Eigenfärbung der Reagenzien (3.2) ist nur für das Auskochen der Apparatur nach 3.1 erforderlich oder allgemein für den Fall, daß man den wahren, durch Schwefelspuren verursachten Blindwert kennen möchte.

3.5. Eichkurve
3.5.1. 1 bis 5 ml der Schwefel-Standardlösung (1.8), die 10 bis 50 μg Schwefel enthalten, in den Destillationskolben pipettieren und von 3.3.1 bis 3.3.7 weiterarbeiten. Wie bei den Blindproben entfällt auch hier das „schwache Erwärmen" nach 3.3.3, d. h. sofort 20 min gelinde kochen bei einem Stickstoffstrom von 3 bis 4 l/h.

3.5.2. Die um ihren Blindwert verminderten Extinktionen der Eichlösungen gegen die zugehörigen Schwefelmengen in einem Diagramm auftragen. Die Eichfunktion ist nahezu eine Gerade, die durch den Nullpunkt verlaufen muß.

3.6. Auswertung
Aus den um ihren Blindwert verminderten Extinktionen der Analysenproben an Hand der Eichkurve (3.5.2) den Schwefelgehalt ermitteln.

Literatur

Musha, S.: Sci. Rep. Inst. Tohoku Univ., Ser. A, 5 (1953) 232
Yokosuka, S.; Shirakawa, S.: Jap. Analyst 7 (1958) 368–372
Gustafsson, L.: Talanta 4 (1960) 227–243

Bestimmung von Antimon in Kupfer und Kupferlegierungen

Anmerkung: Gegenüber den Vorschriften im Bd. I, S. 239f. und Bd. II, S. 388, 405 und 412 gestattet diese Arbeitstechnik ohne zusätzliche Anreicherung eine schnellere, genauere und empfindlichere Bestimmung des Antimons.

Grundlage: Nach dem Lösen der Probe in Salzsäure unter Zusatz von Wasserstoffperoxid wird das Antimon(V)-chlorid mit Isopropyläther extrahiert und als Rhodamin-B-Komplex photometrisch bestimmt.

Anwendungsbereich: Antimongehalte von 5 μg/g bis 0,1 % in allen Kupfersorten und Kupferlegierungen

Anmerkung: Arsen und Thallium täuschen bei dieser Methode höhere Antimongehalte vor. So bewirkt ein Arsengehalt von 0,2 % einen Überbefund an Antimon von 0,0003 %. Geringere Arsengehalte stören praktisch nicht.

Der Störeinfluß von Thallium ist größer, so täuschen
- 10 μg Thallium etwa 3,0 μg Antimon,
- 50 μg Thallium etwa 10 μg Antimon und
- 100 μg Thallium etwa 17 μg Antimon vor.

In Kupfer und seinen Legierungen sind jedoch störende Thalliumgehalte normalerweise nicht zu erwarten.

Genauigkeit: $v = 15\%$ bei Antimongehalten um 5 μg/g

$v = 5\%$ bei Antimongehalten von 20 bis 80 μg/g

$v = 2,5\%$ bei Antimongehalten um 0,03 %

Zeitaufwand: 3 Stunden

1.   Reagenzien

1.1.   Salzsäure (7+3):
700 ml Salzsäure (37 %; 1,19 g/ml) mit 300 ml Wasser mischen.

1.2.   Salzsäure (1+1):
500 ml Salzsäure (37 %) mit 500 ml Wasser mischen.

1.3.   Waserstoffperoxid (30 %; 1,11 g/ml)

1.4.   Natriumdisulfitlösung:
1 g Natriumdisulfit $Na_2S_2O_5$ in 100 ml Wasser lösen.
Täglich frisch bereiten.

1.5.   Cer(IV)-sulfat-Lösung:
4 g Cer(IV)-sulfat $Ce(SO_4)_2 \cdot 4H_2O$ in 100 ml Schwefelsäure (1+19) lösen.

1.6.   Hydroxylammoniumchloridlösung:
1 g Hydroxylammoniumchlorid in 100 ml Wasser lösen.
Täglich frisch bereiten.

1.7.   Isopropyläther

1.8. Rhodamin-B-Lösung:
0,04 g Rhodamin-B in 100 ml Salzsäure (1 + 10) lösen.
Lösung vor Gebrauch filtrieren.

1.9. Antimon-Stammlösung (0,2 mg/ml):
100 mg Antimonpulver (mindestens 99 %) in einem 250-ml-Becherglas mit 20 ml Schwefelsäure (96 %; 1,84 g/ml) zum Rauchen erhitzen bis alles Antimon gelöst ist. Lösung vorsichtig mit 50 ml Wasser aufnehmen, 100 ml Salzsäure (37 %; 1,19 g/ml) zugeben, mit Wasser in einen 500-ml-Meßkolben überspülen und zur Marke auffüllen.

1.10. Antimon-Standardlösung (10 µg/ml):
25,00 ml Antimon-Stammlösung (1.9) in einen 500-ml-Meßkolben pipettieren, 100 ml Salzsäure (1 + 1) zugeben und mit Wasser zur Marke auffüllen.

2. Geräte

2.1. Spektralphotometer, Wellenlänge der Meßstrahlung 550 nm

2.2. Küvetten mit einer Schichtdicke von 10 mm, mit Deckel oder Stopfen verschließbar.

2.3. 100-ml-Scheidetrichter mit etwa 5 bis 10 mm langem Ablauf.

3. Ausführung

3.0. Vorbereitung

3.0.1. Möglichst fein zerspantes Probematerial verwenden.

3.0.2. Zur Entfernung äußerlich anhaftender Verunreinigungen das Probematerial mit Salzsäure (1 + 1) beizen, mehrmals mit Wasser waschen, mit Methanol spülen und trocknen.

3.1. Analyse

3.1.1. Einwaage
 – (2,000 ± 0,001) g bei Antimongehalten unter 0,01 %,
 – (1,000 ± 0,001) g bei Antimongehalten zwischen 0,01 und 0,03 %,
 – (0,500 ± 0,001) g bei Antimongehalten zwischen 0,03 und 0,1 %.

3.1.2. Die Einwaage im mit Uhrglas bedeckten 150-ml-Becherglas in 15 ml Salzsäure (7 + 3) unter portionsweiser Zugabe von 5 bis 10 ml Wasserstoffperoxid (30 %) unter Kühlung und häufigem Umschwenken lösen.

3.1.3. Nach vollständigem Lösen den Wasserstoffperoxidüberschuß durch Eindampfen der Lösung auf etwa 5 ml restlos zerstören.

3.1.4. Nach dem Abkühlen die Lösung mit Salzsäure (1 + 1) in einen 100-ml-Meßkolben überspülen und den Meßkolben mit dieser Säure zur Marke auffüllen.

3.1.5. 25,00 ml dieser Lösung in einen 100-ml-Scheidetrichter (2.3) pipettieren.
Die Temperatur soll bei der weiteren Verarbeitung möglichst unter 10 °C liegen. Zu diesem Zweck den Scheidetrichter in ein mit Eiswasser gefülltes Gefäß ausreichender Größe stellen.

3.1.6. Nacheinander unter jeweiligem Umschütteln 0 5 ml Natriumdisulfitlösung (1.4), nach 1 min Wartezeit 3 ml Cer(IV)-sulfat-Lösung (1.5) und nach 2 min 0,5 ml Hydroxylammoniumchloridlösung (1.6) zugeben. Nach einer weiteren Wartezeit von 1 min mit 35 ml eisgekühltem Wasser verdünnen.

Anmerkung: Die Natriumdisulfitlösung soll etwa vorhandenes Antimon(IV) zu Antimon(III) reduzieren. Anschließend wird mit Cer(IV)-Lösung das Antimon(III) zu Antimon(V) oxidiert, weil nur dieses extrahierbar ist.

Die Probelösung muß nach dem Zusatz der Cer(IV)-sulfat-Lösung dunkelgefärbt sein, andernfalls ist zuviel Antimon enthalten oder die Reihenfolge der Reagenzienzugabe wurde vertauscht.

3.1.7. Nach dem Durchschütteln 15 ml Isopropyläther zugeben und das Antimon(V)-chlorid durch kräftiges 1 min dauerndes Schütteln extrahieren.

3.1.8. Nach der Phasentrennung (etwa 30 s) wäßrige Phase ablassen und verwerfen.

3.1.9. Zur organischen Phase 5,00 ml Rhodamin-B-Lösung (1.8) pipettieren und 15 s lang mäßig schütteln.

Anmerkung: Nach dem Anfärben der Ätherphase mit Rhodamin-B-Lösung muß die wäßrige Phase noch deutlich rot gefärbt sein. Ist dies nicht der Fall, enthält die organische Phase zuviel Antimon. In diesem Fall die Analyse mit einer kleineren Abnahme von 3.1.5 an wiederholen. Das Volumen dieser Abnahme mit Salzsäure (1+1) auf 25 ml ergänzen.

Der rotviolett gefärbte Ätherextrakt muß sich von der noch rotgefärbten wäßrigen Phase vollständig trennen und darf nicht getrübt sein, andernfalls nimmt die Färbung der Ätherphase mit der Zeit ständig ab. Auch in diesem Fall die Analyse mit einer neuen Abnahme von 3.1.5 an wiederholen.

3.1.10. Nach der Phasentrennung die überschüssige Farbstofflösung ablassen und verwerfen.

3.1.11. Die organische Phase in einen trockenen 25-ml-Meßkolben ablassen, den Scheidetrichter mit einigen Millilitern Isopropyläther nachwaschen und zum Extrakt geben. Den Meßkolben mit Isopropyläther zur Marke auffüllen.

3.1.12. Die Extinktion der klaren, rotviolett gefärbten, organischen Phase innerhalb von 15 min in einer trockenen, verschließbaren Küvette von 10 mm Schichtdicke bei 550 nm gegen Isopropyläther als Vergleichslösung messen.

Anmerkung: Die Küvette muß vor dem Einfüllen der Probe- bzw. Blindlösung vollständig trocken sein.

3.2. Blindwert

Der Antimongehalt der verwendeten Reagenzien ist normalerweise vernachlässigbar klein. Zur Sicherheit sollte jedoch ein Blindansatz mit allen verwendeten Reagenzien den Analysengang von 3.1.2 bis 3.1.12 durchlaufen. Um die Phasentrennung in 3.1.8 und 3.1.9 beim Blindansatz besser erkennen zu können, einige Tropfen Methylrot-Lösung zusetzen.

3.3. Eichkurve

3.3.1. In eine Reihe von 100-ml-Meßkolben steigende Mengen Antimon-Standardlösung (1.10) entsprechend Antimonmengen von 0 bis 200 μg genau einmessen und mit Salzsäure (1+1) zur Marke auffüllen.

3.3.2. Jeweils 25,00 ml der Lösungen von 3.1.5. bis 3.1.12 weiterverarbeiten.

Anmerkung: Die Extinktion der Lösung ohne Antimonzusatz gegen Isopropyläther als Vergleichslösung gemessen ist der Blindwert der Eichlösungen.

3.3.3. Die um ihren Blindwert verminderten Extinktionen der Eichlösungen gegen die zugehörigen Antimonmengen in einem Diagramm auftragen. Es wird eine annähernd gradlinige Eichkurve erhalten.

Für $50\,\mu$g Antimon in 25 ml wird eine Extinktion von etwa 1,1 erhalten.

3.4. Auswertung

Aus der um ihren Blindwert verminderten Extinktion der Probelösung anhand der Eichkurve die in der Abnahme nach 3.1.5 enthaltene Antimonmenge ermitteln. Hieraus unter Berücksichtigung der in der Abnahme enthaltenen Probemenge den Antimongehalt der Probe errechnen.

Bestimmung von Selen in Kupfer und Kupferlegierungen

Anmerkung: Gegenüber der Vorschrift in Bd.I, S.245 weist diese Vorschrift ein für viele Legierungen besser geeignetes Löseverfahren auf. Zum andern wird das schwierig zu beschaffende 3,3'-Diaminobenzidin durch 1,2-Diaminobenzol (o-Phenylendiamin) ersetzt.

Grundlage: Nach dem Lösen der Probe in Salzsäure und Wasserstoffperoxid wird das Selen durch Fällung mit unterphosphoriger Säure an Arsen als Spurenfänger angereichert. In der perchlorsauren Lösung des Niederschlags wird Selen mit 1,2-Diaminobenzol in Piazselenol überführt, das mit Toluol extrahiert und im UV-Bereich photometriert wird.

Anwendungsbereich: Selengehalte von 1 µg/g bis 0,1 %

Genauigkeit: v = 20 % bei Selengehalten um 0,001 %
v = 10 % bei Selengehalten um 0,01 %
v = 5 % bei Selengehalten um 0,1 %

Zeitaufwand: 3 Stunden für eine Einzelbestimmung

1.   **Reagenzien**

1.1.   Salzsäure (1 + 1):
500 ml Salzsäure (37 %; 1,19 g/ml) mit 500 ml Wasser mischen.

1.2.   Wasserstoffperoxid (30 %; 1,11 g/ml)

1.3.   Arsen-Lösung:
0,5 g Arsen(III)-oxid in 20 ml Salzsäure (37 %) lösen und mit Wasser auf 1000 ml auffüllen.

1.4.   Unterphosphorige Säure (50 %; 1,25 g/ml)

1.5.   Salzsäure (1 + 19):
25 ml Salzsäure (37 %) mit Wasser auf 500 ml auffüllen.

1.6.   Salpetersäure (65 %; 1,40 g/ml)

1.7.   Perchlorsäure (70 %; 1,67 g/ml)

1.8.   ÄDTA-Lösung (100 g/l):
100 g Dinatriumdihydrogenäthylendiamintetraacetat-Dihydrat in Wasser lösen und auf 1000 ml auffüllen.

1.9.   m-Kresolpurpurlösung:
0,1 g m-Kresolpurpur unter Zusatz von etwa 0,2 g Natriumhydroxid (1 Plätzchen) unter Erwärmen in wenig Wasser lösen, abkühlen und auf 100 ml mit Wasser auffüllen.

1.10.   Ammoniak (1 + 2):
100 ml Ammoniak (25 %; 0,91 g/ml) mit 200 ml Wasser mischen.

1.11.   Ameisensäure (1 + 9):
20 ml Ameisensäure (98 bis 100 %; 1,22 g/ml) mit 180 ml Wasser mischen.

1.12.   1,2-Diaminobenzol-Lösung:

0,2 g 1,2-Diaminobenzol (o-Phenylendiamin) in 100 ml Wasser lösen.

Anmerkung: Die Lösung ist nur begrenzt haltbar. Sie wird zweckmäßigerweise für jede Meßreihe frisch angesetzt.

1.13.   Toluol

1.14.   Natriumsulfat, wasserfrei

1.15.   Selen-Stammlösung (0,1 mg/ml):

0,050 g metallisches Selen (mindestens 99,9 %) in 30 ml Salpetersäure (65 %) lösen, die Stickoxide verkochen, abkühlen und im 500-ml-Meßkolben mit Wasser zur Marke auffüllen.

1.16.   Selen-Standardlösung (10 µg/ml):

50,00 ml der Selen-Stammlösung (1.15) im 500-ml-Meßkolben mit Wasser zur Marke auffüllen.

2.   Geräte

2.1.   Spektralphotometer, Wellenlänge der Meßstrahlung 335 nm

2.2.   Verschließbare Quarzküvetten mit einer Schichtdicke von 20 mm

2.3.   100-ml-Scheidetrichter mit 5 bis 10 mm langem Ablaufrohr

3.   Ausführung

3.1.   Analyse

3.1.1.   Lösen des Probematerials im 500-ml-Erlenmeyerkolben in Salzsäure (1+1) und Wasserstoffperoxid (30 %) unter ständigem Kühlen. Wasserstoffperoxid in kleinen Portionen zugeben. Lösung häufig umschwenken. Einwaage und Reagenzmenge je nach Selengehalt:

(1) 5 g Probematerial bei Selengehalten unter 5 µg/g mit 40 ml Salzsäure (1+1) und 30 ml Wasserstoffperoxid (30 %) lösen und nach 3.1.2 weiterarbeiten.

(2) 2 g Probematerial bei Selengehalten zwischen 5 µg/g und 0,1 % mit 20 ml Salzsäure (1+1) und 15 ml Wasserstoffperoxid (30 %) lösen und nach 3.1.2 weiterarbeiten.

3.1.2.   Nach vollständigem Lösen des Probematerials zur Entfernung des überschüssigen Wasserstoffperoxids 2 min lang schwach sieden lassen.

Anmerkung: Das Entfernen des überschüssigen Wasserstoffperoxids ist unbedingt erforderlich, da sonst bei Zugabe der unterphosphorigen Säure (3.1.3) heftige Explosionen eintreten können.

3.1.3.   Zur Simultanfällung von Arsen und Selen 50 ml Salzsäure (1+1) und 5 ml Arsenlösung (1.3) zugeben. Die erforderliche Menge unterphosphoriger Säure richtet sich nach der Einwaage (3.1.1):

– 25 ml unterphosphorige Säure (50 %) bei 5 g Einwaage (3.1.1 (1)) oder

– 15 ml unterphosphorige Säure (50 %) bei 2 g Einwaage (3.1.1 (2))

zugeben (Anmerkung zu 3.1.2 beachten!) und die Lösung zur Reduktion von Arsen und Selen 5 min schwach sieden lassen.

Anmerkung: Die Lösung darf nur schwach sieden, zu starkes Kochen kann zu Selenverlusten führen.

3.1.4. Die Lösung sofort auf etwa 50 °C abkühlen und über ein 12,5-cm-Filter mittlerer Porenweite und etwas Filterbrei filtrieren, Filterrückstand mit Salzsäure (1+19) kupferfrei und mit Wasser säurefrei waschen.

3.1.5. Filter und Filterrückstand in einen 100-ml-Erlenmeyerkolben geben, mit 15 ml Salpetersäure (65%) und 8 ml Perchlorsäure (70%) versetzen und bis zur Zerstörung des Filters mäßig erhitzen. Danach auf 4 bis 5 ml einrauchen, abkühlen und mit 20 ml Wasser verdünnen.

3.1.6. Die im folgenden weiterzuverarbeitende Probelösung soll ein Volumen von etwa 25 ml haben und nicht mehr als 40 μg Selen enthalten; deshalb bei Selengehalten über 20 μg/g nach definiertem Verdünnen mit Wasser entsprechend aliquotieren (eine geeignete Abnahme enthält 10 bis 40 μg Selen). Abnahme in einen 100-ml-Erlenmeyerkolben pipettieren und 1 ml ÄDTA-Lösung (1.8) zugeben.

Bei Selengehalten unter 20 μg/g die Lösung aus 3.1.5 direkt ohne Aliquotieren mit 2 ml ÄDTA-Lösung (1.8) versetzen.

3.1.7. Die Probelösung aus 3.1.6 mit 2 Tropfen m-Kresolpurpurlösung (1.9) versetzen und durch tropfenweise Zugabe von Ammoniak (1+2) bis zur reinen Gelbfärbung auf pH = 2,8 einstellen. Dann 2 ml Ameisensäure (1+9) zugeben. Der pH-Wert der Lösung liegt jetzt zwischen 2,4 und 2,5.

3.1.8. 2 ml 1,2-Diaminobenzol-Lösung (1.12) zugeben, 2 Stunden bei Raumtemperatur stehenlassen und in einen 250-ml-Scheidetrichter überführen.

3.1.9. 20,00 ml Toluol hinzupipettieren und 30 s kräftig schütteln (mindestens 120 kräftige Schläge).

3.1.10. Nach der Phasentrennung die wäßrige Phase und zusätzlich etwa 1 ml der organischen Phase ablassen und verwerfen, die organische Phase in einen 25-ml-Erlenmeyerkolben mit Schliffstopfen, in dem sich 3 g wasserfreies Natriumsulfat befinden, ablassen. Den Kolben sofort verschließen und einige Male schütteln.

3.1.11. Die Lösung bei einer Wellenlänge von 335 nm in einer verschlossenen 20-mm-Quarzküvette gegen Toluol als Vergleichslösung messen.

Anmerkung: Wegen des hohen Dampfdruckes von Toluol sind Kolben und Küvetten soweit wie möglich verschlossen zu halten, um Verdunstung und damit Konzentrationsänderungen zu vermeiden.

3.2. Blindwert
Ein Reagenzienblindwert durchläuft sinngemäß den Analysengang von 3.1.1 bis 3.1.11.

3.3. Eichkurve

3.3.1. In eine Reihe von 100-ml-Erlenmeyerkolben steigende Mengen von Selen-Standardlösung (1.16) zwischen 0 und 4 ml, entsprechend Selen-Mengen von 0 bis 40 μg, genau einmessen.

3.3.2.   8 ml Perchlorsäure (70%) zugeben, auf 4 bis 5 ml einengen, abkühlen, 20 ml Wasser und 1 ml ÄDTA-Lösung (1.8) zugeben und die Lösung nach 3.1.7 bis 3.1.11 weiterbehandeln.

3.3.3.   Die um ihren Blindwert verminderten Extinktionen der Eichlösungen gegen die zugehörigen Selenmengen in einem Diagramm auftragen.

Anmerkung: Die Eichfunktion ist eine Gerade. Einer Selenmenge von 40 μg entspricht eine Extinktion von etwa 0,8.

3.4.   Auswertung

Aus der um ihren Blindwert verminderten Extinktion der Probelösung (3.1.11) an Hand der Eichkurve (3.3.3) die Selenmenge in der bearbeiteten Probelösung ermitteln und daraus unter Berücksichtigung der Einwaage (3.1.1) und gegebenenfalls einer in 3.1.6 vorgenommenen Aliquotierung den Selengehalt der Probe errechnen.

Literatur

Luke, C. L.: Anal. Chem. 31 (1959) 572–574.
Ariyoshi, H.; Kiniwa, M.; Toei, K.: Talanta 5 (1960) 112–118.

Jodometrische Bestimmung von Zinn als Legierungsbestandteil in Kupferlegierungen

Anmerkung: Die Vorschrift stimmt sachlich überein mit den Normen DIN 50508 und ISO 3111–1975.

Grundlage: Nach dem Lösen der Probe in Salzsäure wird das Zinn nach Ammoniakfällung gemeinsam mit Eisen(III)-hydroxid vom Kupfer abgetrennt.

Die salzsaure Lösung dieses Niederschlages wird in Kohlendioxidatmosphäre mit unterphosphoriger Säure reduziert, eventuell ausfallendes Arsen abfiltriert und der Überschuß an unterphosphoriger Säure mit Quecksilber(II)-chlorid zerstört. Nach Maskierung störender Bestandsteile mit Thiocyanat wird Zinn in der Lösung unter Kohlendioxidatmosphäre jodometrisch titriert.

Anwendungsbereich: Zinngehalte von 0,5 bis 13 % in allen Kupferlegierungen

Genauigkeit: $v = 0,75 \%$ bei Zinngehalten um 6 %

Zeitaufwand: 1,5 Stunden

1.   Reagenzien

1.1.   Salzsäure (1 + 1):
500 ml Wasser und 500 ml Salzsäure (37 %; 1,19 g/ml) mischen.

1.2.   Wasserstoffperoxid (30 %; 1,11 g/ml)

1.3.   Eisen(III)-chloridlösung:
10 g Eisen(III)-chlorid $FeCl_3 \cdot 6H_2O$ in Wasser lösen und auf 1000 ml auffüllen.

1.4.   Ammoniaklösung (1 + 1):
100 ml Ammoniaklösung (25 %; 0,91 g/ml) mit 100 ml Wasser mischen.

1.5.   Waschlösung:
10 g Ammoniumchlorid NH_4Cl mit 50 ml Ammoniaklösung (1 + 1) versetzen und mit Wasser auf 100 ml auffüllen.

1.6.   Quecksilber(II)-chloridlösung:
0,5 g Quecksilber(II)-chlorid in 1000 ml Wasser lösen.

1.7.   Unterphosphorige Säure (etwa 30 %):
600 ml unterphosphorige Säure H_3PO_2 (50 %; 1,25 g/ml) mit Wasser auf 1000 ml auffüllen.

1.8.   Kohlendioxid, in Druckgasflasche

1.9.   Ammoniumthiocyanatlösung:
50 g Ammoniumthiocyanat in 100 ml Wasser lösen.

1.10.   Kaliumjodidlösung:
10 g Kaliumjodid in 100 ml Wasser lösen.

1.11.	Stärkelösung:

0,5 g Stärke in 100 ml Wasser lösen.

Die Stärkelösung ist nur kurze Zeit haltbar und muß daher nach jeweils 2 Tagen neu angesetzt werden.

1.12. Kaliumjodat-Maßlösung I für Zinngehalte von 3 bis 13 %
(1 ml entspricht etwa 5 mg Zinn):
0,85 g Natriumhydroxid im 1000-ml-Meßkolben in 500 ml Wasser lösen. 3,0051 g Kaliumjodat und 12,0 g Kaliumjodid zugeben und mit Wasser zur Marke auffüllen.

1.13. Kaliumjodat-Maßlösung II für Zinngehalte unter 3 %
(1 ml entspricht etwa 2 mg Zinn):
200,0 ml Kaliumjodat-Maßlösung I auf 500 ml mit Wasser auffüllen.

1.14. Zinn (mindestens 99,99 %), Späne oder Folie

1.15. Elektrolytkupfer (mindestens 99,95 %), Späne

2. Geräte

2.1.   Apparatur zur Reduktion unter Kohlendioxidatmosphäre

2.1.1. (s. Bild 4) oder alternativ:

2.1.2. Contat-Göckel-Aufsatz, der mit kalt gesättigter Natriumhydrogencarbonatlösung ständig gefüllt zu halten ist.

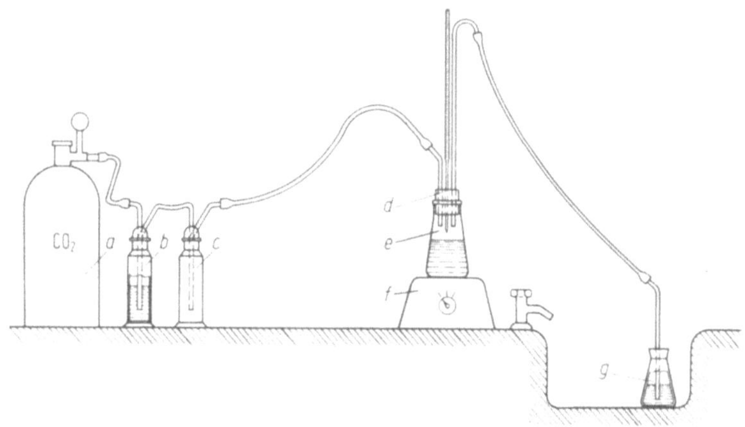

Bild 4. Apparatur für die Zinnbestimmung unter Kohlendioxidatmosphäre (2.1)
a Kohlendioxiddruckgasflasche mit Reduzierventil; *b* Gaswaschflasche, beschickt mit einer Lösung von 10 g Zinn(II)-chlorid, 10 ml Salzsäure (37 %) und 90 ml Wasser; *c* Gaswaschflasche leer; *d* Gummistopfen mit 3 Bohrungen: eine Bohrung dient zur Einleitung von Kohlendioxid, eine weitere zur Aufnahme eines Glasrohres von 10 mm Durchmesser und 600 mm Länge als Luftkühler. In die dritte mit einem Glasstopfen verschlossene Bohrung werden die Lösungen gemäß 3.1.9 und die Bürette gemäß 3.1.10 eingegeben; *e* 500- oder 1000-ml-Erlenmeyerkolben mit weitem Hals; *f* Magnetrührer (2.2); *g* 250- oder 500-ml-Erlenmeyerkolben mit 50 bis 100 ml Wasser.

2.2.   Magnetrührer mit PTFE-beschichteten Rührstäbchen.

2.3.   Bürette mit einer Skalenteilung von 0,05 ml und einer etwa 10 cm langen Spitze.

3.   Ausführung

3.0.   Vorbereitung
Herstellen von feinen Probespänen, maximal 0,3 mm dick, vorzugsweise durch Sägen oder Raspeln.

3.1.   Analysengang

3.1.1.   Die Einwaage, auf 0,1 mg genau gewogen, und die zum Lösen benötigte Säuremenge richten sich nach dem Zinngehalt der Probe:

Zinngehalt %	Einwaage g	Salzsäure (1 + 1) ml
3 – 13	1	20
0,5 – 3	2	30

Das Probematerial und Salzsäure (1 + 1) entsprechend vorstehender Tabelle in ein 400-ml-Becherglas geben.

3.1.2.   Becherglas mit einem Uhrglas bedecken und unter ständigem Kühlen 5 bis 10 ml Wasserstoffperoxid (30 %) tropfenweise hinzufügen. Dabei häufig umschwenken.

3.1.3.   Nach vollständigem Lösen der Probe mit 100 ml Wasser verdünnen und ca. 2 min bis fast zum Sieden erhitzen (nicht kochen), um das Chlor auszutreiben.

Anmerkung: Ein eventueller ungelöster Rückstand kann schwerlösliches oxidisch gebundenes Zinn enthalten. Er ist abzufiltrieren und gesondert aufzuschließen, vorzugsweise mit alkalisch oxidierender Schmelze. Die Aufschlußlösung, gegebenenfalls nach Ansäuern, mit der Probelösung vereinigen.

3.1.4.   Die Probelösung mit etwa 5 ml Eisen(III)-chlorid-Lösung (1.3) versetzen, mit Ammoniaklösung (1 + 1) neutralisieren und etwa 5 ml Ammoniaklösung (1 + 1) im Überschuß zusetzen, um das Kupfer als Kupfertetrammin-Komplex zu lösen. 2 min mit Siedeglocke kochen.

3.1.5.   Die warme Lösung über ein 15-cm-Filter großer Porenweite filtrieren und den Niederschlag mehrmals mit warmer Waschlösung (1.5) waschen. Das Filtrat verwerfen.

3.1.6.   180 ml warme Salzsäure (1 + 1) zum Lösen und Abspülen anhaftenden Niederschlages portionsweise in das Becherglas geben und mit diesen Lösungsportionen den Niederschlag vom Filter in einen 500-ml- oder 1000-ml-Erlenmeyerkolben waschen.

3.1.7.   10 ml Quecksilber(II)-chlorid-Lösung (1.6), 10 ml unterphosphorige Säure (1.7) und ein PTFE-beschichtetes Rührstäbchen zugeben und nach Durchmischung mit dem 3fach durchbohrten Gummistopfen (Bild 4 d) verschließen.

3.1.8.   5 min unter Einleiten von Kohlendioxid kochen und anschließend auf 15 °C abkühlen.

> *Anmerkung:* Beim Kochen fällt schwarzes metallisches Quecksilber aus. Fällt dagegen braunes elementares Arsen aus, muß dieses wie folgt entfernt werden:
> Gasstrom unterbrechen und die warme Lösung durch einen Glasfiltertiegel mittlerer Porengröße in einen anderen passenden Erlenmeyerkolben filtrieren. Den Tiegel mit wenig Salzsäure (1+1) auswaschen. Das Filtrat erneut mit 5 ml Quecksilber(II)-chlorid-Lösung (1.6) versetzen und gemäß 3.1.9 weiterverarbeiten.

3.1.9.   In die abgekühlte Lösung bei vermindertem Gasstrom und unter Rühren 10 ml Ammoniumthiocyanatlösung (1.9), 5 ml Kaliumjodidlösung (1.10) und 10 ml Stärkelösung (1.11) durch die freie Bohrung des Gummistopfens einpipettieren. Die Innenwand des Kolbens mit wenig ausgekochtem Wasser abspülen.

3.1.10.   Den Auslaß der Bürette mit der dem Zinngehalt entsprechenden Kaliumjodat-Maßlösung (1.12 oder 1.13) in die dritte Bohrung des Stopfens einsetzen.

3.1.11.   Unter fortwährendem Rühren titrieren, bis die blaue Farbe des Jod-Stärke-Komplexes für mindestens 20 s erhalten bleibt.

3.2.   Blindwert
Ein Blindansatz ohne Probematerial durchläuft den gesamten Analysengang 3.1.

Das für diese Titration verbrauchte Volumen der Kaliumjodat-Maßlösung wird sowohl bei der Probe als auch bei der Faktorstellung abgezogen.

3.3.   Faktorstellung
Die Faktorstellung soll mit Zinn- und Kupfermengen in der Größenordnung erfolgen, wie sie auch in den Proben vorliegen.

Dazu eine dem Zinngehalt der Probeneinwaage ungefähr entsprechende Menge Zinn (1.14) genau einwägen, zur Masse der Probeneinwaage mit Elektrolytkupfer (1.15) ergänzen und von 3.1.1 bis 3.1.12 weiterverarbeiten.

Bei gleichzeitiger Bearbeitung von Proben mit Zinngehalten unterschiedlicher Größenordnung für jede Größenordnung einen gesonderten Zinnfaktor für die entsprechende Kaliumjodat-Maßlösung bestimmen.

3.4.   Auswertung
Aus dem um seinen Blindwert verminderten Volumen der für die Probe verbrauchten Kaliumjodat-Maßlösung, dem zugehörigen Faktor für den entsprechenden Gehaltsbereich und der Einwaage den Zinngehalt der Probe errechnen.

Direkte photometrische Bestimmung von Zinn als Verunreinigung in Kupfer und Kupferlegierungen

Anmerkung: Diese Vorschrift entspricht in ihrem sachlichen Inhalt der Norm ISO/DIS 4751–1978. Sie ist gegenüber der auf S. 109 dargestellten Vorschrift weniger empfindlich und weist eine etwas größere Streuung auf. Dafür erfordert sie jedoch einen erheblich geringeren Zeitaufwand.

Grundlage: Nach dem Lösen der Probe in Salzsäure und Wasserstoffperoxid wird das Zinn als Quercetin-Komplex mit Methylisobutylketon extrahiert, dessen Färbung photometriert wird.

Anwendungsbereich: Zinngehalte von 0,05 bis 0,5 % in Kupfer und Kupferlegierungen

Genauigkeit: $v = 10\%$

Zeitaufwand: 1 Stunde für 2 Proben

1.   Reagenzien

1.1.   Salzsäure $(1 + 1)$:
500 ml Salzsäure (37 %; 1,19 g/ml) mit 500 ml Wasser mischen.

1.2.   Wasserstoffperoxid (30 %; 1,11 g/ml)

1.3.   Ammoniaklösung (25 %; 0,91 g/ml)

1.4.   Salzsäure (37 %; 1,19 g/ml)

1.5.   Thioharnstofflösung:
100 g Thioharnstoff mit Wasser zu 1000 ml lösen.

1.6.   Ascorbinsäurelösung:
2 g Ascorbinsäure in 100 ml Wasser lösen.
Lösung stets frisch bereiten.

1.7.   Quercetinlösung:
500 mg Quercetin in einem 500-ml-Meßkolben ohne zu erwärmen in 300 ml Äthanol lösen. Das Lösen dauert einige Stunden. Nach Zusatz von 25 ml Salzsäure (37 %) mit Äthanol auf 500 ml auffüllen. Gegebenenfalls einen ungelösten Rückstand abfiltrieren.

Anmerkung: Nicht alle Quercetinqualitäten sind für das Verfahren gleich gut geeignet. Die Lösung einer brauchbaren Qualität muß in einer 1-cm-Küvette eine Extinktion unter 0,1 aufweisen. Bei der Erprobung wurde das Merck-Erzeugnis Artikel Nr. 7546 verwendet.

1.8.   Methylisobutylketon

Anmerkung: Methylisobutylketon aus verzinnten Kannen oder aus Gefäßen, die im Verschluß eine Zinnfolie enthalten, ist wegen seines erheblichen Blindwertes ungeeignet. Deshalb nur Qualitäten verwenden, die in zinnfreien Gebinden geliefert werden.

1.9.   Schwefelsäure $(1 + 19)$:
50 ml Schwefelsäure (96 %) mit Wasser auf 1 l verdünnen.

1.10. Zinn-Stammlösung (500 µg/ml):
500 mg Zinn (mindestens 99,99 %) in 100 ml Salzsäure (37 %) lösen und nach dem Abkühlen im 1000-ml-Meßkolben mit Wasser zur Marke auffüllen.

1.11. Zinn-Standardlösung (50 µg/ml):
10,00 ml Zinn-Stammlösung (1.10) in einem 100-ml-Meßkolben nach Zusatz von 20 ml Salzsäure (1 + 1) mit Wasser zur Marke auffüllen.

2. Geräte

2.1. Spektralphotometer, Wellenlänge der Meßstrahlung 440 nm

2.2. Küvetten mit einer Schichtdicke von 10 mm

2.3. 100-ml-Scheidetrichter mit 5 bis 10 mm langem Ablaufrohr

3. Ausführung

3.1. Analyse

3.1.1. Die Probeneinwaage und das zur Weiterverarbeitung aus der auf 200 ml aufgefüllten Probelösung abzunehmende Volumen richtet sich nach dem Zinngehalt der Probe entsprechend der nachfolgenden Tabelle.

Zinngehalt der Probe %	Probeneinwaage g	Abnahme ml
0,005 – 0,01	2	gesamte Einwaage
0,01 – 0,02	1	gesamte Einwaage
0,02 – 0,04	1	100
0,04 – 0,08	1	50
0,08 – 0,16	1	25
0,16 – 0,30	0,5	25
0,30 – 0,50	0,4	20

3.1.2. Die Probemenge nach vorstehender Tabelle auf 0,001 g genau in einen 200-ml-Meßkolben einwägen und mit 20 ml Salzsäure (1 + 1) bei portionsweiser Zugabe von insgesamt 10 ml Wasserstoffperoxid (30 %) unter Kühlung und häufigem Umschwenken vorsichtig lösen.
Anmerkung: Bei zu heftigem Lösen können Zinnverluste auftreten.

Zum vollständigen Lösen abschließend gegebenenfalls schwach erwärmen. Nach Zusatz von 10 ml Wasser den Überschuß an Wasserstoffperoxid verkochen.

3.1.3. Bei Zinngehalten unter 0,02 % die gesamte Einwaage nach 3.1.4 weiterverarbeiten.

Bei höheren Zinngehalten die Probelösung in dem 200-ml-Meßkolben mit Wasser zur Marke auffüllen. Eine Abnahme entsprechend 3.1.1 in einen 200-ml-Meßkolben pipettieren.

3.1.4. Mit Ammoniak (25 %) bis zum Auftreten einer bleibenden Trübung versetzen und den Niederschlag durch tropfenweise Zugabe von Salzsäure (1 + 1) wieder lösen, 20 ml Wasser und 30 ml Salzsäure (37 %) zusetzen und zur Marke mit Wasser auffüllen.

3.1.5. In einen 100-ml-Scheidetrichter der Reihenfolge nach 10 ml Thioharnstofflösung (1.5), 5 ml Ascorbinsäurelösung (1.6) und 10,0 ml Quercetin-Lösung (1.7) einfüllen und mischen. Dazu 10,00 ml der Probelösung 3.1.4 pipettieren und erneut mischen.

3.1.6. 10,00 ml Methylisobutylketon zupipettieren und 1 min schütteln. Phasentrennung abwarten (etwa 3 min) und die wäßrige Phase verwerfen.

3.1.7. 5 ml Schwefelsäure (1 + 19) zusetzen, leicht umschwenken ohne die Phase zu vermengen und die saure Phase verwerfen. Danach weitere 20 ml Schwefelsäure (1 + 19) zusetzen und 30 s schwach schütteln.

Anmerkung: Das Schütteln darf nicht zu intensiv sein, weil sonst die Phasentrennung zu lange dauert.

3.1.8. Nach der Phasentrennung (etwa 3 min) die schwefelsaure und einen kleinen Teil der organischen Phase verwerfen.

3.1.9. Die Hauptmenge der organischen Phase durch ein kleines trockenes Filter in ein trockenes Schliffkölbchen filtrieren. Nach 10 min die Extinktion der Lösung in einer 10-m-Küvette bei einer Wellenlänge von 440 nm gegen Methylisobutylketon als Vergleichslösung messen.

3.2. Blindwert
Eine der Einwaage nach 3.1.1 entsprechende Menge Elektrolytkupfer (zinnfrei) durchläuft den ganzen Analysengang von 3.1.2 bis 3.1.9.

3.3. Eichkurve

3.3.1. In eine Reihe von 200-ml-Meßkolben je 0,25 g zinnfreies Elektrolytkupfer einwägen und in 10 ml Salzsäure (1 + 1) und 5 ml Wasserstoffperoxid (30 %) entsprechend 3.1.2 lösen. Nach Zusatz von 10 ml Wasser den Überschuß an Wasserstoffperoxid verkochen.

3.3.2. Steigende Volumina der Zinn-Standardlösung (1.11) zwischen 0 und 5,0 ml, entsprechend Zinnmengen von 0 bis 250 µg, in jeweils einen der vorbereiteten 200-ml-Meßkolben (3.3.1) einmessen und von 3.1.4 bis 3.1.9 weiterverarbeiten.

Anmerkung: Die Extinktion der Lösung ohne Zinnzusatz ist der Blindwert der Eichlösungen.

3.3.3. Die um ihren Blindwert verminderten Extinktionen der Eichlösungen gegen die zugehörigen Zinnmengen in einem Diagramm auftragen.

3.4. Auswertung

3.4.1. Aus der um ihren Blindwert verminderten Extinktion der Probelösung an Hand der Eichkurve die in der Abnahme 3.1.5 enthaltene Zinnmenge ermitteln.

3.4.2. Hieraus unter Berücksichtigung der Einwaage und einer gegebenenfalls vorgenommenen Aliquotierung den Zinngehalt der Probe errechnen.

Photometrische Bestimmung von Zinn als Verunreinigung in Kupfer und Kupferlegierungen nach säulenchromatographischer Abtrennung

Anmerkung: Gegenüber den Vorschriften in Bd. I, S. 241 ff. und Bd. II, S. 405 ist die Methode weniger störanfällig und universeller anwendbar.

Grundlage: Nach dem Lösen der Probe in einem Gemisch von Salpetersäure und Natriumcitrat wird das Zinn an Kieselgel adsorbiert und nach Elution mit Salzsäure als Zinn-Quercetin-Komplex photometrisch bestimmt.

Anwendungsbereich: Zinngehalte von 1 µg/g bis 0,3 % in allen Kupfersorten und Kupferlegierungen

Anmerkung: Nach dieser Vorschrift wird nur der Zinnanteil erfaßt, der unter den Bedingungen von 3.1.1 löslich ist.

Sollen auch eventuell vorhandene schwerlösliche Zinnanteile (z. B. oxidisch gebundenes Zinn) erfaßt werden, so ist die in 3.1.1 erhaltene Lösung vor ihrer Weiterverarbeitung zu filtrieren, der Rückstand zu verglühen, alkalisch aufzuschmelzen und sinngemäß von 3.1.2 ab separat auf seinen Zinngehalt zu untersuchen.

Genauigkeit: v = 10 % bei Zinngehalten um 0,001 %

v = 5 % bei Zinngehalten von 0,01 %

Zeitaufwand: 3 Stunden für eine Einzelbestimmung

1.   Reagenzien

1.1.   Lösesäure:
170 g Trinatriumcitrat-Dihydrat in etwa 500 ml Wasser lösen, 365 ml Salpetersäure (65 %; 1,40 g/ml) zusetzen und mit Wasser auf 1 l auffüllen.

1.2.   ÄDTA-Lösung (100 g/l):
100 g Dinatriumdihydrogenäthylendiamintetraacetat-Dihydrat in Wasser lösen und auf 1000 ml auffüllen.

1.3.   Ammoniumchloridlösung (0,2 mol/l):
11 g Ammoniumchlorid in Wasser lösen und auf 1000 ml auffüllen.

1.4.   Natronlauge (200 g/l):
200 g Natriumhydroxid in Wasser lösen, abkühlen und auf 1000 ml auffüllen.

1.5.   Kieselgel für Chromatographie, Körnung 0,2 bis 0,5 mm:
Kieselgel mit Salzsäure (1 + 1) und Wasser eisenfrei waschen, mit 0,5-mol/l-Natriumcitratlösung konditionieren und in die Chromatographier-Säule einschlämmen.

1.6.   Natriumcitratlösung (0,5 mol/l):
147 g Trinatriumcitrat-Dihydrat in etwa 500 ml Wasser lösen, mit einigen Tropfen Salzsäure (1 + 1) auf pH = 5,5 einstellen und mit Wasser auf 1000 ml auffüllen.

1.7.   Salzsäure (1 + 1):
500 ml Salzsäure (37 %; 1,19 g/ml) mit 500 ml Wasser vermischen.

1.8.   Salzsäure (37 %; 1,19 g/ml)

1.9.   Schwefelsäure (96 %; 1,84 g/ml)

1.10.   Thioharnstofflösung:
100 g Thioharnstoff in etwa 60 °C warmem Wasser lösen und nach dem Abkühlen auf 1000 ml auffüllen.

1.11.   Ascorbinsäurelösung:
2 g Ascorbinsäure in Wasser lösen und auf 100 ml auffüllen. Lösung stets frisch bereiten.

1.12.   Quercetinlösung:
500 mg Quercetin in einem 500-ml-Meßkolben ohne zu erwärmen in 300 ml Methanol lösen. Das Lösen dauert einige Stunden. Nach Zusatz von 25 ml Salzsäure (37 %) mit Methanol auf 500 ml auffüllen. Gegebenenfalls einen ungelösten Rückstand abfiltrieren.

Anstelle von Methanol kann auch Äthanol verwendet werden.

Anmerkung: Nicht alle Quercetin-Qualitäten sind für das Verfahren gleich gut geeignet. Die Lösung einer brauchbaren Qualität muß in einer 1-cm-Küvette eine Extinktion unter 0,1 aufweisen. Bei der Erprobung wurde das Merck-Erzeugnis Artikel Nr. 7546 verwendet.

Anmerkung zu 1.13 beachten.

Erfahrungsgemäß zersetzt sich bei längerem Lagern des festen Quercetins bevorzugt die obere Lage der Flaschenfüllung. Beim Ansetzen der Lösung sollte deshalb die Einwaage den tieferen Schichten entnommen oder der Flascheninhalt vor der Entnahme durchmischt werden.

1.13.   Methylisobutylketon
Anmerkung: Methanol und Methylisobutylketon aus verzinnten Kannen oder Gefäßen, die im Verschluß eine Zinnfolie enthalten, besitzen einen erheblichen Blindwert und sind ungeeignet. Deshalb nur Qualitäten verwenden, die in zinnfreien Gebinden geliefert werden.

1.14.   Schwefelsäure (1 + 19):
50 ml Schwefelsäure (96 %) in 950 ml Wasser vorsichtig eintragen.

1.15.   Zinn-Stammlösung (100 µg/ml):
50,0 mg Zinnfolie (mindestens 99,99 %) in einem mit einem Uhrglas bedeckten 250-ml-Becherglas in 50 ml Salzsäure (37 %) und einigen Tropfen Wasserstoffperoxid (30 %) unter Erwärmen lösen, abkühlen, in einen 500-ml-Meßkolben überspülen und mit Wasser zur Marke auffüllen.

1.16.   Zinn-Standardlösung (5 µg/ml):
25,00 ml Zinn-Stammlösung (1.15) in einen 500-ml-Meßkolben pipettieren, 370 ml Salzsäure (1 + 1) zugeben und mit Wasser zur Marke auffüllen.

1.17.   Salzsäure (etwa 4,5 mol/l):
150 ml Salzsäure (1 + 1) auf 200 ml mit Wasser verdünnen.

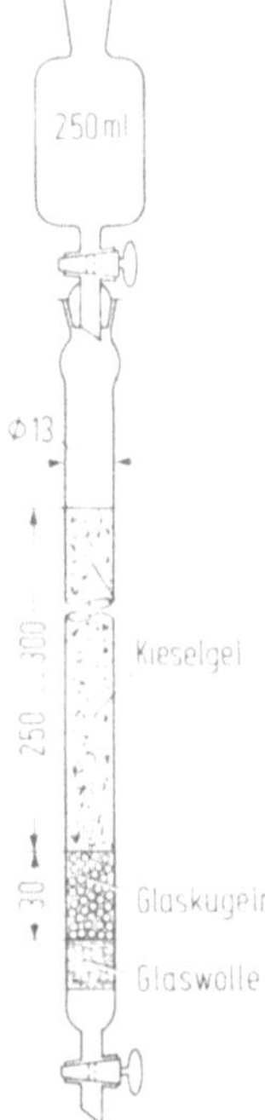

Bild 5. Chromatographiersäule

2. Geräte

2.1. Chromatographiersäule, etwa 13 mm Durchmesser, etwa 450 mm Länge (s. Bild 5).

2.2. 100-ml-Scheidetrichter mit etwa 5 bis 10 mm langem Ablaufrohr.

2.3. Spektralphotometer, Wellenlänge der Meßstrahlung etwa 440 nm.

2.4. Küvetten mit einer Schichtdicke von 10 mm.

3. Ausführung

3.0. Vorbereitung

3.0.1. Füllen der Säule:
Über dem Hahn am Boden der Säule einen Glaswollepfropfen stopfen, darüber etwa 2 cm hoch Glaskugeln von etwa 3 mm Durchmesser schütten und dann konditioniertes Kieselgel (1.5) etwa 250 bis 300 mm hoch einschlämmen.

3.0.2. Konditionieren der Säule:
Nach jedem Eluieren die Kieselgelsäule mit 0,5-mol/l-Natriumcitratlösung bei einer Durchlaufgeschwindigkeit von 4 ml/min konditionieren bis am Säulenablauf pH = 5,5 gemessen wird.

3.1. Analyse

3.1.1. (2,000 ± 0,001) g Probematerial im mit einem Uhrglas bedeckten 400-ml-Becherglas mit 50 ml Lösesäure (1.1) unter Erwärmen lösen.

3.1.2. Nach vollständigem Lösen mit 100 ml Wasser verdünnen, 40 ml ÄDTA-Lösung (1.2) und 10 ml Ammoniumchloridlösung (1.3) zugeben, mit Natronlauge (1.4) auf pH = 5,5 (gegen pH-Papier) einstellen.

3.1.3. Die Lösung in das Vorratsgefäß der Chromatographiersäule geben und eine Durchlaufgeschwindigkeit von etwa 4 ml/min einregulieren.

Anmerkung: In den Stufen 3.1.3 bis 3.1.6 darf die Kieselgelfüllung der Säulen auch nicht teilweise trocken laufen. Die jeweils nächste Flüssigkeit muß nachgefüllt werden, bevor die Flüssigkeit unter die Oberfläche der Kieselgelschüttung absinkt.

3.1.4. Nach erfolgtem Durchlauf die Säule in gleicher Weise mit 100 ml 0,5-mol/l-Natriumcitratlösung nachspülen und mit 100 ml Wasser nachwaschen. Sämtliche Durchläufe verwerfen.

3.1.5. Das am Kieselgel adsorbierte Zinn mit 50 ml Salzsäure (1+1) eluieren und bei Zinngehalten über 20 µg/g das Eluat im 200-ml-Meßkolben auffangen, der bereits 50 ml Salzsäure (37 %), enthält.

Die Säule mit etwa 100 ml Wasser nachwaschen und damit den Kolben bis zur Marke auffüllen. Nach 3.1.7 weiterarbeiten.

3.1.6. Bei Zinngehalten zwischen 1 und 20 µg/g das Eluat und das Waschwasser im 400-ml-Becherglas auffangen, 2 ml Schwefelsäure (96 %) zugeben und auf etwa 20 ml eindampfen.

3.1.7. In einen 100-ml-Scheidetrichter (2.2) nacheinander unter jeweiligem Umschütteln 10 ml Thioharnstofflösung (1.10), 5 ml Ascorbinsäurelösung (1.11) und 10 ml Quercetinlösung (1.12) einfüllen.

3.1.8. Bei Zinngehalten zwischen 1 und 20 µg/g das auf 20 ml eingedampfte Eluat 3.1.6 mit wenig Wasser (3 − 5 ml) in den Scheidetrichter (3.1.7) überspülen.

3.1.9. Bei höheren Zinngehalten vom auf 200 ml aufgefüllten Eluat (3.1.5) folgende Volumina in den nach 3.1.7 vorbereiteten Scheidetrichter pipettieren:

− 20 ml (entsprechend 0,2 g Probe) bei Gehalten von 20 bis 200 µg/g,
− 2 ml (entsprechend 0,02 g Probe) bei Gehalten von 0,01 bis 0,2 %,
− 1 ml (entsprechend 0,01 g Probe) bei Gehalten von 0,2 bis 0,3 %.

Den Inhalt des Scheidetrichters mit 4,5-mol/l-Salzsäure auf ein Volumen von etwa 70 ml ergänzen.

3.1.10. Nach dem Durchmischen und einer Standzeit von 10 − 15 min 15,0 ml Methylisobutylketon zupipettieren und 60 Sekunden lang kräftig schütteln.

3.1.11. Phasentrennung abwarten (etwa 3 min), die untere wäßrige Phase ablassen und verwerfen.

3.1.12. Die Ketonphase mit 25 ml Schwefelsäure (1+19) durch 30 s langes Schütteln waschen. Nach einer Phasentrennungszeit von etwa 5 min die untere Waschsäurephase ablassen und verwerfen.

3.1.13. Die gelbgefärbte organische Phase durch ein kleines, trockenes 7-cm-Faltenfilter oder besser noch durch einen Wattebausch in eine trockene 10-mm-Küvette filtrieren. Die Lösung bei 440 nm gegen Methylisobutylketon als Vergleichslösung photometrieren.

Anmerkung: Die Messung soll 10 min nach der Extraktion innerhalb von 60 min erfolgen. Die Extrakte nicht dem direkten Sonnenlicht aussetzen.

3.2.   Blindwert
Ein Reagenzienblindwert durchläuft den ganzen Analysengang 3.1.

3.3.   Eichkurve

3.3.1.   In mehrere 100-ml-Scheidetrichter (2.2), die wie in 3.1.7 vorbereitet sind, steigende Volumina Zinn-Standardlösung (1.16) von 0 bis 8 ml, entsprechend Zinnmengen bis zu 40 µg, genau einmessen.

Den Inhalt der Scheidetrichter mit 4,5-mol/l-Salzsäure auf etwa 70 ml ergänzen.

3.3.2.   Die Lösung, wie in 3.1.10 bis 3.1.13 beschrieben, weiterverarbeiten.

Anmerkung: Die Extinktion der Lösung ohne Zinnzusatz gegen Methylisobutylketon als Vergleichslösung gemessen ist die Extinktion des Blindwertes der Eichlösungen.

3.3.3.   Die um ihren Blindwert verminderten Extinktionen der Eichlösungen gegen die zugehörigen Zinnmengen in einem Diagramm auftragen.

Anmerkung: Bei Messung mit genügend monochromatischer Strahlung im Absorptionsmaximum, das bei etwa 440 nm liegt, ist die Eichfunktion eine Gerade. Für 30 µg Zinn wird eine Extinktion von etwa 0,7 gemessen.

3.4.   Auswertung

Aus der um ihren Blindwert verminderten Extinktion der Probelösung an Hand der Eichkurve die enthaltene Zinnmenge ermitteln und hieraus unter Berücksichtigung der Einwaage und ggf. einer in 3.1.9 vorgenommenen Aliquotierung den Zinngehalt der Probe errechnen.

Bestimmung von Tellur in Kupfer und Kupferlegierungen

Grundlage: Aus der sauren Probelösung wird das Tellur durch Fällung mit unterphosphoriger Säure an Arsen als Spurenfänger angereichert. In der salpetersauren Lösung des Niederschlages wird Tellur mit Hilfe der Atomabsorptionsspektrometrie bestimmt.

Anwendungsbereich: Tellurgehalte von 0,2 bis 200 μg/g

> *Anmerkung:* Die obere Grenze des Anwendungsbereiches kann durch Verringerung der Einwaage erhöht werden, soweit es die Homogenität des Probematerials zuläßt.

Genauigkeit: $v = 5\%$ bei Tellurgehalten von etwa 100 μg/g

$v = 10\%$ bei Tellurgehalten von etwa 3 μg/g

Zeitaufwand: 1,5 Stunden (zinnfreies Material) bis 4 Stunden (zinnhaltiges Material) je nach Lösungsdauer

1.   Reagenzien

1.1.   Salzsäure (37%; 1,19 g/ml)

1.2.   Salzsäure (1+1):
500 ml Wasser und 500 ml Salzsäure (37%) mischen.

1.3.   Salpetersäure (65%; 1,40 g/ml)

1.4.   Mischsäure:
300 ml Salpetersäure (65%) und 700 ml Perchlorsäure (60%; 1,53 g/ml) mischen.

1.5.   Unterphosphorige Säure (50%; 1,25 g/ml)

1.6.   Wasserstoffperoxid (30%; 1,11 g/ml)

1.7.   Arsenlösung A:
4,0 g Arsen(III)-oxid in 100 ml Wasser und 10 ml Salzsäure (1+1) unter Erwärmen lösen und mit Wasser auf 1000 ml auffüllen.

1.8.   Arsenlösung B:
100 ml Arsenlösung A (1.7) mit Wasser auf 500 ml verdünnen.

1.9.   Tellur-Stammlösung (5 mg/ml):
2,500 g Tellur (mindestens 99,9%) in 50 ml Salpetersäure (65%) lösen und im 500-ml-Meßkolben mit Wasser zur Marke auffüllen.

1.10.   Tellur-Standardlösung (200 μg/ml):
20,00 ml Tellurlösung (1.9) in einen 500-ml-Meßkolben pipettieren und mit Wasser zur Marke auffüllen.

2.   Geräte

2.1.   Membranfilter aus Cellulosenitrat, Durchmesser 25 bis 30 mm, Porengröße 0,45 bis 0,8 μm

2.2.	Membranfiltrationsgerät
2.3.	Reagenzgläser mit ca. 10 ml Inhalt und Markierung bei 5,0 ml.
2.4.	Atomabsorptionsspektrometer mit Tellur-Hohlkathodenlampe, möglichst mit Untergrundkompensation. Wellenlänge der Meßstrahlung 214,3 nm.

3.   Ausführung

3.0.   Vorbereitung
Die Probe insbesondere bei zinnhaltigen Materialien besonders fein zerspanen, um den Lösungsvorgang zu verkürzen.

3.1.   Analyse
Zinnfreies Probematerial nach 3.1.1 bzw. zinnhaltiges Material nach 3.1.2 lösen. Die Probelösungen von 3.1.3 ab weiterverarbeiten.

3.1.1.   10 g Material (zinnfrei) in einem 750-ml-Erlenmeyerkolben mit 70 ml Mischsäure (1.4) lösen.

So weit einrauchen lassen, bis im Kolben kein Nebel mehr auftritt, abkühlen und mit 200 ml Salzsäure (1 + 1) aufnehmen.

3.1.2.   10 g fein zerspantes zinnhaltiges Material in einem 750-ml-Erlenmeyerkolben mit 180 ml Salzsäure (37 %) und 30 ml Wasser unter portionsweiser Zugabe von Wasserstoffperoxid (30 %) bei ständiger Kühlung und häufigem Umschwenken lösen.

Zur Zerstörung des überschüssigen Wasserstoffperoxids etwa 5 min kochen.

Anmerkung: Das Entfernen des überschüssigen Wasserstoffperoxides ist unbedingt erforderlich, da sonst bei Zugabe der unterphosphorigen Säure (3.1.3) heftige Explosionen eintreten können.

3.1.3.   Probelösungen von 3.1.1 oder 3.1.2 mit 5 ml Arsenlösung B (1.8) sowie 30 ml unterphosphoriger Säure (50 %) versetzen (Anmerkung zu 3.1.2 beachten!) und 5 min kochen lassen.

3.1.4.   Niederschlag etwa 30 min absitzen lassen und über ein Membranfilter (2.1) filtrieren. Mit Salzsäure (1 + 1) 5 mal nachwaschen.

3.1.5.   Das Filter in einem mit einer 5-ml-Marke versehenen Reagenzglas (2.3) mit 2,0 ml Salpetersäure (65 %) versetzen, unter Erwärmen lösen und nach dem Abkühlen mit Wasser auf 5,0 ml auffüllen.

3.1.6.   Atomabsorptionsspektrometrie der Probelösungen und der Eichlösungen (3.3) in oxidierender Acetylen-Luft-Flamme bei einer Wellenlänge von 214,3 nm unter optimalen Bedingungen nach Anweisung des Geräteherstellers.

3.2.   Blindwert
Ein Blindansatz ohne Probematerial durchläuft den gesamten Analysengang von 3.1.1 oder 3.1.2 bis 3.1.6.

3.3.   Eichkurve

3.3.1. In eine Reihe von 50-ml-Meßkolben je 20 ml Salpetersäure (65 %) und 10 ml Arsenlösung A (1.7) geben und steigende Mengen der Tellur-Standardlösung (1.10) genau einmessen und mit Wasser zur Marke auffüllen. Die Volumina so wählen, daß der vermutete Gehaltsbereich der Probe abgedeckt ist.

3.3.2. In gleicher Weise eine Lösung, jedoch ohne Zusatz von Tellurlösung, als Blindwert für die Eichlösungen ansetzen.

3.3.3. Die Eichlösungen mit den Probelösungen und den Blindwertlösungen zeitlich zusammenhängend und unter denselben apparativen Bedingungen (3.1.6) atomabsorptionsspektrometrisch messen.

3.3.4. Die um ihren Blindwert verminderten Extinktionen der Eichlösungen gegen die zugehörigen Tellurmengen in einem Diagramm auftragen.

3.4. Auswertung

Aus den um ihren Blindwert verminderten Extinktionen der Probelösung mit Hilfe der Eichkurve 3.3.4 die Tellurmenge ermitteln und hieraus unter Berücksichtigung der Einwaage den Tellurgehalt der Probe errechnen.

Bestimmung von Zink als Legierungsbestandteil in Kupferlegierungen

Anmerkung: Gegenüber den Vorschriften in Bd. II, S. 421 f. ermöglicht diese Methode eine rasche Zinkbestimmung ohne aufwendigen Trennungsgang.

Grundlage: Nach dem Lösen der Probe in Königswasser und Maskieren der Begleitelemente durch Thioharnstoff und Citrat wird das Zink als Thiocyanatokomplex mit Methylisobutylketon extrahiert und unter spezifischen Bedingungen komplexometrisch titriert.

Eventuell vorhandenes Kobalt wird erforderlichenfalls zuvor durch Extraktion des 2-Nitrosonaphthol-(1)-Komplexes mit Chloroform abgetrennt.

Anwendungsbereich: Zinkgehalte über 0,5 % in allen Kupferlegierungen

Genauigkeit: $v = 5\ \%$ bei Zinkgehalten um 0,5 %
$v = 0,8\ \%$ bei Zinkgehalten um 5 %
$v = 0,5\ \%$ bei Zinkgehalten um 40 %

Zeitaufwand: 2 Stunden

1.   Reagenzien

1.1.   Königswasser:
750 ml Salzsäure (37 %; 1,19 g/ml) und 250 ml Salpetersäure (65 %; 1,40 g/ml) mischen.

1.2.   Ammoniaklösung (25 %; 0,91 g/ml)

1.3.   Salzsäure (1+4):
100 ml Salzsäure (37 %; 1,19 g/ml) und 400 ml Wasser mischen.

1.4.   Tarnlösung:
60 g Thioharnstoff, 100 g Diammonium-hydrogencitrat und 150 g Ammoniumthiocyanat in Wasser lösen und auf 1000 ml auffüllen (gegebenenfalls vor Gebrauch filtrieren).

1.5.   Methylisobutylketon

1.6.   Waschlösung:
250 ml Tarnlösung (1.4), 25 ml Salzsäure (1+4) und 250 ml Wasser mischen.

1.7.   Äthanol

1.8.   Natriumfluoridlösung:
5 g Natriumfluorid mit Wasser zu 1000 ml lösen.

1.9.   Thioharnstofflösung:
100 g Thioharnstoff mit Wasser zu 1000 ml lösen.

1.10.   Hexamethylentetramin

1.11.   Kaliumjodid

1.12. Xylenolorange-Indikator:
1 g Xylenolorange mit 100 g Kaliumnitrat verreiben

1.13. ÄDTA-Lösung (0,01 mol/l):
3,7224 g Dinatriumdihydrogenäthylendiamintetraacetat-Dihydrat mit Wasser zu 1000 ml lösen.

1.14. ÄDTA-Lösung (0,05 mol/l):
18,6120 g Dinatriumdihydrogenäthylendiamintetraacetat-Dihydrat mit Wasser zu 1000 ml lösen.

1.15. Salpetersäure (65 %; 1,40 g/ml)

1.16. Zinklösung (0.01 mol/l):
0,6538 g Zink (mindestens 99,99 %, frisch hergestellte oxidfreie Späne) in 5 ml Salpetersäure (65 %) und 25 ml Wasser in der Wärme lösen. Nach dem Verkochen der Stickoxide in einen 1000-ml-Meßkolben überspülen, mit Hexamethylentetramin (1.10) auf einen pH-Wert von 2 – 3 einstellen und mit Wasser zur Marke auffüllen.

1.17. Zinklösung (0,05 mol/l):
3,2690 g Zink (mindestens 99,99 %, frisch hergestellte oxidfreie Späne) in 15 ml Salpetersäure (65 %) und 25 ml Wasser in der Wärme lösen. Nach dem Verkochen der Stickoxide in einen 1000-ml-Meßkolben überspülen, mit Hexamethylentetramin (1.10) auf einen pH-Wert von 2 bis 3 einstellen und mit Wasser zur Marke auffüllen.

Anmerkung: Die Zinkmengen in 1.16 und 1.17 besonders sorgfältig einwägen, da die Lösungen zur Titerstellung der ÄDTA-Lösungen verwendet werden.

Für die Untersuchung kobalthaltigen Probematerials außerdem:

1.18. Kobalt-Stammlösung (1 mg/ml):
1 g Kobalt (mindestens 99 %) in 10 ml Salpetersäure (65 %) lösen und nach dem Verkochen der Stickoxide mit Wasser auf 1000 ml auffüllen.

1.19. Kobalt-Vergleichslösung (3 μg/ml):
155 mg Zinkoxid in einem 250-ml-Meßkolben in 5 ml Salpetersäure (65 %) lösen, 0,75 ml der Kobalt-Stammlösung (1.18) zugeben und mit Wasser zur Marke auffüllen.

1.20 Ammoniumcitratlösung:
400 g Diammonium-hydrogencitrat mit Wasser zu 1000 ml lösen.

1.21. Natriumthiosulfatlösung:
200 g Natriumthiosulfat $Na_2S_2O_3 \cdot 5H_2O$ mit Wasser zu 1000 ml lösen.

1.22. Kaliumfluoridlösung:
50 g Kaliumfluorid mit Wasser zu 100 ml lösen.

1.23. 2-Nitrosonaphthol-(1)-Lösung:
1 g 2-Nitrosonaphthol-(1) mit Eisessig zu 100 ml lösen. Vor Gebrauch filtrieren.

1.24. Chloroform

1.25. Spezialindikatorpapier, pH-Meßbereich von 0,5 bis 5

2. **Geräte**

2.1. 250-ml-Scheidetrichter mit PTFE-Küken und 5 bis 10 mm langem Ablaufrohr

3. **Ausführung**

3.1. Analyse

3.1.1 (2,500 ± 0,001) g Probematerial in einem mit einem Uhrglas bedeckten 600-ml-Becherglas (hohe Form) mit 25 ml Wasser versetzen und durch Zugabe von 25 ml Königswasser (1.1) lösen. Nach dem Ende der Hauptreaktion erwärmen und anschließend Chlor und Stickoxide verkochen. In einen 250-ml-Meßkolben überspülen und mit Wasser zur Marke auffüllen.

3.1.2. Aliquotieren der Probelösung und Konzentration der ÄDTA-Lösung je nach Zinkgehalt:

Zinkgehalt der Probe %	Abnahme ml	Konzentration der ÄDTA-Lösung mol/l
<10	25,00	0,01
10 – 20	10,00	0,01
>20	25,00	0,05

Das angegebene Volumen Probelösung in einen 250-ml-Scheidetrichter pipettieren und das Volumen mit Wasser auf 50 ml ergänzen.

3.1.3. Ammoniak (25 %) unter Schwenken tropfenweise zugeben, bis eine leichte Trübung bestehen bleibt. Mit 5 ml Salzsäure (1+4) ansäuern, unter kräftigem Schwenken mit 50 ml Tarnlösung (1.4) versetzen, 50 ml Methylisobutylketon zugeben und 1 min kräftig schütteln.

3.1.4. Die wäßrige Phase nach der Phasentrennung in einen zweiten 250-ml-Scheidetrichter ablassen und die Extraktion mit 20 ml Methylisobutylketon und 1 min Schütteln wiederholen. Nach der Phasentrennung die wäßrige Phase ablassen und verwerfen.

Anmerkung: Eine eventuelle Blaufärbung des Extraktes wird durch Kobalt verursacht. Kobaltgehalte der Probe bis zu 0,03 % stören den weiteren Verlauf des Analysenganges nicht. Höhere Kobaltgehalte nach 3.5 aus der Probelösung abtrennen.
In fraglichen Fällen nach 3.4 prüfen, ob eine Kobaltabtrennung erforderlich ist.

3.1.5. Den zweiten organischen Extrakt zum ersten Extrakt im ersten Scheidetrichter geben und die vereinigten Ketonphasen mit 20 ml Waschlösung (1.6) 15 s schütteln. Hierbei die Waschlösung zum Nachspülen des zweiten Scheidetrichters benutzen. Nach der Phasentrennung die wäßrige Phase ablassen und verwerfen.

Die Ketonphase in ein 400-ml-Becherglas (breite Form) ablassen, den Scheidetrichter mit 2,5 ml Salzsäure (1+4) und 100 ml Äthanol (1.7) nachspülen und die Spülflüssigkeiten in die Ketonlösung geben.

3.1.6. Zur Keton-Äthanol-Mischung 20 ml Natriumfluoridlösung (1.8) und 10 ml Thioharnstofflösung (1.9) geben.

Mit Hexamethylentetramin auf einen pH-Wert von 5,0 bis 5,2 einstellen und zur Maskierung eventuell vorhandenen Cadmiums je nach Cadmiumgehalt mit folgenden Mengen Kaliumjodid versetzen:

— 5 g Kaliumjodid bei Gehalten bis zu 0,5 %
— 10 g Kaliumjodid bei Gehalten von 0,5 bis 5 %
— 20 g Kaliumjodid bei Gehalten über 5 %

Anmerkung: Cadmium wird zu etwa 20 bis 40 % mitextrahiert und ohne Maskierung auch mittitriert.

3.1.7. Eine Spatelspitze (etwa 0,1 g) Xylenolorange-Indikator (1.12) hinzufügen und das Zink mit der in 3.1.2 festgelegten ÄDTA-Lösung (1.13 oder 1.14) zweckmäßig unter Benutzung eines Magnetrührers bis zum Farbumschlag von rot nach gelb titrieren.

Kurz vor Erreichen des Äquivalenzpunktes den pH-Wert der Lösung kontrollieren und gegebenenfalls mit Salzsäure (1+4) oder Hexamethylentetramin (1.10) auf pH = 5,0 bis pH = 5,2 korrigieren.

Anmerkung: Da die Titrationslösung einen großen Anteil von organischen Lösungsmitteln enthält, ist die Reaktionsgeschwindigkeit zwischen ÄDTA und Zink etwas vermindert. In der Nähe des Äquivalenzpunktes ist deshalb etwas langsamer als normal zu titrieren (nach jeder Reagenzzugabe ca. 15 s warten).

3.2. Faktoren und Titerstellung der ÄDTA-Lösungen
Die theoretischen Faktoren der 0,01-mol/l- und der 0,05-mol/l-ÄDTA-Lösung für Zink sind

$F(Zn; 0,01\ mol/l) = 0,6538\ mg/ml$
$F(Zn; 0,05\ mol/l) = 3,2690\ mg/ml$

Die Ermittlung des Titers t für die beiden ÄDTA-Lösungen erfolgt jeweils mit der Zinklösung, die die gleiche Stoffmengenkonzentration wie die ÄDTA-Lösung besitzt:

20,00 ml der Zinklösung (0,01 mol/l bzw. 0,05 mol/l) in ein 400-ml-Becherglas (breite Form) pipettieren und 2,5 ml Salzsäure (1+4), 100 ml Äthanol (1.7), 20 ml Natriumfluorid-Lösung (1.8) und 10 ml Thioharnstoff-Lösung (1.9) zugeben, mit Hexamethylentetramin (1.10) auf einen pH-Wert von 5,0 bis 5,5 einstellen und nach 3.1.6 mit der zugehörigen ÄDTA-Lösung (0,01 mol/l oder 0,05 mol/l) titrieren.

Bei einem Verbrauch von b ml ÄDTA-Lösung errechnet sich ihr Titer t zu

$$t = \frac{20,00}{b}.$$

3.3. Auswertung
Der Zinkgehalt der Probe w(Zn) in Prozent errechnet sich nach

$$w(Zn) = \frac{V_c \cdot F(Zn; c) \cdot t_c}{m_p} \cdot 100\ \%.$$

Hierin bedeuten

V_c: Volumen der zur Titration verbrauchten ÄDTA-Lösung der Konzentration c,

$F(Zn;c)$: Faktor der ÄDTA-Lösung der Konzentration c für Zink,

t_c: Titer der ÄDTA-Lösung der Konzentration c,

m_p: Masse der Probemenge, die in dem nach 3.1.2 entnommenen Aliquot enthalten ist.

3.4. Abschätzen eines unbekannten Kobaltgehaltes
25 ml Kobalt-Vergleichslösung (1.19) und 25 ml Wasser in einen 250-ml-Scheidetrichter einmessen und nach 3.1.3 mit Methylisobutylketon extrahieren.

Ist die Blaufärbung des Ketonextraktes der Vergleichslösung schwächer als die des Extraktes der Probelösung, so muß das Kobalt nach 3.5 aus der Probelösung entfernt werden.

3.5. Abtrennung des Kobalts bei Gehalten über 0,03 %.

3.5.1. Eine dem Zinkgehalt der Probe entsprechende Abnahme nach 3.1.2 in einen 250-ml-Scheidetrichter pipettieren und tropfenweise mit Ammoniak (25 %) neutralisieren, bis eine leichte Trübung bestehen bleibt.

3.5.2. 5 ml Ammoniumcitratlösung (1.20) mit Salzsäure (1+4) oder Ammoniak (25 %) gegen Spezialindikatorpapier (1.25) auf einen pH-Wert zwischen 3 und 4 einstellen, 20 ml Natriumthiosulfatlösung (1.21) und 1 ml Kaliumfluoridlösung (1.22) zugeben und gut durchmischen. 2 ml 2-Nitrosonaphthol-(1)-Lösung (1.23) hinzufügen und 15 min kräftig schütteln.

3.5.3. 25 ml Chloroform zugeben und 3 min schütteln. Nach der Phasentrennung die Chloroformschicht ablassen und verwerfen.

20 ml Chloroform hinzufügen und nochmals 3 min schütteln. Die organische Phase ablassen und verwerfen.

10 ml Chloroform zugeben, 1 min schütteln. Wiederum die organische Phase ablassen und verwerfen.

Die wäßrige Phase nach 3.1.3 weiterverarbeiten.

Zink

Bestimmung von Zink in Zinkerzen, Zinkkonzentraten und Mischkonzentraten

Anmerkung: Gegenüber den Vorschriften in Bd. I, S. 423 ff. und in Bd. II, S. 904 ff. ist diese Methode schneller, weniger störanfällig und genauer.

Grundlage: Nach dem Aufschluß der Probe in Perchlor-, Schwefel- und Salpetersäure, bei silikatischen Proben unter Zusatz von Flußsäure, Abrauchen der Perchlorsäure und Abscheiden des Bleis als Sulfat wird das Zink nach Maskierung der Begleitelemente durch Thioharnstoff und Citrat als Thiocyanato-Komplex mit Methylisobutylketon extrahiert und anschließend unter spezifischen Bedingungen komplexometrisch bestimmt. Eventuell vorhandenes Kobalt wird erforderlichenfalls zuvor durch Extraktion des 2-Nitrosonaphthol-(1)-Komplexes mit Chloroform abgetrennt.

Anwendungsbereich: Zinkgehalte von 5 bis 60 % in allen handelsüblichen Erzen und Konzentraten.

Durch Vergrößerung der Einwaage und geeignetes Aliquotieren ist die Vorschrift auch für die Bestimmung von Zinkgehalten unter 5 % anwendbar.

Genauigkeit: v = 0,1 % bei Zinkgehalten um 40 bis 60 %

Zeitaufwand: 5 Stunden für eine Doppelbestimmung nach Vorliegen der aufgeschlossenen Probe

1. Reagenzien

1.1. Perchlorsäure (70 %; 1,67 g/ml)

1.2. Schwefelsäure (1 + 1):
500 ml Schwefelsäure (96 %; 1,84 g/ml) vorsichtig unter Kühlung und Rühren in 500 ml Wasser eintragen.

1.3. Salpetersäure (65 %; 1,40 g/ml)

1.4. Salzsäure (1+4):
100 ml Salzsäure (37 %; 1,19 g/ml) mit 400 ml Wasser vermischen.

1.5. Flußsäure (40 %; 1,13 g/ml)

1.6. Ammoniak (25 %; 0,91 g/ml)

1.7. Tarnlösung:
60 g Thioharnstoff, 100 g Diammoniumhydrogencitrat und 200 g Ammoniumthiocyanat in 800 ml Wasser lösen und auf 1000 ml verdünnen.
Gegebenenfalls vor Gebrauch filtrieren.

1.8. Methylisobutylketon

1.9. Äthanol, vergällt

1.10. Natriumfluoridlösung:
25 g Natriumfluorid in 1000 ml Wasser lösen

1.11. Thioharnstofflösung:
100 g Thioharnstoff in Wasser lösen und auf 1000 ml verdünnen.

1.12. Pufferlösung (pH = 5,5):
250 g Hexamethylentetramin in etwa 700 ml Wasser lösen und 60 ml Essigsäure (96 %) zufügen.

Den pH-Wert elektrometrisch kontrollieren, bei Abweichung durch Zugabe von Essigsäure oder Hexamethylentetramin auf den geforderten Wert einstellen und auf 1000 ml auffüllen.

1.13. Kaliumjodid

1.14. Xylenolorange-Indikator:
1 g Xylenolorange mit 100 g Kaliumnitrat verreiben.

1.15. ÄDTA-Lösung (0,05 mol/l):
18,612 g Dinatriumdihydrogenäthylendiamintetraacetat-Dihydrat in Wasser lösen, mit Natriumhydroxid auf pH = 5,5 einstellen und im 1000-ml-Meßkolben mit Wasser zur Marke auffüllen.

1.16. ÄDTA-Lösung (0,01 mol/l):
100,00 ml der 0,05-mol/l-ÄDTA-Lösung (1.15) in einen 500-ml-Meßkolben pipettieren, mit Natriumhydroxid auf pH = 5,5 einstellen und mit Wasser zur Marke auffüllen.

1.17. Zinklösung (0,05 mol/l):
3,269 g Feinzink (mindestens 99,99 %, frisch hergestellte oxidfreie Späne) im mit einem Uhrglas bedeckten 800-ml-Becherglas mit 25 ml Wasser und

10 ml Salpetersäure (65 %) versetzen und unter Erwärmen lösen. Stickstoff-oxide durch 2 bis 3 min langes Kochen vertreiben, abkühlen, mit Wasser auf etwa 700 ml verdünnen, durch Zugabe von Pufferlösung (1.12) auf einen pH-Wert zwischen 4 und 5 einstellen und im 1000-ml-Meßkolben mit Wasser zur Marke auffüllen.

1.18. Zinklösung (0,01 mol/l):
100,00 ml der 0,05-mol/l-Zinklösung (1.17) in einen 500-ml-Meßkolben pi-pettieren und mit Wasser zur Marke auffüllen.
Für kobalthaltiges Probematerial zusätzlich:

1.19. Ammoniumcitratlösung:
40 g Diammoniumhydrogencitrat in Wasser lösen und auf 100 ml auffüllen.

1.20. Wasserstoffperoxid (30 %; 1,11 g/ml)

1.21. 2-Nitrosonaphthol-(1)-Lösung:
1 g 2-Nitrosonaphthol-(1) in 100 ml Essigsäure (96 %) lösen.
Lösung vor Gebrauch filtrieren.

1.22. Chloroform

1.23. Zinkoxid

1.24. Kobaltlösung (0,5 mg/ml):
0,5 g Kobalt (mindestens 99 %) im mit einem Uhrglas bedeckten 250-ml-Becherglas in 10 ml Salpetersäure (65 %) lösen, mit etwa 50 ml Wasser verdün-nen, durch 2 bis 3 min langes Kochen die Stickstoffoxide vertreiben, abkühlen und im 1000-ml-Meßkolben mit Wasser zur Marke auffüllen.

1.25. Spezialindikatorpapier, pH-Meßbereich von 0,5 bis 5.

2. Geräte

2.1. pH-Meßgerät mit Glaselektrode

2.2. 250-ml-Scheidetrichter mit etwa 5 bis 10 mm langem Ablaufrohr

2.3. 500-ml-PTFE-Becher mit PTFE-Deckel

2.4. Magnetrührer

3. Ausführung

3.0. Vorbereitung
Das Probematerial auf eine Korngröße von maximal 0,1 mm präparieren.

3.1. Analyse

3.1.1. Sulfidische und carbonatische Erze:
2,5 g Probematerial, auf 0,1 mg genau gewogen, im mit einem Uhrglas bedeck-ten 600-ml-Becherglas (hohe Form) mit 25 ml Perchlorsäure (70 %), 10 ml Schwefelsäure (1+1) und nach dem Abklingen der ersten Sulfid- oder Carbo-

natzersetzung mit 10 ml Salpetersäure (65 %) versetzen. Anschließend bis zum kräftigen Rauchen der Schwefelsäure erhitzen.

Anmerkung: Der leichtere und weniger dichte Rauch der Perchlorsäure geht hierbei über in den schwereren und dichten Rauch der Schwefelsäure.

Nach dem Abkühlen mit etwa 200 ml Wasser aufnehmen, 2 bis 3 min sieden lassen, auf Raumtemperatur abkühlen, in einen 500-ml-Meßkolben überspülen und mit Wasser zur Marke auffüllen. Nach 3.1.3 weiterarbeiten.

3.1.2.   Silikatische Erze:
2,5 g Probematerial auf 0,1 mg genau gewogen, im mit einem PTFE-Deckel bedeckten 500-ml-PTFE-Becher, mit 25 ml Perchlorsäure (70%), 20 ml Flußsäure (40%), 10 ml Schwefelsäure (1 + 1) und nach dem Abklingen einer eventuellen Sulfid- oder Carbonatzersetzung mit 5 ml Salpetersäure (65 %) versetzen. Anschließend bis zum kräftigen Rauchen der Schwefelsäure erhitzen (vgl. Anmerkung zu 3.1.1). Nach dem Abkühlen mit etwa 200 ml Wasser aufnehmen, 2 bis 3 min sieden lassen, auf Raumtemperatur abkühlen, in einen 500-ml-Meßkolben überspülen und mit Wasser zur Marke auffüllen.

3.1.3.   Die Lösungen nach 3.1.1 oder 3.1.2 über ein trockenes Faltenfilter kleiner Porengröße in ein trockenes Gefäß filtrieren. Die ersten 5 bis 10 ml des Filtrates verwerfen.

3.1.4.   50,00 ml dieser Lösung, die zwischen 12,5 und 150 mg Zink enthalten sollen, in einen 250-ml-Scheidetrichter (2.2) pipettieren.

3.1.5.   Die Lösung tropfenweise unter Umschütteln mit Ammoniaklösung (25%) versetzen bis eine leichte Trübung bestehen bleibt, 5 ml Salzsäure (1+4) und 50 ml Tarnlösung (1.7) zugeben und gut durchschütteln. Mit 80 ml Methylisobutylketon versetzen und 1 bis 2 min kräftig schütteln.

Bei einer Blaufärbung der Ketonphase, die bei kobalthaltigem Probematerial auftritt, nach 3.2 die mitextrahierte Kobaltmenge abschätzen und gegebenenfalls abtrennen. Sonst nach 3.1.6 weiterarbeiten.

Anmerkung: Nach der Phasentrennung soll die Ketonphase bei kobaltfreiem Probematerial farblos bis schwach rot gefärbt sein. Gegebenenfalls zur Maskierung des Eisens noch etwas Natriumfluorid zugeben.

3.1.6.   Nach der Phasentrennung die wäßrige Phase in einen zweiten Scheidetrichter (2.2) ablassen und erneut mit 20 ml Methylisobutylketon extrahieren.

3.1.7.   Nach der Phasentrennung die wäßrige Phase ablassen und verwerfen. Beide organische Phasen in einem 400-ml-Becherglas (breite Form) vereinigen.

3.1.8.   In beide Scheidetrichter je 1,0 ml Salzsäure (1+3) und je 60 ml Äthanol geben, 1 min kräftig schütteln und beide Äthanollösungen in das 400-ml-Becherglas zu den Ketonextrakten ablassen.

3.1.9.   Diese Lösung nacheinander unter Umschütteln versetzen mit 10 ml Natriumfluoridlösung (1.10), 10 ml Thioharnstofflösung (1.11) und 20 ml Pufferlösung (1.12). Den pH-Wert messen, gegebenenfalls auf pH = 5,5 korrigieren und 5 bis 25 g Kaliumjodid zugeben.

Anmerkung: Cadmium wird zu 30 bis 40% der in der Probelösung enthaltenen Menge gemeinsam mit dem Zink extrahiert und muß vor der Titration mit Jodid maskiert wer-

den. Die erforderliche Menge Kaliumjodid hängt vom Cadmiumgehalt der Probe ab:
- 5 g bei Cadmiumgehalten bis zu 0,5 %,
- 10 g bei Cadmiumgehalten von 0,5 bis 5 %,
- 25 g bei höheren Cadmiumgehalten.

3.1.10. Nach Zugabe einer kleinen Spatelspitze (etwa 50 mg) Xylenolorange-Indikator (1.14) das Zink bei Gehalten über 10 % mit 0,05-mol/l-ÄDTA-Lösung (1.15) oder bei geringeren Gehalten mit 0,01-mol/l-ÄDTA-Lösung (1.16) bis zum Farbumschlag von rot nach gelb unter Rühren mit einem Magnetrührer titrieren. Hierbei in der Nähe des Äquivalenzpunktes die Maßlösung in Volumenschritten von etwa 0,05 ml zugeben und nach jeder Zugabe etwa 15 s warten.

Den pH-Wert während der Titration mit einem pH-Meßgerät kontrollieren und gegebenenfalls durch Zugabe von Pufferlösung (1.12) auf einen Wert zwischen 5,5 und 5,2 korrigieren.

Anmerkung: Die Reaktionsgeschwindigkeit zwischen ÄDTA und Zink ist in der im wesentlichen aus organischen Lösungsmitteln bestehenden Titrationslösung etwas vermindert.

Bei einer pH-Messung im unverdünnten organischen Extrakt ist der angezeigte Wert wegen des Salzfehlers und der unzureichenden Verdünnung mit Wasser verfälscht. Es wird außerdem häufig keine konstante Anzeige erreicht. Die notwendige einwandfreie pH-Messung ist erst in der ausreichend mit Wasser verdünnten Lösung möglich.

3.2. Kobalthaltiges Probematerial

Anmerkung: Kobalt wird je nach Gehalt zu 50 bis 70 % mitextrahiert, als Blaufärbung in der Ketonphase angezeigt und unter den Bedingungen 3.1.9 und 3.1.10 auch mittitriert.

Durch visuellen Vergleich der Blaufärbung des Ketonextraktes mit einer Vergleichslösung, die einem Kobaltgehalt von 0,05 % entspricht, ist zu entscheiden, ob diese Grenze überschritten wird und das Kobalt abgetrennt werden muß.

3.2.1. 1,55 g Zinkoxid in etwa 4 ml Salpetersäure (65 %) lösen, 2,5 ml Kobaltlösung (1.24) zugeben und auf 500 ml auffüllen.

3.2.2. 50,00 ml abpipettieren und nach 3.1.4 bis 3.1.5 weiterverarbeiten.

Ist die Blaufärbung im Extrakt der Analysenlösung stärker als im Extrakt der Vergleichslösung, so ist das Kobalt nach 3.2.3 bis 3.2.6 zu entfernen; sonst die Probe nach 3.1.6 weiterverarbeiten.

3.2.3. Ein Probenaliquot nach 3.1.4 in einen 250-ml-Scheidetrichter (2.2) pipettieren, mit 5 ml Ammoniumcitratlösung (1.19) versetzen und mit Salzsäure (1+4) oder Ammoniaklösung (25 %) gegen Spezialindikatorpapier (1.25) auf einen pH-Wert zwischen 3 und 4 einstellen.

3.2.4. 5 Tropfen Wasserstoffperoxid (30 %) und 2 ml 2-Nitrosonaphthol-(1)-Lösung (1.21) zugeben und 30 min stehen lassen.

3.2.5. 25 ml Chloroform zugeben und 5 min kräftig schütteln. Nach der Phasentrennung die Chloroformphase ablassen und verwerfen.

3.2.6. Die wäßrige Phase nochmals 1 min lang mit 10 ml Chloroform extrahieren. Den Chloroformextrakt ablassen und verwerfen.

Die nun kobaltfreie wäßrige Lösung von 3.1.6 bis 3.1.10 weiterverarbeiten.

3.3. Faktorstellung für die ÄDTA-Lösungen

3.3.1.   50,00 ml 0,05-mol/l- oder 0,01-mol/l-Zinklösung (1.17 bzw. 1.18) je nach Konzentration der verwendeten ÄDTA-Lösung (1.15 bzw. 1.16) in ein 400-ml-Becherglas (breite Form) pipettieren. 120 ml Äthanol (1.9), 20 ml Natriumfluoridlösung (1.10), 10 ml Thioharnstofflösung (1.11) und 20 ml Pufferlösung (1.12) zugeben.

Mit Pufferlösung (1.12) einen pH-Wert zwischen 5,5 und 5,2 einstellen, 5 g Kaliumjodid zugeben und nach 3.1.10 titrieren.

3.3.2.   Die Zinkfaktoren $F(Zn)$ der ÄDTA-Lösung errechnen sich aus dem bei der Faktorstellung verbrauchten Volumen V_F für die 0,05-mol/l-ÄDTA-Lösung zu

$$F(Zn; 0,05 \text{ mol/l}) = \frac{163,45 \text{ mg}}{V_F}$$

und für die 0,01-mol/l-ÄDTA-Lösung zu

$$F(Zn; 0,01 \text{ mol/l}) = \frac{32,69 \text{ mg}}{V_F}.$$

3.4.   Auswertung

Der Massengehalt an Zink $w(Zn)$ in Prozent errechnet sich aus dem bei der Probentitration verbrauchten Volumen V_p und der im Aliquot 3.1.4 enthaltenen Probemasse m_p zu

$$w(Zn) = \frac{V_p \cdot F(Zn)}{m_p} \cdot 100\%.$$

Beispiel: Zur Titration des 50 ml Aliquots einer auf 500 ml aufgefüllten 2,5-g-Einwaage werden 24,70 ml der 0,05-mol/l-ÄDTA-Lösung verbraucht.

Bei der Faktorstellung werden für 50,00 ml der 0,05-mol/l-Zinklösung 50,45 ml 0,05-mol/l-ÄDTA-Lösung verbraucht.

$$m_p = 0,25 \text{ g}; V_p = 24,70 \text{ ml}; V_F = 50,45 \text{ ml},$$

$$F(Zn; 0,05 \text{ mol/l} = \frac{163,45 \text{ mg}}{V_F} = \frac{163,45 \text{ mg}}{50,45 \text{ ml}} = 3,240 \text{ mg/ml},$$

$$w(Zn) = \frac{V_p \cdot F(Zn; 0,05 \text{ mol/l})}{m_p} \cdot 100\% = \frac{24,70 \text{ ml} \cdot 3,240 \text{ mg/ml}}{0,25 \text{ g}} \cdot 100\%,$$

$$w(Zn) = 320,1 \text{ mg/g} \cdot 100\% = 0,3201 \cdot 100\% = 32,01\%.$$

Literatur

Kraft, G.; Dosch, H.: Erzmetall 28 (1975) 506–509.
Pohl, H.: Erzmetall 30 (1977) 431–434.

Komplexometrische Bestimmung von Aluminium als Legierungsbestandteil in Zinklegierungen

Anmerkung: Aus dieser Vorschrift ist die Norm ISO 1169–1975 hervorgegangen. Das Verfahren weist gegenüber der Vorschrift in Bd. I, S. 446 f. eine größere Genauigkeit, einfachere Durchführbarkeit und einen breiteren Anwendungsbereich auf.

Grundlage: Nach dem Lösen der Probe mit Salpetersäure und Komplexierung mit ÄDTA wird der an Aluminium gebundene Anteil des ÄDTA mit Hilfe von Natriumfluorid freigesetzt und mit Hilfe von Kupferlösung unter Anwendung der voltametrischen Indikation titriert.

Eventuell vorhandenes störendes Titan wird vor der Titration als Kupferron-Komplex mit Chloroform extrahiert.

Anwendungsbereich: Aluminiumgehalte über 1 % in allen derzeit gebräuchlichen Zinklegierungen

Genauigkeit: v = 0,5 % bei Aluminiumgehalten um 4 %
v = 0,7 % bei Aluminiumgehalten um 7 %

Zeitaufwand: 2 Stunden für eine Einzelbestimmung

1.   Reagenzien

1.1.   Salpetersäure (1 + 1):
500 ml Salpetersäure (65 %; 1,40 g/ml) mit 500 ml Wasser mischen.

1.2.   ÄDTA-Lösung (0,2 mol/l):
74,5 g Dinatriumdihydrogenäthylendiamintetraacetat in Wasser lösen und auf 1000 ml auffüllen.

1.3.   Mangan(II)-nitrat-Lösung:
4,55 g Mangan(II)-nitrat $Mn(NO_3)_2 \cdot 4H_2O$ in Wasser lösen und auf 1000 ml auffüllen.
1 ml enthält 1 mg Mangan.

1.4.   Hexamethylentetramin

1.5.   Kupferlösung (0,05 mol/l):
3,177 g Elektrolytkupfer (mindestens 99,99 %) in 20 ml Salpetersäure (1 + 1) lösen, Stickoxide verkochen und mit Wasser auf 1000 ml auffüllen.

1.6.   Natriumfluoridlösung:
25 g Natriumfluorid in Wasser lösen und auf 1000 ml auffüllen.

1.7.   Salzsäure (1 + 1):
500 ml Salzsäure (37 %; 1,19 g/ml) mit 500 ml Wasser mischen.

1.8.   Wasserstoffperoxid (30 %; 1,11 g/ml)

1.9.   Kupferronlösung:
10 g Kupferron in Wasser lösen und auf 100 ml auffüllen.

1.10. Chloroform

1.11. Perchlorsäure (70 %; 1,67 g/ml)

1.12. Salpetersäure (65 %; 1,40 g/ml)

2. Geräte

2.1. Potentiometer oder direkt schreibender Potentiograph mit Polarisationseinrichtung ($2\,\mu A$)

2.2. Platindoppelelektrode:
2 Platindrähte von je 1 mm Durchmesser und etwa 4 mm freier Länge entsprechend einer freien Oberfläche von etwa je $13\,mm^2$, im Abstand von etwa 3 mm parallel in ein Glasrohr eingeschmolzen.

2.3. 100-ml-Sch idetrichter mit etwa 5 bis 10 mm langem Ablaufrohr

3. Ausführung

3.1. Analyse
Für titanhaltiges Probematerial (Gehalt über 0,01 %) wird die Stufe 3.1.1 durch die Stufen 3.1.6 bis 3.1.10 ersetzt.

3.1.1. (0,500 ± 0,001) g feingespantes Probematerial in einem 250-ml-Becherglas (hohe Form) mit 5 ml Wasser und 5 ml Salpetersäure (1 + 1) versetzen und erforderlichenfalls zur Beschleunigung des Auflösens leicht erwärmen. Nach vollständigem Lösen der Probe die Lösung auf etwa 1 bis 3 ml eindampfen und 25 ml Wasser zugeben.

3.1.2. Mit 45 ml ÄDTA-Lösung (1.2) sowie 1 ml Mangan(II)-nitrat-Lösung (1.3) versetzen.

3.1.3. Mit Hexamethylentetramin den pH-Wert auf 6,0 bis 6,2 einstellen und die Lösung etwa 5 min kochen.

3.1.4. Nach dem Abkühlen auf Zimmertemperatur den Überschuß an ÄDTA mit 0,05-mol/l-Kupferlösung (1.5) unter Anwendung der voltametrischen Indikation zurücktitrieren: Die Platindoppelelektrode (2.2) mit $2\,\mu A$ polarisieren. Die Maßlösung zunächst in schneller Tropfenfolge, nach Annäherung an den Äquivalenzpunkt in Volumenschritten von 1 Tropfen zugeben. Der Titrationsendpunkt wird durch eine sehr scharf ausgeprägte Potentialänderung von 200 bis 300 mV pro Tropfen indiziert.

3.1.5. Die austitrierte Lösung mit 40 ml Natriumfluoridlösung (1.6) versetzen, den pH-Wert kontrollieren und wenn nötig mit einigen Tropfen Salpetersäure (1 + 1) auf 6,0 bis 6,2 nachstellen.
2 min kochen, die Lösung auf Zimmertemperatur abkühlen lassen und das freigesetzte an Aluminium gebunden gewesene ÄDTA mit 0,05-mol/l-Kupferlösung (1.5) wie bei 3.1.4 titrieren.
Anmerkung: Nach Überschreiten des Äquivalenzpunktes scheidet sich an der Anode etwas Mangan (IV)-oxidhydrat ab. Dieser Niederschlag, auf dessen depolarisierender Wir-

kung das Prinzip dieser Indikation beruht, ist nach jeder Titration durch Eintauchen der Elektrode in etwas Salzsäure (1+10), der 2 bis 3 Tropfen Wasserstoffperoxid (30%) zugesetzt wurden, abzulösen. Nach gründlichem Abspülen ist die Elektrode wieder einsatzbereit.

Zur Auswertung der Titration werden die gemessenen Polarisationsspannungen gegen die jeweiligen Titrationsvolumina in einem Diagramm aufgetragen und die Kurvenäste zu beiden Seiten des Abknickpunktes in der Kurve linear extrapoliert. Der Schnittpunkt ist der Äquivalenzpunkt.

Die Titration läßt sich auch mit schreibenden Geräten indizieren. Es wird dabei unter den gleichen Bedingungen gearbeitet, lediglich die 0,05-mol/l-Kupferlösung ist zweckmäßig durch eine 0,1-mol/l-Lösung zu ersetzen.

3.1.6.　Für titanhaltiges Probematerial (Gehalt über 0,01%) den Schritt 3.1.1 durch die Schritte 3.1.6 bis 3.1.10 ersetzen:

(0,500 ± 0,001) g feingespantes titanhaltiges Probematerial in einem 250-ml-Becherglas (hohe Form) mit 25 ml Salzsäure (1 + 1) versetzen, nach Beendigung des Lösevorgangs einige Tropfen Wasserstoffperoxid (1.8) zugeben und nach vollständigem Lösen der Probe den Überschuß an Peroxid durch Kochen (etwa 5 min) zerstören.

3.1.7.　Die Lösung auf Zimmertemperatur abkühlen und mit wenig Wasser in einen 100-ml-Scheidetrichter (2.3) überspülen. Das Gesamtvolumen soll dabei 50 ml nicht überschreiten.

3.1.8.　2 bis 5 ml Kupferronlösung (1.9) und 20 ml Chloroform zugeben und 1 min kräftig schütteln. Nach der Phasentrennung die organische Phase ablassen und verwerfen.

Die wäßrige salzsaure Phase nochmals mit 1 ml Kupferronlösung (1.9) und 10 ml Chloroform extrahieren und die organische Phase verwerfen.

Anmerkung: Bei höheren Gehalten an extrahierbaren Metallen, erkennbar an einer Gelbfärbung des Extraktes, die Extraktion so oft wiederholen, bis die organische Phase nicht mehr gelb gefärbt ist.

3.1.9.　Die von Titan, Eisen und eventuell anwesenden Zirkonium befreite Lösung in ein 250-ml-Becherglas (hohe Form) ablassen, den Scheidetrichter mit Wasser nachspülen und die Lösung bis auf etwa 5 ml eindampfen.

3.1.10.　5 ml Perchlorsäure (70%) und 5 ml Salpetersäure (65%) zugeben, bis auf etwa 1 ml eindampfen und nach dem Abkühlen den Rückstand mit 25 ml Wasser aufnehmen. Von 3.1.2 bis 3.1.5 weiterverarbeiten.

3.2.　Aluminiumfaktor der 0,05-mol/l-Kupferlösung
Eine Faktorstellung für die Kupferlösung kann entfallen, da das zur Herstellung verwendete Elektrolytkupfer (mindestens 99,99%) Urtitersubstanz ist. Der Faktor für Aluminium F(Al) ist

F(Al) = 1,349 mg/ml.

3.3.　Auswertung
Zur Endpunktserkennung bei der Rücktitration des ÄDTA-Überschusses vor der Fluoridzugabe (3.1.4) ist eine geringe Übertitration erforderlich. Dieses überschüssige Volumen der 0,05-mol/l-Kupferlösung ist dem Volumen hinzu-

zurechnen, das anschließend zur Titration des nach der Aluminiumdemaskierung freigesetzten ÄDTA-Anteils (3.1.5) verbraucht wird.

Aus dem bei der Rücktitration vor der Demaskierung (3.1.4) insgesamt zugesetzten Volumen b, dem hierbei ermittelten tatsächlich äquivalenten Volumen a und dem nach der Demaskierung zusätzlich verbrauchten Volumen c der 0,05-mol/l-Kupferlösung errechnet sich unter Berücksichtigung der Masse der Probe m_p und des Aluminiumfaktors der 0,05-mol/l-Kupferlösung F(Al) der Aluminiumgehalt w(Al) der Probe in Prozent zu

$$w(Al) = \frac{[(b-a)+c] \cdot F(Al)}{m_p} \cdot 100\%.$$

Vergleiche auch Beispiel S. 48.

Atomabsorptionsspektrometrische Bestimmung von Aluminium als Legierungsbestandteil in Zinklegierungen

Anmerkung: Gegenüber den Vorschriften im Bd. I, S. 446 f. und im Bd. II, S. 954 ff. (komplexometrische Bestimmungen) wird die Bestimmung atomabsorptionsspektrometrisch durchgeführt. Die Methode ist schnell, zuverlässig, entspricht aber hinsichtlich der Genauigkeit nicht ganz der überarbeiteten komplexometrischen Methode von S. 129 dieses Bandes.

Grundlage: Nach dem Lösen der Probe in Salzsäure und Oxidation mit Wasserstoffperoxid wird das Aluminium in einer Lachgas-Acetylen-Flamme bei 309,27 nm atomabsorptionsspektrometrisch bestimmt.

Anwendungsbereich: Aluminiumgehalte über 1 % in allen gebräuchlichen Zinklegierungen

Genauigkeit: v = 1 % bei Aluminiumgehalten zwischen 3,5 und 4,5 %

Zeitaufwand: 1 Stunde für eine Doppelbestimmung mit Blindwert

1.   Reagenzien

1.1.   Salzsäure (37 %; 1,19 g/l)

1.2.   Wasserstoffperoxid (30 %; 1,11 g/ml)

1.3.   Aluminium-Standardlösung (0,5 mg/ml):
(0,5000 ± 0,0001) g Reinaluminium (mindestens 99,99 %) in einem mit einem Uhrglas bedeckten 400-ml-Becherglas mit 10 ml Wasser und 30 ml Salzsäure (37 %) versetzen. Nach dem Lösen mit 1 bis 2 Tropfen Wasserstoffperoxid (30 %) oxidieren und anschließend auf 2 bis 3 ml eindampfen. Mit 40 ml Salzsäure (37 %) aufnehmen, auf 40 bis 50 °C zum Lösen der Salze erwärmen, abkühlen, in einen 1000-ml-Meßkolben überspülen und mit Wasser zur Marke auffüllen.

1.4.   Zinklösung (10 mg/ml):
(10,00 ± 0,01) g Feinzink (mindestens 99,99 %, aluminiumfrei) in einem mit einem Uhrglas bedeckten 800-ml-Becherglas mit 60 ml Salzsäure (37 %) lösen, mit 2 bis 3 Tropfen Wasserstoffperoxid (30 %) oxidieren, auf etwa 3 bis 4 ml eindampfen, mit 150 ml Wasser aufnehmen, zum Lösen der Salze erwärmen, abkühlen, in einen 1000-ml-Meßkolben überspülen und mit Wasser zur Marke auffüllen.

2.   Geräte

2.1.   Atomabsorptionsspektrometer mit Einrichtung für Lachgas-Acetylen-Flamme

2.2.   Aluminium-Hohlkathodenlampe, Wellenlänge der Meßstrahlung 309,27 nm

3.   Ausführung

3.1.   Analyse

3.1.1.   (10,000 ± 0,001) g Probematerial im mit einem Uhrglas bedeckten 800-ml-Becherglas mit 60 ml Salzsäure (37 %) lösen, ungelöstes Kupfer durch Zugabe von 2 bis 3 ml Wasserstoffperoxid (30 %) unter Erwärmen lösen, durch 3 bis 5 min langes Kochen den Wasserstoffperoxidüberschuß zerstören, abkühlen, in einen 1000-ml-Meßkoben überspülen und mit Wasser zur Marke auffüllen.

3.1.2.   25,00 ml dieser Lösung in einen 100-ml-Meßkolben pipettieren, 4 ml Salzsäure (37 %) zugeben und mit Wasser zur Marke auffüllen.

3.1.3.   Atomabsorptionsspektrometrie der Eich-, Blindwert- und Probelösungen in einer Lachgas-Acetylen-Flamme bei einer Wellenlänge von 309,27 nm unter optimalen Bedingungen nach Angaben des Geräteherstellers.

3.2.   Blindwert
25,00 ml Zinklösung (1.4) in einen 100-ml-Meßkolben pipettieren, 5 ml Salzsäure (37 %) hinzufügen und mit Wasser zur Marke auffüllen.

3.3.   Eichkurve

3.3.1.   In eine Reihe von 100-ml-Meßkolben 5 ml Salzsäure (37 %) geben, 25,0 ml Zinklösung (1.4) dazu pipettieren und steigende Mengen Aluminium-Standardlösung (1.3) von 0 bis 30 ml, entsprechend Aluminiummengen bis zu 15 mg, genau einmessen und mit Wasser zur Marke auffüllen.

Anmerkung: Die Abstufungen der Aluminiumkonzentrationen der Eichlösungen sollen Gehaltsabstufungen von nicht mehr als 0,4 % entsprechen.

3.3.2.   Die Eichlösungen mit den Probe- und Blindwertlösungen zeitlich zusammenhängend unter denselben apparativen Bedingungen (3.1.3) atomabsorptionsspektrometrisch messen.

3.3.3.   Die um ihren Blindwert verminderten Extinktionen der Eichlösungen gegen die zugehörigen Aluminiummengen in einem Diagramm auftragen.

3.4.   Auswertung
Aus der um ihren Blindwert verminderten Extinktion der Probelösung anhand der Eichkurve die in der Abnahme nach 3.1.2 enthaltene Aluminiummenge ermitteln und hieraus unter Berücksichtigung der in der Abnahme nach 3.1.2 enthaltenen Probemenge den Aluminiumgehalt errechnen.

Anmerkung: Die Ermittlung der in der Abnahme nach 3.1.2 enthaltenen Aluminiummenge kann auch rechnerisch durch lineare Interpolation zwischen den Meßpunkten zweier geeigneter benachbarter Eichlösungen erfolgen.

Elektrogravimetrische Bestimmung von Kupfer als Legierungsbestandteil in Zinklegierungen

Anmerkung: Aus dieser Vorschrift ist die Norm ISO 1976–1975 hervorgegangen. Gegenüber den Vorschriften in Bd. I, S. 448 und Bd. II, S. 956 ist die Beschreibung des Verfahrens präzisiert.

Grundlage: In der salpeter- und schwefelsauren Probelösung wird das Kupfer elektrogravimetrisch bestimmt.

Anwendungsbereich: Kupfergehalte von 0,5 bis 3,5 % in allen Zinklegierungen

Genauigkeit: $v = 0,4 \%$ bei Kupfergehalten um 4 %

Zeitaufwand: 2 Stunden für eine Doppelbestimmung

1.   Reagenzien

1.1.   Salpetersäure (65 %; 1,40 g/ml)

1.2.   Ammoniak (25 %; 0,91 g/ml)

1.3.   Schwefelsäure (96 %; 1,84 g/ml)

1.4.   Schwefelsäure (1 + 1):
In 500 ml Wasser vorsichtig unter Rühren und Kühlung 500 ml Schwefelsäure (96 %) eintragen.

1.5.   Äthanol

2.   Geräte

2.1.   Gleichstromquelle, z. B. Gleichrichter oder 6-Volt-Akkumulator. Bei Verwendung eines Gleichrichters empfiehlt sich die Einschaltung einer Pufferbatterie.

2.2.   Handelsübliches Elektrolysegerät einschließlich Meß- und Regelmöglichkeit für den Elektrolysestrom mit Platinnetzkathode und Platindrahtanode. Beide Elektroden sind durch Sandstrahlen aufgerauht. Ihre Gesamthöhe beträgt etwa 130 mm. Folgende Maße werden empfohlen:

Kathode
30 bis 50 mm Durchmesser und 50 bis 60 mm Höhe des zylindrischen Netzes. Etwa 1,3 mm Durchmesser des Stieles aus einer Platin-Rhodium-, Platin-Iridium- oder Platin-Ruthenium-Legierung. Das Netz weist etwa 100 bis 400 Maschen/cm² auf und ist aus Platindraht mit einem Durchmesser von etwa 0,2 mm hergestellt. Zur Versteifung ist der Netzrand des Zylinderteiles etwa 3 mm umgebördelt oder mit Platindraht oder -band verschweißt.

Anode
Der Platindraht ist mindestens 1 mm dick und als Wendel mit 7 Windungen ausgebildet. Die Wendel hat eine Höhe von etwa 50 mm und einen Durchmesser von 12 mm.

2.3.	400-ml-Bechergläser, hohe Form, mit passendem Uhrglas und Uhrglashalbschalen als Deckel. Die Uhrglashalbschalen sind mit geeigneten Aussparungen für den Durchgang der Elektrodenstiele versehen.

3.   Ausführung

3.1.   Analyse

3.1.1. (5,000 ± 0,001) g Probematerial im mit einem Uhrglas bedeckten 400-ml-Becherglas mit 20 ml Wasser versetzen und vorsichtig in kleinen Anteilen 20 ml Salpetersäure (65 %) zugeben. Falls die Reaktion zu heftig wird, mit Wasser kühlen.

3.1.2. Nach vollständigem Lösen der Probe zur völligen Entfernung der Stickstoffoxide 2 bis 3 min lang kochen, mit 200 ml Wasser verdünnen und eben zum Sieden erhitzen.

3.1.3. Unter ständigem Rühren mit einem Glasstab tropfenweise mit Ammoniak (25 %) neutralisieren bis ein geringer bleibender Niederschlag auftritt. 2 ml Salpetersäure (65 %) und 4 ml Schwefelsäure (96 %) zugeben, mit Wasser auf etwa 300 ml verdünnen und auf Raumtemperatur abkühlen.

3.1.4. Die Kathode, die vorher mit Salpetersäure (65 %) gereinigt, mit Wasser und Äthanol gespült, 3 bis 5 min bei (105 ± 3) °C getrocknet und auf 0,1 mg genau gewogen wurde und die Anode an die Elektrolyseneinrichtung anschließen und so in die Probelösung eintauchen, daß die Kathode noch etwa 5 mm aus der Lösung herausragt. Das Becherglas mit den Uhrglashalbschalen (2.3) bedecken und eine Kathodenstromdichte von etwa 2 A/dm² einstellen.

3.1.5. Nach einer Elektrolysedauer von etwa 60 min die Uhrglashalbschalen und die Becherglaswand abspülen und die Elektrolyse bis zur vollständigen Kupferabscheidung fortsetzen. Zur Kontrolle die Kathode etwa 5 mm tiefer in die Lösung senken und beobachten, ob auf dem blanken Platin noch eine Verfärbung infolge Kupferabscheidung auftritt.

Anmerkung: Der Elektrolyt kann auch mit Hilfe der Atomabsorptionsspektrometrie, der Polarographie oder der Photometrie auf die Vollständigkeit der Kupferabscheidung überprüft werden.

3.1.6. Nach vollständiger Kupferabscheidung die Stromdichte auf etwa 0,5 A/dm² reduzieren. Das Becherglas ohne Abschalten der Spannung entfernen und sofort durch ein gleich großes oder auch größeres ersetzen, das mit schwach salpetersaurem Wasser (etwa 10 ml Salptersäure (65 %) pro Liter) gefüllt ist.

3.1.7. Nach einigen Sekunden des Einwirkens den Vorgang mit einem dritten Becherglas, das nur mit Wasser gefüllt ist, wiederholen. Das Becherglas entfernen und die Spannung abschalten. Die Kathode abnehmen, sorgfältig mit Wasser abspülen, dann zweimal nacheinander in zwei mit Äthanol gefüllte Becher tauchen, im Trockenschrank bei (105 ± 3) °C 3 bis 5 min trocknen und nach dem Abkühlen auf Raumtemperatur auf 0,1 mg genau auswägen.

3.2.   Auswertung

Aus der Massendifferenz der Kathode vor und nach der Elektrolyse und der Masse der Einwaage den Kupfergehalt der Probe berechnen.

Photometrische Bestimmung von Kupfer als Verunreinigung in Zink und Zinklegierungen

Anmerkung: Aus dieser Vorschrift ist die Norm ISO 1053–1975 hervorgegangen. Gegenüber den Vorschriften in Bd. I, S. 444 und S. 447f. und Bd. II, S. 383 und S. 952 wird ein Verfahren zur direkten Bestimmung des Kupfers ohne extraktive Anreicherung beschrieben.

Das Verfahren ist auch zur Kupferbestimmung in Blei und Aluminium geeignet, wenn bei der Eichkurvenaufstellung die entsprechenden Blei- oder Aluminiummengen anstelle von Zink zugesetzt werden.

Grundlage: Nach dem Lösen der Probe in Salzsäure und Oxidation mit Wasserstoffperoxid wird das Kupfer in ammoniakalischer Lösung mit Oxalyldihydrazid und Acetaldehyd als violetter Farbkomplex photometrisch bestimmt.

Anwendungsbereich: Kupfergehalte von $1\,\mu g/g$ bis $0,1\,\%$ in allen Zinksorten und Zinklegierungen

Genauigkeit: $v = 12,5\,\%$ bei Kupfergehalten um $5\,\mu g/g$
$v = 5\,\%$ bei Kupfergehalten um $50\,\mu g/g$
$v = 1,5\,\%$ bei Kupfergehalten zwischen $0,05$ und $0,1\,\%$

Zeitaufwand: 2 Stunden für eine Doppelbestimmung mit Blindansatz

1.   Reagenzien

1.1.   Salzsäure (37%; 1,19 g/ml)

1.2.   Wasserstoffperoxid (30%; 1,11 g/ml)

1.3.   Citronensäurelösung:
500 g Citronensäure $C_6H_8O_7 \cdot H_2O$ in Wasser lösen und auf 500 ml auffüllen.

1.4.   Ammoniak (25%; 0,91 g/ml)

1.5.   Acetaldehydlösung:
40 ml Acetaldehyd unter Kühlung mit Methanol oder Äthanol langsam vermischen und auf 100 ml auffüllen.
Anmerkung: Da der Siedepunkt des Acetaldehyds bei 21 °C liegt, ist Kühlung unbedingt notwendig. Die alkoholische Lösung ist haltbarer als eine wäßrige Lösung.

1.6.   Oxalyldihydrazidlösung:
2,5 g Oxalyldihydrazid in Wasser unter Erwärmen auf etwa 40 bis 50 °C lösen und auf 1000 ml auffüllen.

1.7.   Acetaldehyd-Oxalyldihydrazid-Mischung:
Acetaldehydlösung (1.5) und Oxalyldihydrazidlösung (1.6) zu gleichen Volumenteilen miteinander mischen, 2 Stunden stehen lassen und wenn notwendig filtrieren.

1.8.   Zinklösung (0,4 g/ml):
200 g reinstes kupferfreies Zink (mindestens 99,995%) in einem 2000-ml-Becherglas mit etwa 750 ml Salzsäure (37%) lösen, danach bis zur sirupartigen Konsistenz eindampfen und abkühlen. Mit etwa 400 ml Wasser aufnehmen, 20 g Zinkpulver zugeben, etwa 45 min mittels Magnetrührer rühren. Durch ein

feinporiges Filter in einen 500-ml-Meßkolben abfiltrieren, das Filter mit Wasser auswaschen und den Meßkolben zur Marke auffüllen.

25 ml der Lösung enthalten 10 g Zink.

1.9.   Nickellösung (0,5 mg/l):
0,5 g Nickel (mindestens 99,99 %) in möglichst wenig Salzsäure (37 %) lösen und auf 1000 ml auffüllen.

1.10.   Kupfer-Stammlösung (0,5 mg/ml):
(0,5000 ± 0,0005) g Elektrolytkupfer (mindestens 99,99 %) im mit einem Uhrglas bedeckten 400-ml-Becherglas mit 20 ml Salzsäure (37 %) unter portionsweiser Zugabe von insgesamt 5 ml Wasserstoffperoxid (30 %) lösen, anschließend mit 20 ml Wasser verdünnen und den Wasserstoffperoxidüberschuß durch 3 bis 5 min langes Kochen zerstören. Die Lösung abkühlen, in einen 1000-ml-Meßkolben überspülen und mit Wasser zur Marke auffüllen.

1.11.   Kupfer-Standardlösung I (50 µg/ml):
100,00 ml Kupfer-Stammlösung (1.10) in einen 1000-ml-Meßkolben pipettieren und mit Wasser zur Marke auffüllen.

Die Lösung stets frisch ansetzen.

1.12.   Kupfer-Standardlösung II (20 µg/ml):
20,00 ml Kupfer-Stammlösung (1.10) in einen 500-ml-Meßkolben pipettieren und mit Wasser zur Marke auffüllen.

Die Lösung stets frisch ansetzen.

2.   **Geräte**

2.1.   Spektralphotometer, Wellenlänge der Meßstrahlung 540 nm

2.2.   Küvetten mit Schichtdicken von 10, 20 und 40 mm

3.   **Ausführung**

3.1.   Analyse

3.1.1.   (10,00 ± 0,01) g Probematerial im mit einem Uhrglas bedeckten 400-ml-Becherglas mit 50 ml Salzsäure (37 %) versetzen und nach Beendigung der Wasserstoffentwicklung mit 2 bis 3 Tropfen Wasserstoffperoxid (30 %) oxidieren.

Anmerkung: Sollte sich das Probematerial nur schwer lösen, zur Beschleunigung des Löseprozesses 2 ml Nickellösung (1.9) zusetzen.

3.1.2.   Auf 2 bis 3 ml eindampfen (Sirupdicke), abkühlen, mit etwa 25 ml Wasser aufnehmen und bis zum völligen Lösen der Salze auf 40 bis 50°C erwärmen.

3.1.3.   Die Lösung je nach Kupfergehalt der Probe im Meßkolben mit Wasser auffüllen
— auf 50 ml bei Kupfergehalten unter 50 µg/g,
— auf 250 ml bei Kupfergehalten zwischen 25 und 250 µg/g,
— auf 1000 ml bei Kupfergehalten über 100 µg/g.

Hiervon 10,00 ml in einen 50-ml-Meßkolben pipettieren und mit 2 ml Citronensäurelösung (1.3) versetzen.

3.1.4. Mit Ammoniak (25 %) pH = 9,0 ± 0,3 einstellen. Die hierzu erforderliche Menge wird durch die im jeweiligen Aliquot enthaltene Säuremenge bestimmt und beträgt etwa

- 15 ml Ammoniak (25 %) bei einer 10 ml Abnahme aus 50 ml,
- 7 ml Ammoniak (25 %) bei einer 10 ml Abnahme aus 250 ml und
- 5,5 ml Ammoniak (25 %) bei einer 10 ml Abnahme aus 1000 ml.

Den pH-Wert kontrollieren und gegebenenfalls mit Salzsäure oder Ammoniak korrigieren.

3.1.5. 20 ml Acetaldehyd-Oxalyldihydrazid-Mischung (1.7) zugeben, mit Wasser zur Marke auffüllen und zur Farbentwicklung 60 min stehen lassen.

3.1.6. Die Extinktion der Lösung bei 540 nm je nach Kupfergehalt in 10-, 20- oder 40-mm-Küvetten gegen Wasser als Vergleichslösung messen.

3.2.   Blindwert

3.2.1. 25 ml Zinklösung (1.8) durchlaufen sinngemäß den gesamten Analysengang von 3.1.1 bis 3.1.6.

3.3.   Eichkurve

3.3.1. In eine Reihe von 400-ml-Bechergläsern je 25 ml Zinklösung (1.8) geben und

- für Kupfergehalte unter 50 μg/g steigende Mengen Kupfer-Standardlösung II (1.12) zwischen 0 und 25 ml, entsprechend Kupfermengen bis zu 500 μg,
- für Kupfergehalte zwischen 25 und 250 μg/g steigende Mengen Kupferstandardlösung I (1.11) zwischen 0 und 50 ml, entsprechend Kupfermengen bis zu 2,5 mg, und
- für Kupfergehalte über 100 μg/g steigende Mengen Kupfer-Stammlösung (1.10) zwischen 0 und 20 ml, entsprechend Kupfermengen bis zu 10 mg,

genau einmessen und sinngemäß nach 3.1.1 bis 3.1.6 weiterverarbeiten.

Anmerkung: Die Extinktion der Lösung ohne Kupferzusatz ist der Blindwert der Eichlösungen.

3.3.2. Die um ihren Blindwert verminderten Extinktionen gegebenenfalls auf eine Schichtdicke von 10 mm umrechnen (Division durch die Schichtdicke in Zentimetern) und die auf die Schichtdicke von 10 mm bezogenen Extinktionen gegen die zugehörigen Kupfergehalte für jede Aliquotierungsart in einem gesonderten Diagramm auftragen.

Anmerkung: Die Entwicklungszeit des Farbkomplexes wird durch die Zinkkonzentration beeinflußt. Probe und Eichlösungen müssen deshalb jeweils der gleichen Aliquotierung (3.1.3) unterworfen werden.

Bei Messung mit genügend monochromatischer Strahlung im Absorptionsmaximum, das bei etwa 540 nm liegt, ist die Eichfunktion eine Gerade. Die Farbintensität ist über 3 Stunden konstant. 0,1 mg Kupfer in der Meßlösung 3.1.5 ergeben eine Extinktion von etwa 0,8.

3.4.   Auswertung

Aus der um ihren Blindwert verminderten und gegebenenfalls auf eine Schichtdicke von 10 mm umgerechneten Extinktion der Probelösung anhand der entsprechenden Eichkurve den Kupfergehalt ermitteln.

Bestimmung von Eisen in kupferarmem Zink

Anmerkung: Aus dieser Vorschrift ist die Norm ISO 714–1975 hervorgegangen. Gegenüber den Vorschriften in Bd. I, S. 443 f. und in Bd. II, S. 951 f. ist das Verfahren speziell auf kupferarmes Zink abgestellt und dadurch etwas weniger zeitaufwendig.

Grundlage: Nach dem Lösen der Probe in Salzsäure wird das Eisen in ammoniakalischer Lösung als Sulfosalicylsäure-Komplex photometrisch bestimmt.

Anwendungsbereich: Eisengehalte von $1\,\mu g/g$ bis $0,1\%$ in allen Zinksorten, deren Kupfergehalt $0,01\%$ nicht übersteigt

Anmerkung: $500\,\mu g$ Kupfer täuschen etwa $5\,\mu g$ Eisen und $2000\,\mu g$ Kupfer etwa $13\,\mu g$ Eisen vor.

Genauigkeit:
$v = 10\%$ bei Eisengehalten um $0,001\%$
$v = 5\%$ bei Eisengehalten um $0,01\%$
$v = 3\%$ bei Eisengehalten um $0,1\%$

Zeitaufwand: 30 min für eine Doppelbestimmung mit Blindansatz

1.   Reagenzien

1.1.   Salzsäure (37%; $1,19\,g/ml$)

1.2.   Wasserstoffperoxid (30%; $1,11\,g/ml$)

1.3.   Ammoniaklösung (25%; $0,91\,g/ml$)

1.4.   Sulfosalicylsäurelösung:
400 g Sulfosalicylsäure in Wasser lösen und auf 1000 ml auffüllen.

1.5.   Nickelchloridlösung:
2 g Nickelchlorid $NiCl_2 \cdot 6H_2O$ in 1000 ml Wasser lösen.

1.6.   Eisen-Stammlösung ($250\,\mu g/ml$):
$(250,0 \pm 0,1)$ mg Reinsteisen (mindestens $99,9\%$) im mit einem Uhrglas bedeckten 250-ml-Becherglas in 10 ml Salzsäure (37%) lösen, mit 2 bis 3 Tropfen Wasserstoffperoxid (30%) oxidieren und den Überschuß an Wasserstoffperoxid durch 3 bis 5 min langes Kochen zerstören. Die Lösung abkühlen und im 1000-ml-Meßkolben mit Wasser zur Marke auffüllen.

1.7.   Eisen-Standardlösung ($50\,\mu g/ml$):
100,0 ml der Eisen-Stammlösung (1.6) in einen 500-ml-Meßkolben pipettieren, mit 5 ml Salzsäure (37%) versetzen und mit Wasser zur Marke auffüllen.

1.8.   Hydroxylammoniumchloridlösung:
20 g Hydroxylammoniumchlorid in Wasser lösen und auf 100 ml verdünnen.

2.   Geräte

2.1.   Spektralphotometer, Wellenlänge der Meßstrahlung 425 nm

2.2.   Küvetten mit Schichtdicken von 10 und 50 mm

3.   Ausführung

3.0.   Vorbereitung
Zur Bestimmung von Eisengehalten unter $10\,\mu g/g$ ist vorzugsweise Stückmaterial der Probe zu verwenden, das zuvor kräftig mit Salzsäure (37%) gebeizt wurde.

3.1.   Analyse

3.1.1. $(10,00 \pm 0,01)\,g$ Probematerial im 500-ml-Erlenmeyerkolben portionsweise mit insgesamt 50 ml Salzsäure (37%) vorsichtig lösen.

Anmerkung: Sollten sich Reinstzinkproben nur schwer lösen, 2 ml Nickelchloridlösung (1.5) zusetzen, um den Löseprozeß zu beschleunigen.

3.1.2.   Nach vollständigem Lösen mit 2 bis 3 Tropfen Wasserstoffperoxid (30%) oxidieren und den Überschuß durch 3 bis 5 min langes Kochen zerstören.

3.1.3.   Bei Eisengehalten über 0,01% die abgekühlte Probelösung in einen 250-ml-Meßkolben überspülen und mit Wasser zur Marke auffüllen. 25,00 ml dieser Lösung in einen 100-ml-Meßkolben pipettieren.

Bei Eisengehalten unter 0,01% die Probelösung zur sirupartigen Konsistenz eindampfen, abkühlen, mit etwa 5 ml Wasser aufnehmen und mit maximal 25 ml Wasser in einen 100-ml-Meßkolben überspülen.

3.1.4.   Nacheinander unter Umschütteln versetzen mit 5 ml Sulfosalicylsäurelösung (1.4), Ammoniaklösung (25%) bis zum Auftreten der gelben Färbung des Eisen-Sulfosalicylsäure-Komplexes und dann noch mit 20 ml im Überschuß.

Anmerkung: Größere Manganmengen (bei Mangangehalten etwa über 0,1%) verursachen eine störende Braunfärbung, die zu Mehrbefunden an Eisen führt. In solchem Fall zur Ausschaltung dieser Störung die Lösung vor der Ammoniakzugabe mit 2 ml Hydroxylammoniumchloridlösung (1.8) versetzen.

3.1.5.   Die Lösung abkühlen und mit Wasser zur Marke auffüllen.

Die Extinktion der Lösung bei 425 nm in einer 10- oder 50-mm-Küvette gegen Wasser als Vergleichslösung messen.

3.2.   Blindwert
Ein Reagenzienblindansatz durchläuft den Analysengang von 3.1.1 bis 3.1.5.

3.3.   Eichkurve

3.3.1.   In eine Reihe von 100-ml-Meßkolben steigende Mengen Eisen-Standardlösung (1.7) zwischen 0 und 20 ml, entsprechend Eisenmengen bis zu 1 mg, genau einmessen. Das Volumen mit Wasser auf etwa 25 ml ergänzen und nach 3.1.4 und 3.1.5 weiterverarbeiten.

3.3.2.   Die um ihren Blindwert verminderten Extinktionen der Eichlösungen gegebenenfalls auf eine Schichtdicke von 10 mm umrechnen (Division durch die Schichtdicke in Zentimetern) und gegen die zugehörigen Eisenmengen in einem Diagramm auftragen.

Anmerkung: Bei Messung mit genügend monochromatischer Strahlung im Absorptionsmaximum, das etwa bei 425 nm liegt, ist die Eichfunktion eine Gerade. Für 1 mg Eisen wird eine Extinktion von etwa 1,0 gemessen.

3.4.   Aus der um ihren Blindwert verminderten und gegebenenfalls auf eine Schichtdicke von 10 mm umgerechneten Extinktion der Probelösung anhand der
Eichkurve (3.3.2) die in der Lösung 3.1.4 enthaltene Eisenmenge ermitteln
und hieraus unter Berücksichtigung der entsprechenden Probemenge den
Eisengehalt errechnen.

Bestimmung von Eisen in Zink und Zinklegierungen

Anmerkung: Aus dieser Vorschrift ist die Norm ISO 1055–1975 hervorgegangen. Gegenüber den Vorschriften in Bd. I, S. 443f. und Bd. II, S. 951f. ist das Verfahren universell anwendbar.

Grundlage: Nach dem Lösen der Probe in Salzsäure und Oxidation mit Wasserstoffperoxid wird störendes Kupfer mit Cadmium auszementiert und anschließend das Eisen in ammoniakalischer Lösung als Sulfosalicylsäure-Komplex photometrisch bestimmt.

Anwendungsbereich: Eisengehalte von 1 µg/g bis 0,1 % in allen Zinksorten und Legierungen

Genauigkeit: $v = 10 \%$ bei Eisengehalten um 0,001 %
$v = \;\; 5 \%$ bei Eisengehalten um 0,01 %
$v = \;\; 3 \%$ bei Eisengehalten um 0,1 %

Zeitaufwand: 1 Stunde für eine Doppelbestimmung mit Blindansatz

1.   **Reagenzien**

1.1.   Salzsäure (37 %; 1,19 g/ml)

1.2.   Salzsäure (1 + 1):
500 ml Salzsäure (37 %) mit 500 ml Wasser mischen.

1.3.   Wasserstoffperoxid (30 %; 1,11 g/ml)

1.4.   Cadmium, möglichst eisenfrei, in Späneform

1.5.   Sulfosalicylsäurelösung:
400 g Sulfosalicylsäure in Wasser lösen und auf 1000 ml auffüllen.

1.6.   Hydroxylammoniumchloridlösung:
20 g Hydroxylammoniumchlorid in Wasser lösen und auf 100 ml verdünnen.

1.7.   Ammoniak (25 %; 0,91 g/ml)

1.8.   Eisen-Stammlösung (250 µg/ml):
(250,0 ± 0,1) mg Reinsteisen (mindestens 99,9 %) im mit Uhrglas bedeckten 250-ml-Becherglas mit 10 ml Salzsäure (37 %) lösen, mit 2 bis 3 Tropfen Wasserstoffperoxid (30 %) oxidieren, mit 20 ml Wasser verdünnen und den Überschuß an Wasserstoffperoxid durch 3 bis 5 min langes Kochen zerstören. Die Lösung abkühlen und im 1000-ml-Meßkolben mit Wasser zur Marke auffüllen.

1.9.   Eisen-Standardlösung (50 µg/ml):
100,0 ml Eisen-Stammlösung (1.8) in einen 500-ml-Meßkolben pipettieren, mit 5 ml Salzsäure (37 %) versetzen und mit Wasser zur Marke auffüllen.

1.10.   Citronensäurelösung:
40 g Citronensäure in Wasser lösen und auf 100 ml auffüllen.

2.   Geräte

2.1.   Spektralphotometer, Wellenlänge der Meßstrahlung 425 nm

2.2.   Küvetten mit Schichtdicken von 10 und 50 mm

3.   Ausführung

3.0.   Vorbereitung
Zur Bestimmung von Eisengehalten unter $10\,\mu g/g$ ist vorzugsweise Stückmaterial der Probe zu verwenden, das zuvor kräftig mit Salzsäure (37 %) gebeizt wurde.

3.1.   Analyse

3.1.1.   (10,000 ± 0,001) g Probematerial im 500-ml-Erlenmeyerkolben portionsweise mit insgesamt 100 ml Salzsäure (37 %) vorsichtig lösen.

3.1.2.   Nach Beendigung des Lösevorganges mit 1 ml Wasserstoffperoxid (30 %) oxidieren (eventuelle schwarze Kupferanteile gehen jetzt in Lösung) und den Überschuß an Wasserstoffperoxid durch 3 bis 5 min langes Kochen zerstören.

3.1.3.   Etwa 2 g Cadmiumspäne (1.4) zufügen, unter Umschütteln 3 bis 5 min auf 40 bis 50 °C erwärmen bis sämtliches Kupfer auszementiert ist und die Lösung praktisch farblos erscheint.

3.1.4.   Bei Eisengehalten über 0,01 % die Lösung über ein mittelhartes Filter (etwa 9 cm Durchmesser) in einen 250-ml-Meßkolben filtrieren, Filter und Becherglas mit warmem Wasser 4 bis 5 mal auswaschen, die Lösung abkühlen, mit Wasser zur Marke auffüllen und hiervon 25,00 ml in einen 100-ml-Meßkolben pipettieren.

Bei Eisengehalten unter 0,01 % die Lösung in ein 400-ml-Becherglas filtrieren, auf 3 bis 4 ml eindampfen, mit etwa 5 ml Wasser aufnehmen und mit maximal 25 ml Wasser in einen 100-ml-Meßkolben überspülen.

3.1.5.   Nacheinander unter Umschütteln je nach Aluminiumgehalt 5 bis 15 ml Sulfosalicylsäurelösung (1.5), 2 ml Hydroxylammoniumchloridlösung (1.6), Ammoniaklösung (25 %) bis zur Farbänderung nach gelb und dann noch 20 ml im Überschuß hinzufügen, abkühlen, zur Marke auffüllen und umschütteln.

Anmerkung: Bei Zinklegierungen mit Aluminiumgehalten über 4 % müssen zur Verhinderung der Ausfällung von Aluminiumhydroxid vor der Ammoniakzugabe 1 ml Citronensäurelösung (1.10) und 15 ml Sulfosalicylsäurelösung (1.5) zugesetzt werden.
Der Zusatz von Hydroxylammoniumchloridlösung (1.6) verhindert bei Mangangehalten über 0,1 % störende Braunfärbung durch Mangandioxidhydrat. Eventuell ausgefallenes Bleioxidhydrat nach dem Auffüllen durch ein trockenes Faltenfilter abfiltrieren und die klare Lösung photometrieren.

3.1.6.   Die Extinktion der Lösung bei 425 nm in 10- oder 50-mm-Küvetten (je nach Eisengehalt) gegen Wasser als Vergleichslösung messen.

3.2.   Blindwert
Ein Reagenzienblindwert durchläuft den gesamten Analysengang 3.1.

3.3.   Eichkurve

3.3.1.   In eine Reihe von 100-ml-Meßkolben steigende Mengen Eisen-Standardlösung (1.9) zwischen 0 und 20 ml, entsprechend Eisenmengen bis zu 1 mg, genau einmessen.

3.3.2.   Das Volumen mit Wasser auf 25 ml ergänzen und nacheinander unter Umschütteln 5 ml Sulfosalicylsäurelösung (1.5), 2 ml Hydroxylammoniumchloridlösung (1.6), Ammoniaklösung (25 %) bis zur Farbänderung nach gelb und dann noch 20 ml im Überschuß hinzufügen, abkühlen, zur Marke auffüllen und umschütteln.

3.3.3.   Die Extinktionen der Eichlösungen in 10-mm-Küvetten bei 425 nm gegen Wasser als Vergleichslösung messen. Die um ihren Blindwert verminderten Extinktionen der Eichlösungen gegen die zugehörigen Eisenmengen in einem Diagramm auftragen.

Anmerkung: Die Extinktion der Lösung ohne Eisenzusatz ist der Blindwert der Eichlösungen.

Bei Messung mit genügend monochromatischer Strahlung im Absorptionsmaximum, das etwa bei 425 nm liegt, ist die Eichfunktion eine Gerade. Die Farbintensität ist über 24 Stunden konstant, bei Anwesenheit von 1 mg Eisen wird in einer Schichtdicke von 10 mm eine Extinktion von etwa 1,0 gemessen.

Bei Eisengehalten unter 25 μg/g in 50-mm-Küvetten messen.

3.4.   Auswertung

Die um ihren Blindwert verminderte Extinktion der Probelösung gegebenenfalls auf eine Schichtdicke von 10 mm umrechnen (Division durch die Schichtdicke in Zentimetern) und mit Hilfe der Eichkurve die enthaltene Eisenmenge ermitteln. Hieraus unter Berücksichtigung der Einwaage und einer eventuellen Aliquotierung den Eisengehalt der Probe errechnen.

Bestimmung von Indium und Thallium in Zink und Zinklegierungen sowie auch in Cadmium

Anmerkung: Gegenüber den Vorschriften im Bd. I, S. 119f., S. 125f. und 178f. und im Bd. II, S. 945ff. ist die Methode schneller und empfindlicher.

Grundlage: Nach dem Lösen der Probe in Bromwasserstoffsäure unter Zusatz von Brom werden Thallium und Indium mit Di-iso-propyläther simultan extrahiert und atomabsorptionsspektrometrisch bestimmt.

Anwendungsbereich: Thallium- und Indiumgehalte zwischen 0,5 und 100 μg/g in allen Zinksorten, Zinklegierungen und Cadmium

Genauigkeit: $v = 5\%$ bei Thalliumgehalten um 3 μg/g
$v = 9\%$ bei Indiumgehalten um 3 μg/g

Zeitaufwand: 2 Stunden für eine Doppelbestimmung beider Elemente

1.   Reagenzien

1.1.   Bromwasserstoffsäure (47%; 1,50 g/ml)

1.2.   Brom

1.3.   Bromwasserstoffsäure (5 mol/l):
560 ml Bromwasserstoffsäure (47%) vorsichtig mit Wasser vermischen und auf 1000 ml auffüllen.

1.4.   Di-iso-propyläther

1.5.   Schwefelsäure (1+1):
500 ml Schwefelsäure (96%; 1,84 g/ml) vorsichtig unter Kühlung und Rühren in 500 ml Wasser eintragen.

1.6.   Perchlorsäure (60%; 1,53 g/ml)

1.7.   Salpetersäure (65%; 1,40 g/ml)

1.8.   Salpetersäure (1+1):
500 ml Salpetersäure (65%) mit 500 ml Wasser mischen.

1.9.   Thallium-Stammlösung (1 mg/ml):
500 mg reinstes Thallium (mindestens 99,9%, frisch hergestellte, oxidfreie Späne) im mit einem Uhrglas bedeckten 400-ml-Becherglas mit 25 ml Salpetersäure (65%) durch Erwärmen auf 40 bis 50 °C lösen, mit etwa 25 ml Wasser verdünnen, 3 bis 5 min lang Stickstoffoxide verkochen, abkühlen, mit Wasser in einen 500-ml-Meßkolben überspülen und zur Marke auffüllen.

1.10.   Thallium-Standardlösung (50 μg/ml):
25,00 ml Thallium-Stammlösung (1.9) in einen 500-ml-Meßkolben pipettieren und mit Wasser zur Marke auffüllen.

Die Lösung stets frisch ansetzen.

1.11.   Indium-Stammlösung (1 mg/ml):
500 mg reinstes Indium (mindestens 99,9 %) im mit einem Uhrglas bedeckten 400-ml-Becherglas mit 25 ml Salpetersäure (65 %) durch Erwärmen auf 40 bis 50 °C lösen, mit etwa 25 ml Wasser verdünnen, 3 bis 5 min lang Stickstoffoxide verkochen, abkühlen, mit Wasser in einen 500-ml-Meßkolben überspülen und zur Marke auffüllen.

1.12.   Indium-Standardlösung (50 µg/ml):
25,00 ml Indium-Stammlösung (1.11) in einen 500-ml-Meßkolben pipettieren und mit Wasser zur Marke auffüllen.

Die Lösung stets frisch ansetzen.

2.   Geräte

2.1.   Atomabsorptionsspektrometer mit Einrichtung für Luft-Acetylen-Flamme

2.2.   Thallium-Hohlkathodenlampe, Wellenlänge der Meßstrahlung 276,79 nm

2.3.   Indium-Hohlkathodenlampe, Wellenlänge der Meßstrahlung 303,94 nm

2.4.   250-ml-Scheidetrichter mit etwa 5 bis 10 mm langem Ablaufrohr

2.5.   Wasserbad

3.   Ausführung

3.1.   Analyse

3.1.1.   (10,00 ± 0,01) g Probematerial im mit einem Uhrglas bedeckten 400-ml-Becherglas mit 50 ml Bromwasserstoffsäure (47 %) versetzen und in kleinen Anteilen je nach Lösegeschwindigkeit insgesamt 10 ml Brom zugeben.

Anmerkung: Nach dem vollständigen Lösen des Probematerials muß noch etwas freies Brom im Überschuß vorhanden sein.

3.1.2.   Die Probelösung auf etwa 20 ml eindampfen, mit 15 ml Wasser verdünnen, abkühlen und mit etwa 80 ml 5-mol/l-Bromwasserstoffsäure (1.3) in einen 250-ml-Scheidetrichter (2.4) überspülen.

3.1.3.   30 ml Di-iso-propyläther zugeben und 1 min lang kräftig schütteln. Nach der Phasentrennung die wäßrige Phase (untere Schicht) in einen zweiten Scheidetrichter ablassen.

Die wäßrige Phase noch zweimal mit je 30 ml Di-iso-propyläther je 1 min lang kräftig schütteln, und diese beiden Ätherextrakte im ersten Scheidetrichter mit dem ersten Extrakt vereinigen.

Wäßrige Phase verwerfen.

3.1.4.   Die vereinigten Ätherextrakte mit 15 ml 5-mol/l-Bromwasserstoffsäure (1.3) 10 s lang schütteln. Nach der Phasentrennung die wäßrige Phase ablassen und verwerfen.

3.1.5.   Die gewaschenen Ätherextrakte in ein 250-ml-Becherglas ablassen, 10 ml Wasser zugeben und den Äther auf einem Wasserbad abdampfen. 1 ml Schwefelsäure (1+1) und 2 ml Perchlorsäure (60%) zugeben und bis zur Trockne abrauchen.

3.1.6. Den Rückstand nach dem Erkalten mit 1 ml Salpetersäure (65%) und 5 ml Wasser aufnehmen, zum Sieden erhitzen, abkühlen, mit Wasser in einen 10-ml-Meßkolben überspülen und zur Marke auffüllen.

3.1.7. Atomabsorptionsspektrometrie der Probe-, Blindwert- und Eichlösungen in einer Luft-Acetylen-Flamme
— für Thallium bei einer Wellenlänge von 276,79 nm,
— für Indium bei einer Wellenlänge von 303,94 nm

unter optimalen Bedingungen nach Angaben des Geräteherstellers.

3.2. Blindwert
In einem 400-ml-Becherglas 50 ml Bromwasserstoffsäure (47%) und 10 ml Brom auf etwa 20 ml eindampfen, abkühlen, mit 15 ml Wasser verdünnen, mit 80 ml 5-mol/l-Bromwasserstoffsäure (1.3) in einen 250-ml-Scheidetrichter überführen und nach 3.1.3 bis 3.1.7 weiterverarbeiten.

3.3. Eichkurve

3.3.1. In eine Reihe von 10-ml-Meßkolben steigende Mengen Thallium-Standardlösung (1.10) und Indium-Standardlösung (1.12) von 0 bis 2 ml, entsprechend Thallium- und Indiummengen bis zu 100 μg, genau einmessen, 1 ml Salpetersäure (65%) zugeben und mit Wasser zur Marke auffüllen.

3.3.2. Die Eichlösungen mit den Probelösungen (3.1.6) und den Blindwertlösungen (3.2) zeitlich zusammenhängend unter denselben apparativen Bedingungen (3.1.7) atomabsorptionsspektrometrisch messen.

3.3.3. Die um ihre Blindwerte verminderten Extinktionen der Eichlösungen gegen die zugehörigen Thallium- bzw. Indiummengen in jeweils einem Diagramm auftragen.

3.4. Auswertung
Aus den um ihre Blindwerte verminderten Extinktionen der Probelösung für Indium bzw. Thallium anhand der jeweiligen Eichkurve die enthaltene Indium- bzw. Thalliummenge ermitteln und hieraus unter Berücksichtigung der Einwaage die Gehalte errechnen.

Komplexometrische Bestimmung von Magnesium in Zinklegierungen

Anmerkung: Gegenüber den Vorschriften in Bd. I, S. 448f, und Bd. II, S. 956 ist diese Arbeitstechnik schneller, sicherer und weniger störanfällig.

Grundlage: Nach dem Lösen der Probe in Salzsäure und Anreicherung des Magnesiums durch Simultanfällung mit Thoriumhydroxid wird Magnesium vom Thorium durch eine Zinkoxidfällung abgetrennt und anschließend nach Maskierung einiger störender Spurenelemente mit Diaminocyclohexantetraessigsäure unter Verwendung von Eriochromschwarz T als Indikator titriert.

Anwendungsbereich: Magnesiumgehalte von 0,005 bis 0,1 % in allen Zinklegierungen

Genauigkeit: $v = 6\,\%$ bei Magnesiumgehalten um 0,01 %
$v = 3\,\%$ bei Magnesiumgehalten um 0,04 %
$v = 1,5\,\%$ bei Magnesiumgehalten um 0,1 %

Zeitaufwand: 3 Stunden für eine Doppelbestimmung

1.   Reagenzien

1.1.   Salzsäure (37 %; 1,19 g/ml)

1.2.   Salpetersäure (65 %; 1,40 g/ml)

1.3.   Thoriumnitratlösung:
5 g Thoriumnitrat $Th(NO_3)_4 \cdot 5H_2O$ in 1000 ml Wasser lösen.

1.4.   Tetrenlösung:
200 ml Tetraäthylenpentamin (Tetren) mit Wasser auf 1000 ml verdünnen.
Anmerkung: Technisches Tetren ist gelb gefärbt. Bei Verwendung dieser Qualität tritt am Titrationsendpunkt nicht die rein blaue Farbe des Eriochromschwarz T auf, sondern eine grünliche bis grüne. Das exakte Erkennen des Titrationsendpunktes wird dadurch jedoch kaum beeinträchtigt. Vom Chemikalienhandel können jedoch auch entfärbte Tetrenlösung der hier benötigten Verdünnung bezogen werden. Ihre Verwendung wird empfohlen.

1.5.   Natronlauge (400 g/l):
400 g Natriumhydroxid in Wasser lösen, abkühlen und auf 1000 ml auffüllen. In einer Polyäthylenflasche aufbewahren.

1.6.   Salzsäure (1+6):
100 ml Salzsäure (37 %) mit 600 ml Wasser vermischen.

1.7.   Bromwasser:
Wasser bei Raumtemperatur mit Brom sättigen.

1.8.   Natronlauge (250 g/l):
250 g Natriumhydroxid in Wasser lösen, abkühlen und auf 1000 ml auffüllen. In einer Polyäthylenflasche aufbewahren.

1.9.   Zinkoxid

1.10.   Pufferlösung (pH = 10):
70 g Ammoniumchlorid in Wasser lösen, mit 570 ml Ammoniak (25 %; 0,91 g/ml) vermischen, abkühlen und auf 1000 ml auffüllen.

1.11.   Eriochromschwarz-T-Indikator:
100 mg Eriochromschwarz T mit 10 g Natriumchlorid verreiben.

1.12.   DCyTE-Lösung (0,01 mol/l):
3,64 g Diaminocyclohexan-1,2-tetraessigsäure in einen 1000-ml-Meßkolben einwiegen, mit etwa 100 ml Wasser und 0,90 g Natriumhydroxid lösen und mit Wasser zur Marke auffüllen.

1.13.   Magnesiumkomplexonat-Lösung (0,01 mol/l):
0,43 g Magnesiumkomplexonat in 100 ml Wasser lösen.

1.14.   Magnesium-Stammlösung (0,1 mol/l):
2,432 g Magnesium (mindestens 99,99 %) mit 25 ml Wasser und 25 ml Salzsäure (37 %) lösen und danach im 1000-ml-Meßkolben zur Marke auffüllen.

1.15.   Magnesium-Standardlösung (0,01 mol/l):
25,00 ml Magnesium-Stammlösung (1.14) in einen 250-ml-Meßkolben pipettieren und mit Wasser zur Marke auffüllen.

1.16.   Feinzink (mindestens 99,995 %)

2.   Geräte

2.1.   Normale Laboratoriumsgeräte

3.   Ausführung

3.1.   Analyse

3.1.1. (5,000 ± 0,001) g Probematerial im mit einem Uhrglas bedeckten 400-ml-Becherglas (hohe Form) mit 15 ml Salzsäure (37 %) lösen. Einen eventuellen ungelösten Rückstand (Kupfer) durch Zugabe von 5 ml Salpetersäure (65 %) und etwa 5 min langes Kochen in Lösung bringen.

3.1.2. Mit 25 ml Thoriumnitratlösung (1.3) und vorsichtig mit 20 ml Tetrenlösung (1.4) sowie 100 ml Natronlauge (400 g/l) unter Umrühren versetzen, bis zum Sieden erhitzen und für weitere 15 min heiß stehen lassen.

3.1.3. Zum Absitzenlassen des Thorium- und Magnesiumhydroxids etwa 10 min bei Raumtemperatur stehen lassen und den Niederschlag von der noch warmen Lösung über ein 11-cm-Filter mittlerer Porengröße, das mit etwas Filterschleim beschickt ist, abfiltrieren. Das Becherglas und das Filter 3 bis 4 mal mit insgesamt etwa 50 ml warmem Wasser auswaschen.

Anmerkung: Möglichst die noch warme Lösung filtrieren. Bei kalter Lösung verlängert sich die Filtrationszeit wesentlich. Die Filtration kann auch durch Absaugen über eine mit Filterpapier (4,5 cm Durchmesser) beschickte Nutsche erfolgen.

3.1.4. Das Filter mit dem Niederschlag in dem bereits zur Fällung verwendeten Becherglas mit 40 ml heißer Salzsäure (1 + 6) digerieren, danach die Lösung über ein 9-cm-Filter mittlerer Porengröße in ein 400-ml-Becherglas filtrieren, das Filter mit etwa 50 ml warmem Wasser auswaschen und das Filtrat zum Sieden erhitzen.

3.1.5.   Unter Rühren tropfenweise Natronlauge (250 g/l) zugeben bis eben ein bleibender Niederschlag entsteht und diesen Niederschlag durch 2 bis 3 Tropfen Salzsäure (37 %) wieder in Lösung bringen. (pH $\cong$ 3). 5 ml Bromwasser (1.7) und etwa 0,5 g Zinkoxid zufügen und die Lösung etwa 3 min im Sieden halten. Anschließend über ein 9-cm-Filter mittlerer Porenweite in einen 500- oder 1000-ml-Erlenmeyerkolben filtrieren und den Niederschlag 3 bis 4 mal mit insgesamt etwa 50 ml warmem Wasser auswaschen.

3.1.6.   Das Filtrat mit 20 ml Pufferlösung (1.10), 15 ml Tetrenlösung (1.4) und einer kleinen Spatelspitze (etwa 50 bis 100 mg) Eriochromschwarz-T-Indikator (1.11) versetzen, auf etwa 50 °C erwärmen und mit 0,01-mol/l-DCyTE-Lösung (1.12) bis zum Farbumschlag von Rot nach reinem (rotstichfreiem) Blau titrieren.

3.2.   Blindwert
5,000 g Feinzink (1.16) durchlaufen den gesamten Analysengang von 3.1.1 bis 3.1.6. Hierbei jedoch vor der Titration (3.1.6) 1 ml Magnesiumkomplexonatlösung (1.13) zusetzen.

Anmerkung: Der Zusatz von Magnesiumkomplexonatlösung ist notwendig, weil Calcium, das eventuell als Reagenzienverunreinigung auftreten kann, nur dann titrierbar ist, wenn zugleich Magnesium anwesend ist.

3.3.   Faktorstellung für die 0,01-mol/l-DCyTE-Lösung

3.3.1.   Zu 5,000 g Feinzink (1.16) in einem 400-ml-Becherglas 10,00 ml Magnesium-Standardlösung (1.15), entsprechend einer Magnesiummenge von 2,432 mg, genau einmessen und von 3.1.1 bis 3.1.6 weiterverarbeiten.

3.3.2.   Der Magnesiumfaktor der DCyTE-Lösung F(Mg) errechnet sich aus der Masse des in 3.3.1. eingemessenen Magnesiums m(Mg) = 2,432 mg und den Titrationsvolumina der Faktorstellung (3.3.1) V_F und des Blindwertes (3.2) V_B zu

$$F(Mg) = \frac{m(Mg)}{V_F - V_B} = \frac{2,432 \text{ mg}}{V_F - V_B}.$$

3.4.   Auswertung
Der Massengehalt der Probe an Magnesium w(Mg) errechnet sich aus den Titrationsvolumina für die Probe (3.1.6) V_p und für den Blindwert (3.2) V_B, dem Magnesiumfaktor F(Mg) und der Masse der Probe m_p zu

$$w(Mg) = \frac{F(Mg) \cdot (V_p - V_B)}{m_p}.$$

Beispiel:
Für eine Einwaage von $m_p = 5,000$ g wurden
- bei der Titration der Probe $V_p = 1,85$ ml DCyTE-Lösung,
- bei der Titration des Blindwertes $V_B = 0,25$ ml DCyTE-Lösung,

– bei der Faktorstellung für 10 ml Magnesium-Standardlösung $V_F = 10{,}40$ ml DCyTE-Lösung verbraucht.

$$F(Mg) = \frac{m(Mg)}{V_F - V_B} = \frac{2{,}432\,mg}{(10{,}40 - 0{,}25)\,ml} = \frac{2{,}432\,mg}{10{,}15\,ml} = 0{,}2396\,mg/ml,$$

$$w(Mg) = \frac{0{,}2396\,mg/ml \cdot (1{,}85 - 0{,}25)\,ml}{5{,}000\,g} = \frac{0{,}2396\,mg/ml \cdot 1{,}60\,ml}{5{,}000\,g},$$

$$w(Mg) = \frac{0{,}3834\,mg}{5{,}000\,g} = \frac{383{,}4\,\mu g}{5{,}000\,g} = 76{,}7\,\mu g/g.$$

Atomabsorptionsspektrometrische Bestimmung von Magnesium in Zinklegierungen

Anmerkung: Aus dieser Vorschrift ist die Norm ISO/DIS 3750–1976 hervorgegangen. Gegenüber den Vorschriften in Bd. I, S. 448f. und in Bd. II, S. 956f. ist diese Methode schneller, sicherer und weniger störanfällig. Sie entspricht hinsichtlich der Genauigkeit etwa der vorstehend beschriebenen komplexometrischen Methode.

Grundlage: Nach dem Lösen der Probe in einem Gemisch aus Salz- und Salpetersäure wird das Magnesium nach Zusatz von Lanthanlösung in einer Luft-Acetylen-Flamme bei 285,21 nm atomabsorptionsspektrometrisch bestimmt.

Anwendungsbereich: Magnesiumgehalte von 0,01 bis 0,08 % in allen Zinklegierungen

Genauigkeit: v = 5 % bei Magnesiumgehalten um 0,01 %

v = 2,5 % bei Magnesiumgehalten um 0,04 %

v = 1 % bei Magnesiumgehalten um 0,1 %

Zeitaufwand: 2 Stunden für eine Doppelbestimmung mit Blindansatz

1.   Reagenzien

1.1.   Salzsäure (37 %; 1,19 g/ml)

1.2.   Salpetersäure (65 %; 1,40 g/ml)

1.3.   Salzsäure-Salpetersäure-Gemisch:
180 ml Salzsäure (37 %) mit 4 ml Salpetersäure (65 %) vermischen.

1.4.   Lanthanlösung (50 mg/ml):
29,5 g Lanthanoxid La_2O_3 in 25 ml Salzsäure (37 %) lösen, mit Wasser in einen 500-ml-Meßkolben überspülen und zur Marke auffüllen.

1.5.   Zinklösung (10 mg/ml):
10,00 g Zink (mindestens 99,99 %, magnesiumfrei) mit 60 ml Säuregemisch (1.3) lösen, auf 2 bis 3 ml eindampfen, mit Wasser aufnehmen, in einen 1000-ml-Meßkolben überspülen und zur Marke auffüllen.

1.6.   Aluminiumlösung (0,8 mg/ml):
0,80 g Aluminium (mindestens 99,99 %, magnesiumfrei) mit möglichst wenig Salzsäure (37 %) lösen, mit Wasser in einen 1000-ml-Meßkolben überspülen und zur Marke auffüllen.

Anmerkung: Die Zinklösung (1.5) und die Aluminiumlösung (1.6) sind atomabsorptionsspektrometrisch noch auf eventuelle Verunreinigungen durch Magnesium zu prüfen. Die Magnesiumkonzentrationen beider Lösungen sollen deutlich unter 50 ng/ml liegen.

1.7.   Magnesium-Stammlösung (0,5 mg/ml):
(0,500 ± 0,001) g Magnesium (mindestens 99,95 %) in einem mit einem Uhrglas bedeckten 250-ml-Becherglas mit 20 ml Wasser und 5 ml Salzsäure (37 %) versetzen und lösen. Nach vollständigem Lösen mit Wasser in einen 1000-ml-Meßkolben überspülen und zur Marke auffüllen.

1.8. Magnesium-Standardlösung (10 µg/ml):
20,00 ml Magnesium-Stammlösung (1.7) in einen 1000-ml-Meßkolben pipettieren, 5 ml Salzsäure (37 %) zugeben und mit Wasser zur Marke auffüllen.

Die Lösung stets frisch ansetzen.

2.   Geräte

2.1. Atomabsorptionsspektrometer mit Einrichtung für Luft-Acetylen-Flamme

2.2. Magnesium-Hohlkathodenlampe, Wellenlänge der Meßstrahlung 285,21 nm

3.   Ausführung

3.1. Analyse

3.1.1. (5,000 ± 0,001) g Probematerial im mit einem Uhrglas bedeckten 400-ml-Becherglas mit 40 ml Säuregemisch (1.3) lösen, anschließend auf 2 bis 3 ml eindampfen, mit 40 bis 50 ml Wasser aufnehmen, 25 ml Salzsäure (37 %) zufügen, zum Lösen der Salze erwärmen, mit Wasser in einen 250-ml-Meßkolben überspülen und zur Marke auffüllen.

3.1.2. 10,00 ml dieser Lösung in einen 100-ml-Meßkolben pipettieren, 4 ml Salzsäure (37 %) und 5 ml Lathanlösung (1.4) zugeben und mit Wasser zur Marke auffüllen.

3.1.3. Atomabsorptionsspektrometrie der Probe-, Blindwert- und Eichlösungen in einer Luft-Acetylen-Flamme bei einer Wellenlänge von 285,21 nm unter optimalen Bedingungen nach Angaben des Geräteherstellers.

Anmerkung: Die Messung kann selbstverständlich auch in einer Lachgas-Acetylen-Flamme durchgeführt werden. In diesem Fall ist der Zusatz von Lanthanlösung (1.4) nicht erforderlich.

3.2. Blindwert
20,00 ml Zinklösung (1.5), 10,00 ml Aluminiumlösung (1.6) und 5,00 ml Lanthanlösung (1.4) in einen 100-ml-Meßkolben pipettieren, 5 ml Salzsäure (37 %) hinzufügen und mit Wasser zur Marke auffüllen.

3.3. Eichkurve

3.3.1. In eine Reihe von 100-ml-Meßkolben 5 ml Salzsäure (37 %) geben, 20,00 ml Zinklösung (1.5), 10,00 ml Aluminiumlösung (1.6) und 5,00 ml Lanthanchloridlösung (1.4) dazu pipettieren und steigende Mengen Magnesium-Standardlösung (1.8) von 0 bis 16 ml, entsprechend Magnesiummengen bis zu 160 µg, genau einmessen und mit Wasser zur Marke auffüllen.

3.3.2. Die Eichlösungen mit den Probelösungen (3.1.2) und den Blindwertlösungen (3.2) zeitlich zusammenhängend unter denselben apparativen Bedingungen (3.1.3) atomabsorptionsspektrometrisch messen.

3.3.3. Die um ihren Blindwert verminderten Extinktionen der Eichlösungen gegen die zugehörigen Magnesiummengen in einem Diagramm auftragen.

3.4.   Auswertung

Aus der um ihren Blindwert verminderten Extinktion der Probelösung anhand der Eichkurve die in der Abnahme 3.1.2. enthaltene Magnesiummenge ermitteln und hieraus unter Berücksichtigung der in der Abnahme 3.1.2 enthaltenen Probemenge den Magnesiumgehalt errechnen.

Anmerkung: Die Ermittlung der in der Abnahme 3.1.2 enthaltenen Magnesiummenge kann auch rechnerisch durch lineare Interpolation zwischen den Meßpunkten zweier benachbarter Eichlösungen erfolgen.

Bestimmung von Zinn in Zink und Zinklegierungen

Anmerkung: Aus dieser Vorschrift ist die Norm ISO 1570–1975 hervorgegangen. Gegenüber der Vorschrift in Bd. I, S. 442 ist das Verfahren universell anwendbar.

Grundlage: Nach dem Lösen der Probe in Salzsäure, Oxidation mit Wasserstoffperoxid und Maskierung der Begleitelemente wird das Zinn als Zinn(IV)-Quercetin-Komplex mit Methylisobutylketon extrahiert und photometrisch bestimmt.

Anwendungsbereich: Zinngehalte von 5 bis 250 μg/g in allen Zinksorten und Zinklegierungen.

Die Methode wird durch größere Antimonmengen gestört. So täuschen 100 μg Antimon 1 μg Zinn vor.

Genauigkeit: v = 15 % bei Zinngehalten um 10 μg/g
v = 10 % bei Zinngehalten um 50 μg/g
v = 3 % bei Zinngehalten um 250 μg/g

Zeitaufwand: 1 Stunde für eine Doppelbestimmung mit Blindansatz

1.   Reagenzien

1.1.   Salzsäure (37 %; 1,19 g/ml)

1.2.   Thioharnstofflösung:

12,5 g Thioharnstoff in 100 ml etwa 60 °C warmem Wasser lösen, abkühlen und auf 250 ml auffüllen.

1.4.   Ascorbinsäurelösung:
2 g Ascorbinsäure in 100 ml Wasser lösen. Die Lösung täglich frisch bereiten.

1.5.   Quercetinlösung:
500 mg Quercetin in 300 ml Äthanol ohne Erwärmen lösen, genau 25,00 ml Salzsäure (37 %) zugeben und mit Äthanol auf 1000 ml auffüllen. Einen etwa vorhandenen Rückstand vor Gebrauch abfiltrieren.

Anmerkung: Nicht alle Quercetinqualitäten sind für das Verfahren gleich gut geeignet. Die Lösung einer brauchbaren Qualität muß in einer 1-cm-Küvette eine Extinktion unter 0,1 aufweisen. Bei der Erprobung wurde das Merck-Erzeugnis Artikel Nr. 7546 verwendet.

Erfahrungsgemäß zersetzt sich bei längerem Lagern des festen Quercetins bevorzugt die obere Lage der Flaschenfüllung. Beim Ansetzen der Lösung sollte deshalb die Einwaage den tieferen Schichten entnommen oder der Flascheninhalt vor der Entnahme durchmischt werden.

1.6.   Äthanol

1.7.   Methylisobutylketon

Anmerkung: Äthanol und Methylisobutylketon aus verzinnten Kannen oder aus Gefäßen, die im Verschluß Zinnfolie enthalten, besitzen einen erheblichen Blindwert und sind ungeeignet. Deshalb nur Qualitäten verwenden, die in zinnfreien Gebinden geliefert werden.

1.8.   Schwefelsäure (1 + 19):
50 ml Schwefelsäure (96 %; 1,84 g/ml) vorsichtig in 950 ml Wasser eintragen.

1.9.   Nickelchloridlösung:
      2 g Nickelchlorid $NiCl_2 \cdot 6H_2O$ in 100 ml Wasser lösen.

1.10.   Reinstzink (mindestens 99,995 %)

1.11.   Zinn-Stammlösung (500 µg/ml):
      0,500 g Reinstzinn (mindestens 99,99 %) in 100 ml Salzsäure (37 %) in einem mit einem Uhrglas bedeckten 400-ml-Becherglas durch leichtes Erwärmen lösen, abkühlen und im 100-ml-Meßkolben mit Wasser zur Marke auffüllen.

1.12.   Zinn-Standardlösung (5 µg/ml):
      10,00 ml der Zinn-Stammlösung (1.11) in einen 1000-ml-Meßkolben pipettieren, 100 ml Salzsäure (37 %) zugeben und mit Wasser zur Marke auffüllen. Die Lösung stets frisch ansetzen.

2.   Geräte

2.1.   Spektralphotometer, Wellenlänge der Meßstrahlung 440 nm

2.2.   Küvetten mit Schichtdicken von 10, 20 und 40 mm

2.3.   250-ml-Scheidetrichter mit etwa 5 bis 10 mm langem Ablaufrohr.

3.   Ausführung

3.1.   Analyse

3.1.1.   (2,000 ± 0,001) g Probematerial im mit einem Uhrglas bedeckten 250-ml-Becherglas mit 20 ml Salzsäure (37 %) versetzen, nach dem Abklingen der Hauptreaktion erwärmen und zur Oxidation der Probelösung und eventuell ungelösten Kupfers 2 bis 3 Tropfen Wasserstoffperoxid (30 %) zugeben. Nach restlosem Auflösen mit 15 ml Wasser verdünnen und den Peroxidüberschuß durch 3 bis 5 min langes Kochen zerstören.

Anmerkung: Sehr reines Zink löst sich nur schwer. In solchem Fall zur Beschleunigung des Lösens 2 ml Nickelchloridlösung (1.9) zugeben.

Zinn kann in Zink und Zinklegierungen spürbar heterogen verteilt sein. In solchem Fall (10,000 ± 0,001) g Probematerial sinngemäß in 100 ml Salzsäure (37 %) lösen, mit Wasserstoffperoxid (30 %) oxidieren, nach Verkochen des Peroxidüberschusses im 250-ml-Meßkolben mit Wasser zur Marke auffüllen und 50,00 ml hiervon nach 3.1.2 weiterverarbeiten.

Ist im Probematerial mit Zinnverbindungen zu rechnen, die unter diesen Bedingungen nicht löslich sind (z. B. oxidisch gebundenes Zinn), so ist der unlösliche Rückstand durch ein Filter kleiner Porenweite abzufiltrieren und gesondert aufzuschließen, vorzugsweise durch alkalisches Schmelzen. Die Aufschlußlösung ist sinngemäß nach dieser Vorschrift gesondert auf Zinn zu untersuchen.

3.1.2.   Die zur Weiterverarbeitung benötigte Probemenge richtet sich nach dem Zinngehalt der Probe:

— bei Zinngehalten unter 50 µg/g die Lösung abkühlen, in einen 50-ml-Meßkolben überspülen und mit Wasser zur Marke auffüllen,

— bei höheren Zinngehalten die Lösung in einen 250- oder 500-ml-Meßkolben überspülen. Das Meßkolbenvolumen so wählen, daß eine 25-ml-Abnahme hiervon nicht mehr als $50\,\mu g$ Zinn enthält. Bei Verwendung eines 250-ml-Meßkolbens 80 ml Salzsäure (37%) oder bei Verwendung eines 500-ml-Meßkolbens 180 ml Salzsäure (37%) zugeben und mit Wasser zur Marke auffüllen.

3.1.3. Nacheinander unter jeweiligem Umschütteln in einen 250-ml-Scheidetrichter (2.3), 20 ml Thioharnstofflösung (1.3), 5 ml Ascorbinsäurelösung (1.4), 20 ml Quercetinlösung (1.5) und 10 ml Äthanol einfüllen.

   25,00 ml Probelösung (3.1.2) dazu pipettieren, umschütteln und 10 bis 15 min stehen lassen.

3.1.4. Genau 15,00 ml Methylisobutylketon dazu pipettieren, 1 bis 2 min kräftig schütteln und 2 bis 3 min bis zur Phasentrennung warten. Die untere wäßrige Phase ablassen und verwerfen.

3.1.5. Die organische Phase mit 25 ml Schwefelsäure (1+19) durch 30 s langes nicht zu intensives Schütteln waschen. Nach einer Absetzzeit von etwa 3 bis 5 min die untere Waschsäurephase ablassen und verwerfen.

3.1.6. Die gelb gefärbte organische Phase durch ein trockenes 7-cm-Faltenfilter oder besser noch durch einen Wattebausch in eine trockene 10-mm-Küvette filtrieren.

   Die Extinktion der Lösung bei 440 nm gegen Methylisobutylketon als Vergleichslösung messen.

   Anmerkung: Die Farbintensität ist nur in der Zeitspanne zwischen 10 und 70 min nach Abschluß der Extraktion ausreichend konstant. Deshalb soll die Messung 10 min nach der Extraktion innerhalb von 60 min erfolgen. Die Extrakte nicht dem direkten Sonnenlicht aussetzen.

3.2. Blindwert

3.2.1. $(2,000 \pm 0,001)$ g Reinstzink (1.10) im mit einem Uhrglas bedeckten 250-ml-Becherglas wie unter 3.1.1 beschrieben lösen, oxidieren und zur sirupartigen Konsistenz eindampfen, um eventuell vorhandene Zinnspuren möglichst zu entfernen.

3.2.2. Mit 15 ml Salzsäure (37%) aufnehmen und nach 3.1.2 sinngemäß weiterverarbeiten.

3.3. Eichkurve

3.3.1. In fünf mit Uhrgläsern bedeckten 250-ml-Bechergläsern je $(2,000 \pm 0,001)$ g Reinstzink (1.10) einwägen. Mit 18 ml Salzsäure (37%) und 2 ml Nickelchloridlösung (1.9) ohne zusätzliches Erwärmen lösen und abkühlen. Dazu 0, 5, 10, 15 bzw. 20 ml Zinn-Standardlösung (1.12), entsprechend Zinnmengen von 0, 25, 50, 75 bzw. $100\,\mu g$, genau einmessen und 2,0, 1,5, 1,0, 0,5 bzw. 0 ml Salzsäure (37%) zufügen. Mit 2 bis 3 Tropfen Wasserstoffperoxid oxidieren, mit etwa 15 ml Wasser verdünnen, den Peroxidüberschuß verkochen (etwa 3 bis 5 min) und die Lösungen sinngemäß von 3.1.2 bis 3.1.6 weiterverarbeiten.

   Anmerkung: Die Eichlösung ohne Zinnzusatz ist der Blindwert der Eichlösungen.
   Die Extraktion des Zinn-Quercetin-Komplexes ist erheblich von der Säurekonzentration abhängig. Sie ist deshalb unbedingt für die Probe-, Blindwert- und Eichlösungen exakt

auf gleichem Niveau zu halten. Die hier angegebenen Salzsäurezusätze kompensieren die in den unterschiedlichen Standardlösungszugaben enthaltenen Säuremengen.

3.3.2. Die um ihren Blindwert verminderten Extinktionen der Eichlösungen gegen die zugehörigen Zinnmengen in einem Diagramm auftragen.

Anmerkung: Bei Messung mit genügend monochromatischer Strahlung im Absorptionsmaximum, das bei etwa 440 nm liegt, ist die Eichfunktion eine Gerade. Für 30 μg Zinn wird eine Extinktion von etwa 0,7 gemessen.

3.4. Auswertung

Aus der um ihren Blindwert verminderten Extinktion der Probelösung anhand der Eichkurve die in der Abnahme 3.1.3 enthaltene Zinnmenge ermitteln und hieraus unter Berücksichtigung der in der Abnahme enthaltenen Probemenge den Zinngehalt der Probe errechnen.

Zinn

Bestimmung von Zinn in nichtmetallischen Rückständen

Grundlage: Nach Behandlung der Probe mit Salpetersäure, Kollektorfällung mit Mangan(IV)-oxidhydrat zur Erfassung des gelösten Zinnanteils, Filtration der Kollektorfällung zusammen mit ungelöst gebliebenem Zinn(IV)-oxid und Schmelzaufschluß mit Natriumperoxid wird das Zinn in salzsaurer Lösung jodometrisch bestimmt.

Bei Anwesenheit von Arsen und Selen wird eine Abtrennung dieser Elemente vorgenommen.

Anwendungsbereich: Zinngehalte von 40 bis 80 %.

Durch Änderung der Einwaage kann das Verfahren auch zur Bestimmung anderer Gehalte angewandt werden.

Anmerkung: Diese Methode wurde mit einer Rohzinnsäure überprüft, bei gleichzeitiger Anwesenheit von je 5 % Titan(IV)-, Niob(V)-, Tantal(V)-, Vanadin(V)-, Molybdän(VI)- und Wolfram(VI)-oxid. Es konnte kein Störeinfluß festgestellt werden.

Genauigkeit: $v = 0,3 \%$ bei Zinngehalten zwischen 50 und 70 %

Zeitaufwand: 10 bis 12 Stunden für einen Doppelansatz je nach Zusammensetzung des Materials.

1.   Reagenzien

1.1.   Salpetersäure (65 %; 1,40 g/ml)

1.2.   Mangan(II)-nitratlösung:
8 g Mangan(II)-nitrat $Mn(NO_3)_2 \cdot 4H_2O$ mit Wasser zu 100 ml lösen.

1.3.   Kaliumpermanganatlösung (0,2 mol/l):
31,6 g Kaliumpermanganat mit Wasser zu 1 l lösen.

1.4.   Natriumperoxid, gekörnt

1.5.   Natriumhydroxid, in Plätzchen

1.6.   Salzsäure (37 %; 1,19 g/ml)

1.7.   Wasserstoffperoxid (30 %; 1,11 g/ml)

1.8. Antimon(III)-chloridlösung:
10 g Antimon(III)-oxid Sb_2O_3 in 300 ml Salzsäure (37 %) lösen und die Lösung mit Wasser zum Liter verdünnen.

1.9. Eisenpulver, durch Reduktion hergestellt

1.10. Aluminiumband, etwa 0,3 bis 0,4 mm dick

1.11. Natriumhydrogencarbonatlösung:
Bei Raumtemperatur gesättigte Lösung

1.12. Stärkelösung:
1 g lösliche Stärke und 0,1 bis 0,2 g Salicylsäure in 100 ml siedendem Wasser lösen. Nach dem Erkalten die Lösung zur Verlängerung der Haltbarkeit mit Kaliumchlorid sättigen.

1.13. Jodlösung (0,1 mol/l):
12,7 g Jod und 24,6 g Kaliumjodid in einem geschlossenen Gefäß über Nacht mit 50 ml Wasser stehen lassen und danach mit Wasser auf 1000 ml auffüllen.

1.14. Zinn gekörnt (mindestens 99,99 %)

1.15. Natriumhypophosphit $NaH_2PO_2 \cdot H_2O$

2. Geräte

2.1. Zirkonium- oder Eisentiegel, Volumen etwa 60 ml, Höhe und oberer Außendurchmesser 45 bis 50 mm, Wandstärke 1,5 bis 2 mm.

2.2. Göckel-Contat-Aufsätze

3. Ausführung

3.0. Vorbereitung
Verschiedene Materialien, so z. B. einige oxidische Stoffe, neigen zur Wiederaufnahme von Feuchtigkeit aus der Luft und müssen daher nach dem Nachtrocknen rasch eingewogen werden. Das Probengefäß ist nach Entnahme der Einwaage sofort wieder zu verschließen.

3.1. Analyse bei Abweseneheit von Arsen und Selen

3.1.1. 3 g Einwaage, auf 0,1 mg genau gewogen, in einem 1-l-Becherglas mit 20 ml Wasser anschlämmen und mit 20 ml Salpetersäure (65 %) versetzen.

3.1.2. Das Becherglas mit einem Uhrglas bedecken. Die Aufschlußlösung zum Sieden erhitzen und 15 min lang am leichten Sieden halten. Ein verbleibender Bodenkörper besteht aus Zinn(IV)-oxid, das in den folgenden Stufen im Glas belassen und in 3.1.5 zusammen mit der Kollektorfällung abfiltriert wird.

3.1.3. Das Uhrglas mit heißem Wasser abspülen und die Lösung mit ca. 300 ml heißem Wasser verdünnen.

3.1.4. 5 ml Mangannitratlösung (1.2) und 3 ml Kaliumpermanganatlösung (1.3) zugeben. Unter stetigem Umschwenken (Gefahr des Stoßens) zum Sieden erhitzen bis die Permanganatfärbung verschwindet.

Erneut 3 ml Permanganatlösung (1.3) zugeben und unter Umschwenken weiterkochen bis die Permanganatfärbung wieder verschwindet und die überstehende Lösung klar ist.

3.1.5. Nach kurzem Absetzen des Niederschlages über ein 12,5-cm-Filter mittlerer Porenweite filtrieren. Fällungsgefäß und Filter mit heißem Wasser gut auswaschen.

Falls das Filtrat noch eine geringe Trübung aufweisen sollte, müssen die Arbeitsschritte 3.1.4 und 3.1.5 wiederholt werden, um Reste des Zinns zu erfassen. Bei manchen Proben ist es vorteilhaft, den Niederschlag nicht absitzen zu lassen, sondern einen Teil des Niederschlages sofort auf das Filter zu bringen, um dieses abzudichten, und dann erst für die weitere Filtration absitzen zu lassen.

3.1.6. Das Filter mit dem Niederschlag in einem Zirkonium- oder Eisentiegel (2.1) trocknen und vorsichtig veraschen.

3.1.7. Den Rückstand mit ca. 10 bis 15 g Natriumperoxid vermischen. Die Mischung mit ca. 2 g Natriumperoxid und 1,5 g Natriumhydroxid abdecken und mit kleiner Flamme einsschmelzen. Erst dann mit größerer Flamme erhitzen bis eine dünnflüssige Schmelze entsteht. Die Schmelze unter leichtem Umschwenken des Tiegels bis zum klaren Aufschmelzen (ca. 5 min) im Fluß halten.

3.1.8. Nach dem Abkühlen den Tiegel im Fällungsgefäß in ca. 200 ml kaltem Wasser auslaugen und danach den Tiegel mit heißem Wasser und wenig Salzsäure (1+1) abspülen.

3.1.9. Die alkalische Aufschlußlösung unter dem Abzug vorsichtig durch portionsweise Zugabe von 150 ml Salzsäure (37%) ansäuern. Falls Reste von Mangan-(IV)-oxidhydrat oder von Eisenoxiden verbleiben, einige Tropfen Wasserstoffperoxidlösung (30%) zugeben.

3.1.10. Die Lösung mit 5 ml Antimon(III)-chloridlösung (1.8) versetzen.

3.1.11. Nach portionsweiser Zugabe von insgesamt etwa 5 g Eisenpulver (1.9) das Becherglas solange vorsichtig schwenken oder die Lösung mit einem Glasstab umrühren, bis das dreiwertige Eisen reduziert ist (Farbänderung der Lösung). Das Becherglas 1,5 Std. auf dem Wasserbad stehen lassen. Während dieser Zeit soll ständig ein geringer Überschuß an Eisenpulver vorhanden sein (Wasserstoffentwicklung). Ggf. von Zeit zu Zeit etwas Eisenpulver nachgeben.

3.1.12. Die Lösung abkühlen und über ein Filter mittlerer Porenweite in einen 1000-ml-Meßkolben filtrieren. Becherglas und Filter mit warmer Salzsäure (1+9) gut auswaschen.

3.1.13. Nach dem Abkühlen, Auffüllen mit Wasser und Durchmischen 100,00 ml hiervon in einen 1-l-Erlenmeyerkolben pipettieren und mit 100 ml Salzsäure (37%) sowie 70 ml Wasser versetzen, ca. 1,5 g Aluminiumband (1.10) zugeben und den Kolben mit einem Göckel-Contat-Aufsatz, der Natriumhydrogen-carbonatlösung (1.11) enthält, verschließen.

Anmerkung: Um eine zu heftige Reaktion zu vermeiden, wird das Aluminiumband zuvor zweckmäßig zu einem Röllchen aufgewickelt oder zickzackförmig zusammengefaltet.

3.1.14. Unter leichtem Erwärmen das Aluminium lösen. Danach etwas stärker erwärmen, bis das als Schwamm auszementierte Zinn wieder gelöst ist. Dann kurz aufkochen.

3.1.15. Die klare Lösung gut abkühlen und ggf. Natriumhydrogencarbonatlösung (1.11) in den Göckel-Contat-Aufsatz nachfüllen.

3.1.16. Unmittelbar vor der Titration 5 ml Stärkelösung (1.12) und ca. 10 ml Natrium-hydrogencarbonatlösung (1.11) zur Probe geben und *sofort* unter mäßigem Schwenken mit Jodlösung (1.13) titrieren.

3.2.   Analyse in Gegenwart von Arsen und Selen.

3.2.1. Nach dem vollständigen Lösen des Aufschlusses in 3.1.9 die salzsaure Lösung mit 10 g Natriumhypophosphit (1.15) versetzen und bis zum beginnenden Sieden erhitzen. Die Lösung ca. 15 min lang bei dieser Temperatur halten.

3.2.2 Auf ca. 500 ml verdünnen und das ausgeschiedene Arsen bzw. Selen über ein 11-cm-Filter mittlerer Porenweite in ein 1-l-Becherglas filtrieren; Filter und Niederschlag mit heißer Salzsäure (1+9) auswaschen.

3.2.3. In das 1-l-Becherglas solange tropfenweise Wasserstoffperoxid (30%) geben, bis die Gelbfärbung bei ca. 80 °C 5 min lang bestehen bleibt. Nun 5 ml Antimon(III)-chloridlösung (1.8) zugeben und von 3.1.11 an weiterarbeiten.

3.3.   Faktorstellung für die Jodlösung.

3.3.1. 2 g Zinn (1.14), auf 0,1 mg genau gewogen, in einem bedeckten 1-l-Becherglas in 60 ml Salzsäure (37%) unter leichtem Erwärmen lösen.

3.3.2. Nach dem Lösen mit ca. 300 ml heißem Wasser verdünnen und von 3.1.10 bis 3.1.16 weiterverarbeiten.

3.4.   Auswertung

3.4.1. Berechnung des Zinn-Faktors F(Sn) der Jodlösung:
Aus der Masse m_F des zur Faktorstellung entnommenen Aliquots der Zinn-einwaage und dem Volumen V_F der bei dessen Titration verbrauchten Jod-lösung errechnet sich der Zinnfaktor der Jodlösung zu

$$F(Sn) = \frac{m_F}{V_F}.$$

3.4.2. Berechnung des Zinn-Massengehaltes w(Sn) der Probe:
Aus der Masse m_p der im Aliquot (3.1.13) enthaltenen Probemenge und dem Volumen V_p der bei der Titration des Zinnanteils verbrauchten Jodlösung ergibt sich der Zinn-Massengehalt in Prozent zu

$$w(Sn) = \frac{V_p \cdot F(Sn)}{m_p} \cdot 100\%.$$

3.4.3.   Beispiel:

Masse des Zinns im 100-ml-Aliquot zur Faktorstellung bei einer Zinn-Einwaage von 2,000 g, die auf 1000 ml aufgefüllt wurde.

$m_F = 0,2000\,g$,

Volumen der verbrauchten 0,1-mol/l-Jod-Lösung

$V_F = 33,85\,ml$,

$$F(Sn) = \frac{m_F}{V_F} = \frac{0,2000\,g}{33,85\,ml} = 0,005908\,g/ml = 5,908\,mg/ml,$$

Masse der im 100-ml-Aliquot enthaltenen Probemenge bei einer Einwaage von 3,000 g, die auf 1000 ml aufgefüllt wurde

$m_p = 0,3000\,g$,

Volumen der zur Titration des Zinnanteils verbrauchten Jodlösung

$V_p = 32,25\,ml$,

$$w(Sn) = \frac{V_p \cdot F(Sn)}{m_p} \cdot 100\%,$$

$$w(Sn) = \frac{32,25\,ml \cdot 5,908\,mg/ml}{0,3000\,g} \cdot 100\% = \frac{190,55\,mg}{0,3\,g} \cdot 100\%,$$

$$w(Sn) = \frac{0,19055}{0,3} \cdot 100\% = 0,6352 \cdot 100\% = 63,52\%.$$

Edelmetalle

Bestimmung von Silbergehalten über 50 % durch Titration nach Gay-Lussac

Anmerkung: Kurzgefaßte Beschreibungen der Titration nach Gay-Lussac finden sich im Bd. I, S. 155 und im Bd. II, S. 759. Die nachfolgende Arbeitsvorschrift ist ausführlicher und umfaßt den gesamten Anwendungsbereich der Methode.

Grundlage: Das Silber wird in salpetersaurer Lösung in der Weise mit Natriumchlorid maßanalytisch bestimmt, daß man zunächst die Hauptmenge des Silbers mit einer genau abgemessenen Menge einer sogenannten „Normalkochsalzlösung" ausfällt und anschließend die restlichen, geringeren Anteile mit einer um den Faktor 10 verdünnten sogenannten „Zehntelnormalkochsalzlösung", die in kleinen Portionen so lange zugesetzt wird, bis keine Trübung durch ausfallendes Silberchorid mehr erfolgt.

Anwendungsbereich: Silbergehalte über 50% in Münz-, Hütten- und Feinsilber, Silbernitrat und salpetersäurelöslichen Silberlegierungen. Es stören Blei, Thallium, Quecksilber, Wismut und Palladium.

Genauigkeit: $v = 0{,}02\%$ bei Silbergehalten von annähernd 100%

Zeitaufwand: 1 Arbeitstag für 10 Parallelbestimmungen und 2 Faktorstellungen (einschl. Einwaagen, jedoch ohne Vorproben)

1.   Reagenzien

1.1.   Salpetersäure (1+1), chloridfrei:
500 ml Salpetersäure (65%; 1,40 g/ml) mit 500 ml Wasser mischen. Auf Chlorid prüfen.

1.2.   Natriumchloridlösung („Normalkochsalzlösung"):
5,4190 g Natriumchlorid, vorher bei 300°C getrocknet, in Wasser lösen und auf 1000 ml auffüllen.

100,0 ml dieser Lösung entsprechen 1000 mg Silber.

Es empfiehlt sich, 20 oder 50 l dieser Lösung anzusetzen, wenn häufig Gay-Lussac-Titrationen ausgeführt werden.

1.3.   Natriumchloridlösung („Zehntelnormalkochsalzlösung"):
0,5419 g Natriumchlorid in Wasser lösen und auf 1000 ml auffüllen.
1 ml entspricht 1 mg Silber.

1.4.   Feinsilber (mindestens 99,99 %)

2.   Geräte

2.1.   200-ml-Schüttelflaschen mit Glasstopfen

2.2.   Schüttelapparatur, zweckmäßig mit Einspannvorrichtung für 2 x 6 Schüttelflaschen

2.3.   Stass'sche 100-ml-Pipette (kann notfalls durch eine normale Vollpipette ersetzt werden)

3.   Ausführung

3.0.   Vorbereitung
Beim Titrieren ist die Einwirkung direkten Sonnenlichtes zu vermeiden.

3.1.   Feinsilbereinwaagen zur Faktorstellung
Zwei unterschiedliche Feinsilbereinwaagen zwischen 1001 mg und 1005 mg
in Schüttelflaschen (2.1) geben.

Anmerkung: Bei Legierungen mit höheren Gehalten an anderen Elementen, z. B. von
Kupfer, empfiehlt sich ein entsprechender Zusatz zu den Feinsilbereinwaagen.

3.2.   Probeeinwaagen

3.2.1.   Die einzuwägende Probemenge soll 1001 bis 1005 mg Silber enthalten. Sie
wird aufgrund des Ergebnisses einer dokimastischen Vorprobe oder einer Vortitration errechnet.

Beispiel:
Die Vorprobe ergibt einen Silbergehalt von 90,0 %. Die Probemenge, die
1000 mg Silber enthält, ist

$$m' = \frac{1000\,\text{mg}}{90,0\,\%} = \frac{1000\,\text{mg}}{0,900} = 1111\,\text{mg}.$$

Die tatsächlichen Einwaagen etwa 1 bis 5 mg höher wählen, also zwischen
1112 und 1116 mg.

3.2.2.   Mindestens zwei unterschiedliche Probeeinwaagen gemäß 3.2.1. in Schüttelflaschen (2.1) geben.

Anmerkung: Falls ein Probensatz mit mehreren Siebfraktionen vorliegt, empfiehlt es
sich, jede Fraktion für sich zu analysieren und das Gesamtergebnis unter Berücksichtigung
der Anteile der einzelnen Fraktionen am Probensatz aus den gefundenen Gehalten zu berechnen.

3.3.   Analyse

3.3.1.   Die Einwaagen gemäß 3.1 und 3.2.1 in je 20 ml Salpetersäure (1+1) unter
mäßigem Erwärmen lösen. Die Lösung zum Vertreiben der Stickoxide weiter
erwärmen, ohne sie zum Sieden zu bringen.

Anmerkung: Bei antimon- oder zinnhaltigem Probematerial ist vor dem Lösen ein Weinsäurezusatz von etwa 2 g erforderlich.

3.3.2.   100,00 ml „Normalkochsalzlösung" (1.2) in einem Zug mit Stass'scher Pipette zusetzen, die Flaschen verschließen und etwa 20 min schütteln.

3.3.3.   Die Flaschen öffnen, jeweils 1 ml „Zehntelnormalkochsalzlösung" (1.3) aus einer Meßpipette an der Innenwand der Schüttelflaschen herablaufen lassen, einige Minuten warten, dann die Flasche vor einen schwarzen Hintergrund halten und feststellen, ob die Lösung an der Oberfläche durch ausgefallenes Silberchlorid getrübt ist oder nicht. Falls ja, die Flasche schließen und erneut schütteln (etwa 10 min).

3.3.4.   Den Arbeitsgang 3.3.3 so oft wiederholen, bis keine Trübung mehr erfolgt.
Anmerkung: Die zugesetzte Menge „Zehntelnormalkochsalzlösung" (1.3) kann anfänglich auf 2 ml erhöht und gegen Ende der Bestimmung auf 0,5 ml verringert werden, falls ausreichende Erfahrung in der Bewertung der entstehenden Trübungsintensitäten vorhanden sind.

3.4.   Berechnungen

3.4.1.   Faktor der „Normalkochsalzlösung" (1.2)
Die Volumina der Zugaben an „Zehntelnormalkochsalzlösung" (1.3) zusammenzählen — dabei die letzte Zugabe, die keine Türbung mehr verursachte, nicht und die vorletzte nur mit der Hälfte ihres Volumens berücksichtigen —, in das entsprechende Volumen von „Normalkochsalzlösung" (1.2) umrechnen und zu den 100 ml addieren. Die Einwaage an Feinsilber m(Ag) durch das errechnete Volumen V_N der „Normalkochsalzlösung" (1.2) dividieren.

Beispiel:
Einwaage an Feinsilber m(Ag) = 1003,0 mg,
Verbrauch an „Zehntelnormalkochsalzlösung" 3 x 1,0 ml,
angerechnet werden nur (1,0 + 0,5) ml = 1,5 ml, das entspricht 0,15 ml „Normalkochsalzlösung",
Gesamtverbrauch an „Normalkochsalzlösung" also 100,15 ml
Faktor für Silber

$$F(Ag) = \frac{m(Ag)}{V_N} = \frac{1003,0 \text{ mg}}{100,15 \text{ ml}} = 10,015 \text{ mg/ml}$$

oder auf 100 ml bezogen

F(Ag) = 1001,5 mg/100 ml.
Anmerkung: Da stets mindestens zwei verschiedene Feinsilbereinwaagen verarbeitet werden, ist der Faktor durch Mittelwertbildung aus den Einzelwerten zu errechnen.

3.4.2.   Silbergehalt der Probe
Das Volumen der anrechenbaren Zusätze an „Zehntelnormalkochsalzlösung" (1.3) in gleicher Weise wie in 3.4.1 angegeben ermitteln. Hieraus unter Annahme eines Silberfaktors von 1 mg/ml die entsprechende Silbermenge errechnen. Diese Silbermenge zu der Silbermenge addieren, die den 100 ml „Normalkochsalzlösung" aufgrund ihrer Faktorstellung entspricht. Die Division dieser Summe in mg durch die Einwaage in g ergibt den Silbergehalt in Promille.

Beispiel:

Verbrauch an „Zehntelnormalkochsalzlösung" 2 x 1,0 ml, angerechnet werden nur 0,5 ml entsprechend 0,5 mg Silber. Nach der Faktorstellung entsprechen 100,00 ml „Normalkochsalzlösung" 1001,5 mg Silber. Gesamte Masse des in der Einwaage enthaltenen Silbers $m(Ag) = (1001,5 + 0,5)\,mg = 1002,0\,mg$.

Bei einer Einwaage von 1,1120 g ergibt sich ein Silbergehalt

$$w(Ag) = \frac{1002,0\,mg}{1,1120\,g} = 901,1\,^0\!/\!_{00}.$$

Anmerkung: Der Silbergehalt der Probe ergibt sich durch Mitteln der Einzelwerte, da immer mehrere – mindestens zwei – Titrationen mit verschiedenen Einwaagen durchgeführt werden.

Bestimmung von Silbergehalten über 50 % durch Titration mit Kaliumbromidlösung bei potentiometrischer Indikation

Anmerkung: Im Bd. II, S. 761ff. ist das potentiometrische Titrationsverfahren mit Alkalihalogenidlösungen lediglich allgemein beschrieben worden. Die nachfolgende ausführliche Arbeitsvorschrift beschreibt die als Alternative zur Gay-Lussac-Titration gedachte Titration mit Kaliumbromidlösung.

Grundlage: Das Silber wird in salpetersaurer Lösung mit Kaliumbromidlösung titriert. Dabei fällt man zunächst die Hauptmenge des Silbers mit einer genau abgemessenen stärkeren Kaliumbromidlösung aus und titriert die Restmenge mit einer um den Faktor 10 verdünnten Lösung bei potentiometrischer Indikation.

Anwendungsbereich: Silbergehalte über 50% in Münz-, Hütten- und Feinsilber, Silbernitrat und salpetersäurelöslichen Silberlegierungen. Es stören Quecksilber und Palladium.

Genauigkeit: $v = 0,02\%$ bei Silbergehalten von annähernd 100%

Zeitaufwand: 1 Stunde für eine Einzelbestimmung. Pro Arbeitstag sind etwa 8 Parallelbestimmungen und 2 Faktorstellungen ausführbar.

1.   Reagenzien

1.1.   Salpetersäure (1+1), chloridfrei:
500 ml Salpetersäure (65%; 1,40 g/ml) mit 500 ml Wasser mischen. Auf Chlorid prüfen.

1.2.   Kaliumbromidlösung I:
11,0320 g Kaliumbromid, vorher bei 120 °C getrocknet, in Wasser lösen und auf 1000 ml auffüllen.

1 ml entspricht 10 mg Silber.

1.3.   Kaliumbromidlösung II:
1,1032 g Kaliumbromid in Wasser lösen und auf 1000 ml auffüllen.

1 ml entspricht 1 mg Silber.

1.4.   Feinsilber (mindestens 99,99%)

2.   Geräte

2.1.   Stass'sche 100-ml-Pipette (kann notfalls durch eine normale Vollpipette ersetzt werden)

2.2.   5-ml-Bürette mit 0,01-ml-Skalenteilung

2.3.   Silberelektrode und Quecksilber(I)-sulfat-Bezugselektrode (getrennt oder als Einstabmeßkette)

2.4.   Potentiometer

2.5.   Schüttelmaschine

3.   Ausführung

3.0   Vorbereitung
Beim Titrieren ist die Einwirkung direkten Sonnenlichtes zu vermeiden.

3.1.   Feinsilbereinwaagen zur Faktorstellung der Kaliumbromidlösung I (1.2).
Mindestens zweimal 1,0050 g Feinsilber (1.4) in geeichte 250-ml-Meßkolben
einwägen.

3.2.   Probeeinwaagen
Die einzuwägende Probemenge soll etwa 1005 mg Silber enthalten. Sie wird
aufgrund des Ergebnisses einer dokimastischen Vorprobe oder einer Vortitration errechnet.

Beispiel:
In der Vorprobe wurde ein Silbergehalt von 90,0 % ermittelt. Die Probemenge
m', die 1005 mg Silber enthält, ist

$$m' = \frac{1005 \text{ mg}}{0.90} = 1116,7 \text{ mg.}$$

Jede Probeeinwaage in einen geeichen 250-ml-Meßkolben einwägen.

Anmerkung: Die Silbermenge von 1005 mg kann auch durch Zuwägen von Feinsilber
(5.4) eingestellt werden.

3.3.   Analyse

3.3.1.   Die Einwaagen gemäß 3.1 und 3.2 in je 15 ml Salpetersäure (1+1) unter mäßigem Erwärmen lösen. Stickstoffoxide verkochen, Kolbenwandungen mit
20 ml Wasser abspülen.

3.3.2.   100,0 ml Kaliumbromidlösung I (1.2) in einem Zug mit Stass'scher Pipette
zusetzen, 10 min schütteln (die Lösung über dem Silberbromid-Niederschlag
soll klar sein) und mit Wasser auffüllen.

3.3.3.   Mehrfach durchschütteln, das Silberbromid 5 min absitzen lassen und 100,0 ml
der überstehenden klaren Lösung in ein 250-ml-Becherglas abpipettieren
(geeichte Pipette).

3.3.4.   Die Restmenge des Silbers mit Kaliumbromid-Lösung II (1.3) aus einer 5-ml-
Bürette (2.2) titrieren. Anfänglich jeweils 0,5 ml, gegen Ende der Titration
einzelne Tropfen zusetzen (die Potentialeinstellung erfolgt innerhalb von
45 s). Den Titrationsendpunkt graphisch oder rechnerisch ermitteln.

Anmerkung: Die Titration zur Faktorstellung mit den Proben zeitlich zusammenhängend
ausführen.

3.4.   Berechnungen

3.4.1.   Titer der Kaliumbromidlösung I (1.2)
Volumen der verbrauchten verdünnten Kaliumbromidlösung II (1.3) auf das
der gesamten Einwaage entsprechende Volumen umrechnen, durch 10 dividieren (Umrechnung auf das äquivalente Volumen der Kaliumbromidlösung I)
und diesen Wert zu den 100,0 ml Kaliumbromidlösung I (1.2) addieren. Die
Division der Einwaage an Feinsilber m(Ag) (in mg) durch das errechnete Volumen der Kaliumbromidlösung I (1.2) ergibt den Faktor F(Ag) dieser Lösung
für Silber.

Beispiel:

Einwaage an Feinsilber m(Ag) = 1005 mg

Verbrauch an verdünnter Kaliumbromidlösung II (1.3) 1,80 ml

Das der Einwaage äquivalente Volumen V_I der Kaliumbromidlösung I (1.2) errechnet sich nach

$$V_I = 100,0\,ml + 1,80\,ml \cdot \frac{2,5}{10} = 100,00\,ml + 0,45\,ml = 100,45\,ml$$

und der Faktor der Kaliumbromidlösung I für Silber

$$F(Ag) = \frac{m(Ag)}{V_I} = \frac{1005,0\,mg}{100,45\,ml} = 10,0050\,mg/ml$$

oder auf 100 ml bezogen F(Ag) = 1000,50 mg/100 ml

3.4.2. Silbergehalt der Probe

(1) Volumen der für das Probenaliquot (3.3.3) verbrauchten Kaliumbromidlösung II (1.3) auf das der gesamten Einwaage entsprechende Volumen umrechnen. Hieraus unter Annahme eines Silberfaktors von 1 mg/ml die entsprechende Silbermenge errechnen und diese zu der Silbermenge addieren, die den 100 ml Kaliumbromidlösung I (1.2) aufgrund ihrer Faktorstellung entspricht. Die Division dieser Summe in mg durch die Einwaage in g ergibt den Silbergehalt in $^o/_{oo}$.

Beispiel:

Einwaage m = 1116,7 mg

Silberfaktor der Lösung I F(Ag) = 1000,50 mg/100 ml

Verbrauch an Maßlösung II für das Probenaliquot V_{II} = 2,04 ml

Masse des in der Einwaage enthaltenen Silbers

m(Ag) = 1000,50 mg + 2,5 · 2,04 mg = 1005,6 mg

$$\text{Silbergehalt } w(Ag) = \frac{1005,6\,mg}{1,1167\,g} = 900,5^o/_{oo}$$

(2) Ohne besondere Errechnung des Faktors der Kaliumbromidlösung I (5.2) erhält man den Silbergehalt w(Ag) der Probe nach

$$w(Ag) = \frac{m_F \cdot V_E}{m_E \cdot V_F}, \text{ wobei}$$

m_F die Masse (mg) des zur Faktorstellung eingesetzten Feinsilbers,

V_F das Volumen (ml) der äquivalenten Kaliumbromidlösung I (1.2),

m_E die Masse (g) der verwendete Einwaage und

V_E das Volumen (ml) der äquivalenten Kaliumbromidlösung I (1.2) sind.

Bei Verwendung der in Klammern angegebenen Einheiten erhält man aus den zugehörigen Zahlenwerten den Silbergehalt in Promille.

Beispiel:

$$w(Ag) = \frac{1005,0 \cdot 100,51}{1,1167 \cdot 100,45}\ ^o/_{oo} = 900,5^o/_{oo}.$$

Bestimmung von Silber, Gold, Palladium und Platin in Silber-Gold-Palladium-Platin-Legierungen

Anmerkung: Gegenüber den Vorschriften im Bd. I, S. 158 ff. und Bd. II, S. 764 f. sind die gravimetrischen Methoden im Detail verbessert und es werden nachfolgend zwei weitere Bestimmungsmethoden für Platin und Palladium unter Verwendung der Photometrie und der Atomabsorptionsspektrometrie (AAS) angeführt.

Grundlage: Eine dokimastische Gesamtedelmetallbestimmung ergibt die Summe der Gehalte an Silber, Gold, Platin und Palladium.

Ein weiteres, unter Silberzusatz gewonnenes Edelmetallkorn wird mit Salpetersäure geschieden und das Gold danach gravimetrisch bestimmt. In der Scheidelösung werden nach Abtrennung des Silbers als Silberchlorid Platin und Palladium nach (a), (b) oder (c) bestimmt.

(a) Platin wird als Ammoniumhexachloroplatinat(IV) abgetrennt, das Palladium im Filtrat als Palladium-Diacetyldioxim-Komplex gefällt und in dessen Filtrat das restliche Platin mit Zink und Magnesium auszementiert. Beide Elemente werden gravimetrisch als Metall bestimmt.

(b) Palladium wird als Palladium-Diacetyldioxim-Komplex abgetrennt, den man zum Metall verglüht. Die Bestimmung des Platins erfolgt im Filtrat auf photometrischem Wege mit Zinn(II)-chlorid.

(c) Beide Elemente werden nebeneinander unter Verwendung eines „spektroskopischen Puffers" (Uran bzw. Kupfer-Cadmium) durch AAS bestimmt.

Der Silbergehalt ergibt sich aus der Differenz des Gesamtedelmetallgehaltes und der Summe der ermittelten Gold-, Platin- und Palladiumgehalte.

Anwendungsbereich: Goldgehalte von etwa 400 bis 700 $^0/_{00}$
Silbergehalte von etwa 150 bis 250 $^0/_{00}$
Palladiumgehalte von 15 bis 40 $^0/_{00}$
Platingehalte von 10 bis 20 $^0/_{00}$

Genauigkeit: $v = 0,1\%$ bei Goldgehalten um 500 $^0/_{00}$
$v = 0,6\%$ bei Silbergehalten um 400 $^0/_{00}$

Für Platingehalte um 20 $^0/_{00}$:
$v = 1,5\%$ bei atomabsorptionsspektrometrischer Bestimmung mit „Uranpuffer",
$v = 2,5\%$ bei Anwendung des „Kupfer-Cadmium-Puffers",
$v = 2\%$ bei gravimetrischer Bestimmung,
$v = 3,5\%$ bei photometrischer Bestimmung.

Für Palladiumgehalte um 15 $^0/_{00}$:
$v = 2\%$ bei atomabsorptionsspektrometrischer Bestimmung mit „Uranpuffer",
$v = 2,5\%$ bei Anwendung des „Kupfer-Cadmium-Puffers",
$v = 4,5\%$ bei den gravimetrischen Bestimmungen.

Zeitaufwand: Mehrere Tage

1.   Reagenzien

1.1.   Feinsilber (mindestens 99,99 %), praktisch frei von Gold und Platinmetallen

1.2.   Probierbleifolie

1.3.   Salpetersäure (1 + 1):
500 ml Salpetersäure (65 %; 1,40 g/ml) mit 500 ml Wasser mischen. Auf Chlorid prüfen.

1.4.   Salpetersäure (3 + 1):
600 ml Salpetersäure (65 %; 1,40 g/ml) mit 200 ml Wasser mischen.

1.5.   Salzsäure (1 + 1):
500 ml Salzsäure (37 %; 1,19 g/ml) mit 500 ml Wasser mischen.

1.6.   Probierkornblei, Silbergehalt unter 0,5 µg/g

1.7.   Salzsäurehaltiges Waschwasser (1 + 99):
10 ml Salzsäure (37 %; 1,19 g/ml mit 990 ml Wasser mischen.

1.8.   Salzsäure (etwa 1 mol/l):
85 ml Salzsäure (37 %; 1,19 g/ml) mit Wasser auf 1000 ml verdünnen.

1.9.   Ammoniumchloridlösung, kaltgesättigt

1.10.   Äthanol, absolut

1.11.   Diacetyldioximlösung, alkoholisch, kaltgesättigt

1.12.   Zinkspäne

1.13.   Magnesiumband

1.14.   Schwefelsäure (9 + 1):
900 ml Schwefelsäure (96 %; 1,84 g/ml) vorsichtig unter Kühlung in 100 ml Wasser eintragen.

1.15.   Natriumdiacetyldioximlösung:
10 g Diacetyldioxim in etwas Wasser aufschlämmen, 10 g Natriumperoxid gesondert in etwas Wasser lösen, beides vereinigen, mit Wasser auf 1000 ml auffüllen und filtrieren.

1.16.   Zinn(II)-chloridlösung:
280 g Zinn(II)-chlorid $SnCl_2 \cdot 2H_2O$ in 350 ml Salzsäure (37 %; 1,19 g/ml) unter Erwärmen lösen und mit 650 ml Wasser verdünnen.

1.17.   Uranpufferlösung:
29,5 g Uranoxid U_3O_8 in einem 600-ml-Becherglas mit etwa 200 ml Salzsäure (1 + 1) versetzen, unter gelindem Erwärmen vorsichtig tropfenweise Wasserstoffperoxid bis zur vollständigen Auflösung des Uranoxides hinzufügen. Klare Lösung auf dem Wasserbad zur Trockne dampfen, Rückstand mit 1-mol/l-Salzsäure (1.8) aufnehmen, in einen 500-ml-Meßkolben überführen und mit 1-mol/l-Salzsäure (1.8) auffüllen.
1 ml enthält 50 mg Uran

1.18. Kupfer-Cadmium-Pufferlösung:
28,5 g Cadmiumsulfat $3CdSO_4 \cdot 8H_2O$ und 49,1 g Kupfersulfat $CuSO_4 \cdot 5H_2O$ in einem 500-ml-Meßkolben mit 1-mol/l-Salzsäure (1.8) lösen und mit 1-mol/l-Salzsäure (1.8) auffüllen.

1 ml enthält je 25 mg Kupfer und Cadmium.

1.19 Platin-Stammlösung (1 mg/ml):
1,000 g Platin in einer Mischung aus 15 ml Salzsäure (1+1) und 5 ml Salpetersäure (1+1) lösen, auf dem Wasserbad bis zur Trockne eindampfen, 10 ml Salzsäure (1+1) zusetzen und wieder eindampfen. Das Eindampfen mit je 10 ml Salzsäure (1+1) noch zweimal wiederholen und danach mit 1-mol/l-Salzsäure (1.8) auf 1000 ml auffüllen.

1.20. Platin-Standardlösung (0,1 mg/ml):
100,00 ml Platin-Stammlösung (1.19) mit 1-mol/l-Salzsäure (1.8) auf 1000 ml verdünnen.

1.21. Palladium-Stammlösung (1 mg/ml):
1,000 g Palladium in 15 ml Salzsäure (1+1) und 5 ml Salpetersäure (1+1) lösen, auf dem Wasserbad bis zur Trockne eindampfen, 10 ml Salzsäure (1+1) zusetzen und wieder eindampfen. Das Eindampfen mit je 10 ml Salzsäure (1+1) noch zweimal wiederholen und danach mit 1-mol/l-Salzsäure (1.8) auf 1000 ml auffüllen.

1.22. Palladium-Standardlösung (0,1 mg/ml):
100,00 ml Palladium-Stammlösung (1.21) mit 1-mol/l-Salzsäure (1.8) auf 1000 ml auffüllen.

2. Geräte

2.1. Ausrüstung eines Probierlabors (Öfen, Kapellen, Zangen, Scheidekolben usw.).

2.2. Photometer mit Küvetten (bei Ausführung der photometrischen Platinbestimmung)

2.3. Atomabsorptionsspektrometer mit entsprechenden Hohlkathodenlampen (falls Platin und Palladium mit Hilfe der AAS bestimmt werden)

3. Ausführung

3.1. Gewinnung der Edelmetallkörner

3.1.1. 0,2500 g Probematerial für die Gesamtedelmetallbestimmung einwägen.

3.1.2. 0,5000 g Probematerial einwägen. Den in einer Vorprobe ermittelten Silbergehalt durch Zuwägen von Feinsilber (1.1) ergänzen bis er das 2,5fache des Goldgehaltes beträgt.

3.1.3. Die 0,2500-g-Einwaage (3.1.1) in 2 g Probierbleifolie (1.2) und die 0,5000-g-Einwaage einschließlich des Silberzusatzes (3.1.2) in 4 g Probierbleifolie (1.2) einkapseln.

3.1.4. Auf Kapellen Nr. 1 treiben, dabei fünf 0,5000-g-Einwaagen (3.1.2) nebeneinander dort anordnen, wo etwa 2 cm über den Kapellen 1000 °C gemessen werden. Fünf Gesamtedelmetallbestimmungen (0,2500-g-Einwaagen aus 3.1.1) in einer Reihe unmittelbar dahinter stellen.

3.1.5 Nach dem Abblicken der Edelmetallkörner die Kapellen aus dem Ofen nehmen und vor die offene Muffel stellen. Die erstarrten Körner von den Kapellen abheben und mit einer feinen Drahtbürste säubern.

3.1.6. Die Gesamtedelmetallkörner der 0,2500-g-Einwaagen (3.1.1) auswägen.

3.2. Scheiden der Körner; Gold-Bestimmung

3.2.1. Die Edelmetallkörner für die Gold-, Platin- und Palladium-Bestimmung (0,5000-g-Einwaagen aus 3.1.2) plattschlagen, zu 0,1 bis 0,2 mm dicken Streifen auswalzen, diese über einer Gasflamme leicht glühen und zu Röllchen aufwickeln.

3.2.2. Jedes Röllchen in einem 100-ml-Becherglas warm mit 20 ml Salpetersäure (1 + 1) scheiden, die Lösesäure abdekantieren, den Goldrückstand noch zweimal 10 min mit je 20 ml frischer Salpetersäure (3 + 1) kochen, dann dreimal mit je ca. 15 ml heißem Wasser waschen, in einen kleinen spitzen Porzellantiegel spülen, nach dem Abgießen des Wassers trocknen, glühen und ohne Tiegel auswägen.

3.2.3. Die Goldröllchen aus 3.2.2. mit der 2,5fachen Menge an Feinsilber (1.1) unter Verwendung von 1 g Probierbleifolie (1.2) bei 950 °C quartieren. Die Arbeitsgänge 3.1.5, 3.2.1 und 3.2.2 so oft wiederholen, bis eine konstante Goldauswaage erreicht wird.

Anmerkung: Erfahrungsgemäß genügt meist ein einmaliges „Ummachen".

3.3. Abtrennen des Silbers

3.3.1. Das Silber aus den vereinigten Scheidesäuren und Waschwässern (300-ml-Erlenmeyerkolben oder 600-ml-Becherglas) mit Salzsäure (1 + 1) vollständig als Silberchlorid ausfällen (1 ml Salzsäure entspricht 500 mg Silber), den Niederschlag über Nacht absitzen lassen, dann abfiltrieren, das Filtrat in einem Becherglas auffangen.

3.3.2. Zur Entfernung von evtl. im Silberchlorid enthaltenem Palladium das feuchte zusammengefaltete Filter mit dem Silberchlorid-Niederschlag auf einen mit 20 g Kornblei (1.6) beschickten 7-cm-Ansiedescherben legen, das Filter mit etwas weiterem Kornblei (1.6) abdecken und vor dem Ofen veraschen (dabei einen zweiten Scherben umgekehrt auf den ersten setzen). Die Filterasche mit etwa 30 g Kornblei (1.6) abdecken und nach Zusatz von etwas Borax verschlacken.

Den Bleiregulus isolieren und treiben. Das Edelmetallkorn mit Salpetersäure (1 + 1) lösen, das Silber nach Verdünnen wiederum mit Salzsäure (1 + 1) als Chlorid ausfällen, das Filtrat mit dem unter 3.3.1 erhaltenen Filtrat vereinigen, das die Hauptmenge an Platin und Palladium enthält.

3.3.3. Das Platin und Palladium enthaltende vereinigte Filtrat auf 30 bis 40 ml ein-dampfen, in ein 100-ml-Becherglas (hohe Form) überführen und darin zur Trockne dampfen. Den Rückstand mit 2 bis 3 ml Salzsäure (1 + 1) aufnehmen. Das Eindampfen und Wiederaufnehmen noch zweimal wiederholen, zuletzt mit nur 10 Tropfen Salzsäure (1 + 1) aufnehmen und mit Wasser auf 50 ml verdünnen. Über Nacht stehen lassen, dann durch ein kleines engporiges Filter filtrieren und mit kaltem salzsäurehaltigem Wasser (1 + 99) auswaschen.

Anmerkung: Für die atomabsorptionsspektrometrische Platin- und Palladium-Bestimmung nach dem letzten Eindampfen mit 1-mol/l-Salzsäure aufnehmen, in einen 250-ml-Meßkolben filtrieren und mit 1-mol/l-Salzsäure auffüllen.

3.4.   Bestimmung von Platin und Palladium

3.4.1   Gravimetrisch

(1) Das Platin und Palladium enthaltende Filtrat aus 3.3.3 in einem 100-ml-Becherglas auf dem Wasserbad bis auf ca. 20 ml einengen, 10 ml kaltgesättigte Ammoniumchloridlösung (1.9) hinzufügen und weiter bis zur Trockne ein-dampfen. Das Becherglas vom Wasserbad nehmen, aus einer Spritzflasche kleine Mengen Wasser unter Schwenken zusetzen, bis das Ammoniumchlorid gerade gelöst ist.

(2) Am nächsten Tag den Ammoniumhexachloroplatinat(IV)-Niederschlag über ein engporiges 7-cm-Filter abfiltrieren, mit gesättigter Ammoniumchloridlösung (1.9) und zum Schluß einmal mit absolutem Alkohol (1.10) auswaschen.

(3) Das Filter in einem Porzellantiegel trocknen und sehr langsam veraschen. Das Platin vorsichtig glühen und abschließend mit einer kleinen Wasserstoff-(oder Leuchtgas-)Flamme zum Metall reduzieren. Das Platin dann ohne Tiegel auswägen.

(4) Das schwach saure Filtrat der Ammoniumhexachloroplatinat-Fällung mit Wasser auf 150 bis 200 ml verdünnen und 15 ml kaltgesättigte alkoholische Diacetyldioximlösung (1.11) zusetzen.

(5) Nach mindestens 3 Stunden den Palladium-Diacetyldioxim-Niederschlag über ein 9-cm-Filter mittlerer Porenweite filtrieren, dieses vorsichtig veraschen, glühen und 10 s mit einer kleinen Wasserstoff- (oder Leuchtgas-)Flamme zum Metall reduzieren. Das Palladium dann ohne Tiegel auswägen.

(6) Prüfung des Filtrates auf Restmengen an Platin:
Nach dem Zusatz von 10 ml Salzsäure (1 + 1) mit Zinkspänen, zuletzt mit einem Stück Magnesiumband auf dem Wasserbad zementieren. Evtl. auszementiertes Platin abfiltrieren, das Filter veraschen, den Rückstand mit ca. 0,1 g Feinsilber (1.1) quartieren, das Edelmetallkorn zu einem Plättchen verformen und in Schwefelsäure (9 + 1) lösen. Das ungelöst bleibende Platin waschen, glühen, wägen und der Hauptmenge zuschlagen.

3.4.2. Palladium gravimetrisch, Platin photometrisch

(1) Das Filtrat von 3.3.3 und die Waschwässer in einem 250-ml-Becherglas mit 5 ml Salzsäure (1 + 1) versetzen (das Volumen soll jetzt etwa 100 ml be-tragen). 15 ml Natriumdiacetyldioxim-Lösung (1.15) unter starkem Rühren zu-geben. 1 bis 1,5 Stunden im Kühlbecken stehen lassen.

(2) Den Niederschlag über ein 7-cm-Filter mittlerer Porenweite filtrieren, zuerst mit 200 ml kaltem, dann mit 300 ml heißem Wasser auswaschen, das Filtrat und die Waschwässer in einem 1000-ml-Meßkolben vereinigen.

(3) Das Filter mit dem Palladium-Diacetyldioxim-Niederschlag mit kaltgesättigter Ammoniumchloridlösung (1.9) tränken, zusammenfalten, in ein zweites Filter einwickeln, in einem Porzellantiegel trocknen und auf einer Heizplatte vorsichtig veraschen (während der zweistündigen Veraschungszeit soll sich nur sehr geringfügig Rauch entwickeln).

(4) Den Rückstand bei 700 °C 20 min lang glühen, dann mit einer kleinen Wasserstoff- (oder Leuchtgas-)Flamme zum Metall reduzieren (5 bis 10 s). Das Palladium ohne Tiegel auswägen.

(5) Das Platin enthaltende Filtrat von 3.4.2 (2) mit 100 ml Salzsäure (37 %) und 50 ml Zinn(II)-chlorid-Lösung (1.16) versetzen, auf 20 °C temperieren und den 1000-ml-Meßkolben mit Wasser auffüllen.

(6) Diese Lösung nach 10 min in einer 10-mm-Küvette bei 403 nm gegen eine Vergleichslösung (Chemikalienblindansatz, in gleicher Weise behandelt) photometrieren und anhand der Eichkurve (3.4.2 (7)) auswerten.

(7) Aufstellung der Eichkurve:
In eine Reihe von 1000-ml-Meßkoben steigende Volumina von 1 bis 15 ml Platin-Stammlösung 1.19, entsprechend 1 bis 15 mg Platin, genau einmessen und nach 3.4.2 (5) und 3.4.2 (6) weiterverarbeiten. Die gemessenen Extinktionen gegen die zugehörigen Platinmengen in einem Diagramm auftragen.

3.4.3.   Platin und Palladium atomabsorptionsspektrometrisch

(1) 10, 20, 50 oder 100 ml der nach 3.3.3 (Anmerkung) erhaltenen Lösung (bei 100 ml muß entsprechend eingeengt werden) im 100-ml-Meßkolben mit 20 ml Uranpufferlösung (1.17) bzw. 20 ml Kupfer-Cadmium-Pufferlösung (1.18) versetzen und mit 1-mol/l-Salzsäure (1.8) auf 100 ml auffüllen.

(2) Vergleichslösung herstellen, deren Konzentrationen an Platin und Palladium 5 bis 10 % niedriger (Vergleichslösung a) bzw. höher (Vergleichslösung b) liegen als in der gemäß 3.4.3 (1) erhaltenen Probelösung. Dazu geeignete Abmessungen der Platin-Standardlösung (1.20) bzw. der Palladium-Standardlösung (1.22) in 100-ml-Meßkolben mit 20 ml Uranpufferlösung (1.17) oder Kupfer-Cadmium-Pufferlösung (1.18) versetzen und mit 1-mol/l-Salzsäure (1.8) auffüllen.

(3) Atomabsorptionsspektrometrie der Probelösungen (3.4.3 (1)) und der Vergleichslösungen (3.4.3 (2)) mit der Acetylen-Luft-Flamme für Platin bei 265,9 nm und für Palladium bei 247,6 nm unter optimalen Bedingungen nach Anweisung des Geräteherstellers mit einer Integrationszeit von 3 bis 10 s. Bei der Messung ist die nachstehende Reihenfolge einzuhalten: Wasser – Vergleichslösung a – Wasser – Probelösung – Wasser – Vergleichslösung b – Wasser. Dieser Zyklus ist für jede Probe dreimal zu wiederholen.

Die bei den drei Durchgängen gemessenen Extinktionen für die Vergleichslösung a, die Probelösung und die Vergleichslösung b jeweils mitteln und die Mittelwerte für die Berechnung verwenden. Die Konzentration der Probelösung durch lineare Interpolation zwischen den Vergleichslösungen a und b ermitteln.

Sonder- und Refraktärmetalle

Bestimmung von Aluminium (säurelöslicher Anteil) in Chrommetall

Grundlage: Die Probe wird in Salzsäure gelöst und das säurelösliche Aluminium nach Zusatz von Natriumchlorid mittels Atomabsorption bestimmt.

Anwendungsbereich: Aluminiumgehalte von 0,05 bis 0,5 %

Genauigkeit: v = 4 % bei Aluminiumgehalten um 0,1 %

Zeitaufwand: 0,5 Stunden

1.   Reagenzien

1.1.   Natriumchlorid

1.2.   Aluminium-Standarlösung (0,2 mg/ml):
200 mg Aluminiummetall in 30 ml Salzsäure (1 + 1) lösen. Die Lösung in einen 1000-ml-Meßkolben überführen und mit Wasser zur Marke auffüllen

1.3.   Salzsäure (1 + 1):
500 ml Salzsäure (37 %) mit 500 ml Wasser mischen.

1.4.   Elektrolytchrom oder Chrom(III)-chlorid $CrCl_3 \cdot 6H_2O$

2. Geräte

2.1. Atomabsorptionsspektrometer mit Lachgas-Acetylen-Brenner

2.2. Aluminium-Hohlkathodenlampe, Wellenlänge der Meßstrahlung 309,3 nm

3. Ausführung

3.1. Analyse

3.1.1. 1,000 g Probe im 250-ml-Becherglas mit 20 ml Salzsäure (1+1) unter gelindem Erwärmen lösen, die erkaltete Lösung in einen 250-ml-Meßkolben überspülen, 1 g Natriumchlorid zusetzen und mit Wasser zur Marke auffüllen.

3.1.2. Atomabsorptionsspektrometrie in einer Lachgas-Acetylen-Flamme bei einer Wellenlänge von 309,3 nm unter optimalen Bedingungen nach Anweisung des Geräteherstellers.

3.2. Blindwert
Der Aluminiumgehalt von Elektrolytchrom oder Chrom(III)-chlorid (1.4), das für die Herstellung der Eichlösungen verwendet wird, ist normalerweise vernachlässigbar klein.

3.3. Eichkurve

3.3.1. In eine Reihe von 250-ml-Bechergläsern dem Chromgehalt der Probeneinwaage entsprechende Mengen Elektrolytchrom oder Chrom(III)-chlorid (1.4) einwägen.

3.3.2. Steigende Volumina Aluminium-Standardlösung (1.2) zwischen 2 und 25 ml (entsprechend Aluminiumgehalten zwischen 0,04 und 0,5 % bei einer Einwaage von 1 g) einmessen.

3.3.3. Die Eichansätze behandeln wie unter 3.1.1 beschrieben und mit den Probelösungen zeitlich zusammenhängend und unter denselben apparativen Bedingungen (3.1.2) atomabsorptionsspektrometrisch messen. Die Extinktionen der Eichlösungen gegen die zugehörigen Aluminiummengen in einem Diagramm auftragen.

3.4. Auswertung
Anhand der Eichkurve aus der Probenextinktion die in der Probe enthaltene Aluminiummenge ermitteln und daraus den Aluminiumgehalt der Probe berechnen.

Bestimmung von Aluminium in Ferrobor

Grundlage: Aluminium wird durch Atomabsorption nach dem Lösen der Probe in Salpeter- und Flußsäure bestimmt. Ein evtl. vorhandener unlöslicher Rückstand wird mit Kaliumpyrosulfat aufgeschlossen.

Anwendungsbereich: Aluminiumgehalte von 0,05 bis 6 %

Genauigkeit: $v = 3\%$ bei Aluminiumgehalten um 1 %

Zeitaufwand: 1,5 Stunden

1.   Reagenzien

1.1.   Aluminium-Standardlösung I (0,2 mg/ml):
200 mg Aluminiummetall in 30 ml Salzsäure (1+1) lösen. Die Lösung in einen 1000-ml-Meßkolben überführen und mit Wasser zur Marke auffüllen.
Anmerkung: Zur schnelleren Auflösung einige Tropfen 2-mol/l-Kupfersulfatlösung zusetzen. Ausgeschiedenes Kupfer mit einigen Tropfen Salpetersäure lösen.

1.2.   Aluminium-Standardlösung II (1 mg/ml):
1,00 g Aluminiummetall wie unter 1.1 beschrieben lösen und mit Wasser auf 1000 ml auffüllen.

1.3.   Salpetersäure (1+1):
500 ml Salpetersäure (65 %) mit 500 ml Wasser mischen.

1.4.   Flußsäure (40 %; 1,13 g/ml)

1.5.   Kaliumpyrosulfat $K_2S_2O_7$

1.6.   Ferrum reductum

2.   Geräte

2.1.   Atomabsorptionsspektrometer mit Lachgas-Acetylen-Brenner

2.2.   Aluminium-Hohlkathodenlampe, Wellenlänge der Meßstrahlung 309,3 nm

2.3.   PTFE-Becher oder Platinschale

2.4.   Kunststofftrichter

2.5.   Kunststoff- oder Quarzmeßkolben, 100 ml

2.6.   Platintiegel

3.   Ausführung

3.1.   Analyse

3.1.1.   Die erforderliche Einwaage richtet sich nach dem Aluminiumgehalt der Probe. Sie ist entsprechend der nachfolgenden Tabelle zu bemessen.

Aluminiumgehalt %	Einwaage g
$<0,1$	2
$0,1 - 1,0$	1
$1\ \ - 3$	0,5
$3\ \ - 6$	0,2

Die Einwaage in bedecktem PTFE-Becher oder bedeckter Platinschale mit 20 ml Salpetersäure (1+1) versetzen, durch tropfenweise Zugabe von 10 ml Flußsäure (40 %) lösen und nach beendeter Reaktion die Lösung kurz aufko-kochen.

3.1.2.　Die Probelösung abkühlen und über ein Filter mittlerer Porenweite mit Filterschleim unter Benutzung eines Kunststofftrichters in einen 100-ml-Quarz- oder Kunststoffmeßkolben filtrieren. Das Filter mit heißem Wasser säurefrei waschen.

3.1.3.　Das gewaschene Filter im Platintiegel bei 900 °C veraschen, den Rückstand mit 1 g Kaliumpyrosulfat aufschließen und den Aufschluß mit 20 ml Wasser lösen.

3.1.4.　Die Aufschlußlösung dem Probefiltrat (3.2) zufügen, hierbei einen gegebenenfalls noch verbliebenen unlöslichen Rückstand (evtl. Kieselsäure) gleichzeitig über ein kleines Filter mittlerer Porenweite abfiltrieren. Das Filter mit heißem Wasser auswaschen und verwerfen.

3.1.5.　Die erkaltete Lösung mit Wasser zur Marke auffüllen, umschütteln und – wenn nicht sofort gemessen werden soll – in einer verschließbaren Polyäthylenflasche aufbewahren.

3.1.6.　Atomabsorptionsspektrometrie in einer Lachgas-Acetylen-Flamme bei einer Wellenlänge von 309,3 nm unter optimalen Bedingungen nach Anweisung des Geräteherstellers.

Anmerkung: Ggf. vor der Messung die Probelösung durch ein trockenes Filter filtrieren. Es bildet sich besonders bei höheren Einwaagen ein Niederschlag, möglicherweise Kaliumtetrafluoroborat, der entfernt werden sollte.

3.2.　Blindwert

Bei Aluminiumgehalten der Probe unter 0,1 % ist der Aluminiumgehalt des für die Eichlösungen verwendeten Ferrum reductum nicht mehr zu vernachlässigen. Er ist gesondert zu bestimmen und bei den Eichlösungen zu berücksichtigen.

3.2.1.　Dem Eisengehalt der Probeneinwaage entsprechende Menge Ferrum reductum (1.6) in einen PTFE-Becher oder eine Platinschale einwägen und behandeln wie in 3.1.1 bis 3.1.2 beschrieben. Das Filter verwerfen.

3.2.2.　Dem Filtrat 1 g Kaliumpyrosulfat (1.5) zusetzen und weiterbehandeln wie in 3.1.5 bis 3.1.6 beschrieben.

3.3.　Eichlösungen

3.3.1. Eine Reihe von „Matrixlösungen" nach 3.2.1 herstellen und 1 g Kaliumpyrosulfat zugeben.

3.3.2. Je nach erwartetem Aluminiumgehalt steigende Volumina Aluminium-Standardlösung I (1.1) oder II (1.2) einmessen und mit Wasser auf 100 ml auffüllen.

3.3.3. Die Eichlösungen mit den Probe- und Blindwertlösungen zeitlich zusammenhängend und unter denselben apparativen Bedingungen (3.1.6) atomabsorptionsspektrometrisch messen. Die um ihren Blindwert (3.2) verminderten Extinktionen der Eichlösungen gegen die zugehörigen Aluminiummengen in einem Diagramm auftragen.

3.4. Auswertung
Anhand der Eichkurve aus der Probenextinktion die in der Probe enthaltene Aluminiummenge ermitteln und daraus unter Berücksichtigung der Einwaage den Aluminiumgehalt der Probe berechnen.

Bestimmung von Aluminium (säurelöslicher Anteil) in Ferrovanadin mit einem Vanadiumgehalt von mindestens 80%

Grundlage: Die Probe wird in Salz- und Salpetersäure gelöst. Nach Zusatz von Natriumchlorid wird Aluminium mittels Atomabsorption bestimmt.

Anwendungsbereich:　　Aluminiumgehalte von 0,1 bis 3 %

Genauigkeit:　　$v = 2\%$ bei Aluminiumgehalten um 1,5 %

Zeitaufwand:　　0,75 Stunden

1.　Reagenzien

1.1.　Aluminium-Standardlösung (1 mg/ml):
1,000 g Reinstaluminium in Salzsäure lösen. Die Lösung in einen 1000-ml-Meßkolben überspülen und mit Wasser zur Marke auffüllen.

1.2.　Vanadium-Matrixlösung (1 g/100 ml):
Im 400-ml-Becherglas 12 g Ammoniummetavanadat NH_4VO_3 mit Wasser aufschlämmen, erhitzen und mit 50 ml Salzsäure (37%) versetzen. In der Siedehitze in kleinen Anteilen Hydroxylammoniumchlorid zugeben bis alles gelöst ist. Die erhaltene Lösung in einen 500-ml-Meßkolben überspülen und nach dem Abkühlen mit Wasser zur Marke auffüllen.

1.3.　Kochsalzlösung (0,1 g/ml):
10 g Kochsalz mit Wasser zu 100 ml lösen.

1.4.　Salzsäure (1+1):
500 ml Salzsäure (37%) mit 500 ml Wasser mischen.

1.5.　Salpetersäure (65%; 1,40 g/ml)

2.　Geräte

2.1.　Atomabsorptionsspektrometer mit Lachgas-Acetylen-Brenner

2.2.　Aluminium-Hohlkathodenlampe, Wellenlänge der Meßstrahlung 309,3 nm

3.　Ausführung

3.1.　Analyse

3.1.1.　1,000 g Probe (0,500 g für Aluminiumgehalte über 1,5 %) im 250-ml-Becherglas mit 20 ml Salzsäure (1+1) versetzen.

3.1.2.　In der Hitze tropfenweise Salpetersäure (65%) zugeben bis die Lösungsreaktion beendet ist und die Lösung zur Entfernung der nitrosen Gase kurz aufkochen.

3.1.3. Nach dem Abkühlen in einen 250-ml-Meßkolben überspülen, mit 10 ml Koch-salzlösung (1.3) versetzen und mit Wasser zur Marke auffüllen.

3.1.4. Die Lösung durch ein extrahartes Faltenfilter filtrieren und atomabsorptions-spektrometrisch in einer Lachgas-Acetylen-Flamme bei 309,3 nm unter opti-malen Bedingungen nach Angaben des Geräteherstellers messen.

Anmerkung: Es ist in jedem Fall die Linie 309,3 nm zu verwenden, da die Linie 308,2 nm durch Vanadium gestört ist.

3.2. Blindwert

Der Blindwert der für die Herstellung von Probe- und Eichlösungen verwen-deten Reagenzien ist normalerweise vernachlässigbar klein.

3.3. Eichkurve

3.3.1. In drei 250-ml-Meßkolben je 100 ml Vanadium-Matrixlösung (1.2) und 10 ml Kochsalzlösung (1.3) geben, 5,0, 10,0 und 15,0 ml Aluminium-Standardlösung (1.1) einmessen und mit Wasser zur Marke auffüllen.

Anmerkung: Diese Eichlösungen entsprechen Aluminiumgehalten von 0,5, 1,0 und 1,5 % bei 1 g Probeeinwaage. Für Aluminiumgehalte von 1,5 bis 3 % nimmt man nur 50 ml Va-nadium-Matrixlösung (1.2). Die Zusätze entsprechen dann Aluminiumgehalten von 1,0, 2,0 und 3,0 % bei einer Einwaage von 0,5 g. Der Eisengehalt der Probe beeinflußt bei Ferrovanadin (Vanadiumgehalt mindestens 80 %) die Messung nicht und braucht deshalb nicht berücksichtigt werden.

3.3.2. Die Eichlösungen mit den Probelösungen zeitlich zusammenhängend unter denselben apparativen Bedingungen (3.1.4) atomabsorptionsspektrometrisch messen. Die Extinktionen der Eichlösungen gegen die zugehörigen Aluminium-mengen in einem Diagramm auftragen.

3.4. Auswertung

Anhand der Eichkurve aus der Probenextinktion die in der Probe enthaltene Aluminiummenge ermitteln und daraus den Aluminiumgehalt der Probe in Prozent berechnen.

Bestimmung von Aluminium in Ferrowolfram

Grundlage: Die Probe wird in Salpeter- und Flußsäure gelöst, ein evtl. vorhandener Rückstand mit Kaliumpyrosulfat aufgeschlossen und das Aluminium mittels Atomabsorption bestimmt.

Anwendungsbereich: Aluminiumgehalte von 0,1 bis 3 %

Genauigkeit: $v = 8\%$ bei Aluminiumgehalten um 0,4 %

Zeitaufwand: 1,5 Stunden

1.   Reagenzien

1.1.   Aluminium-Standardlösung I (0,2 mg/ml)
200 mg Aluminiummetall in 30 ml Salzsäure (1 + 1) lösen. Die Lösung in einen 1000-ml-Meßkolben überspülen und mit Wasser zur Marke auffüllen.
Anmerkung: Zur schnelleren Auflösung einige Tropfen einer 2-mol/l-Kupfersulfat-Lösung zusetzen. Ausgeschiedenes Kupfer mit einigen Tropfen Salpetersäure lösen.

1.2.   Aluminium-Standardlösung II (1 mg/ml):
1,000 g Aluminium wie unter 1.1 beschrieben lösen, die Lösung in einen 1000-ml-Meßkolben überspülen und mit Wasser zur Marke auffüllen.

1.3.   Salzsäure (1 + 1):
500 ml Salzsäure (37 %) mit 500 ml Wasser mischen.

1.4.   Salpetersäure (1 + 1):
500 ml Salpetersäure (65 %) mit 500 ml Wasser mischen.

1.5.   Flußsäure (40 %; 1,13 g/ml)

1.6.   Kaliumpyrosulfat $K_2S_2O_7$

1.7.   Wolframmetall

1.8.   Ferrum reductum

2.   Geräte

2.1.   Atomabsorptionsspektrometer mit Lachgas-Acetylen-Brenner

2.2.   Aluminium-Hohlkathodenlampe, Wellenlänge der Meßstrahlung 309,3 nm

2.3.   Platinschalen oder PTFE-Becher

2.4.   Kunststofftrichter

2.5.   Kunststoff- oder Quarzmeßkolben, 100 ml

2.6.   Platintiegel

3. Ausführung

3.1. Analyse

3.1.1. 1,000 g Probe bei Aluminiumgehalten unter 1 % bzw. 0,500 g Probe bei Aluminiumgehalten von 1 bis 3 % in einem PTFE-Becher oder in einer Platinschale mit 20 ml Salpetersäure (1 + 1) versetzen und durch tropfenweise Zugabe von 10 ml Flußsäure (40 %) lösen. Nach beendeter Reaktion die Lösung kurz aufkochen.

3.1.2. Die Probelösung abkühlen, über ein Filter kleiner Porenweite unter Benutzung eines Kunststofftrichters in einen 100-ml-Quarz- oder Kunststoffmeßkolben filtrieren und das Filter mit heißem Wasser säurefrei waschen.

3.1.3. Das gewaschene Filter im Platintiegel bei 900 °C veraschen, den Rückstand mit 1 g Kaliumpyrosulfat aufschließen und den Aufschluß mit 20 ml Wasser lösen. Die Lösung dem Probenfiltrat (3.1.2) hinzufügen und den Meßkolben mit Wasser zur Marke auffüllen.

3.1.4. Atomabsorptionsspektrometrie in einer Lachgas-Acetylen-Flamme bei einer Wellenlänge von 309,3 nm unter optimalen Bedingungen nach Anweisung des Geräteherstellers.

3.2. Blindwert

Der Aluminiumgehalt des für die Eichlösungen verwendeten Wolframmetalls (1.7) ist normalerweise bei kleinen Aluminiumgehalten der Probe nicht zu vernachlässigen. In solchen Fällen wird er unter der Annahme eines reproduzierbaren Anteils an säurelöslichem Aluminium bestimmt.

3.2.1. Der Probeeinwaage entsprechende Mengen Wolframmetall (1.7) und Ferrum reductum (1.8) in einen Teflonbecher oder eine Platinschale einwägen und behandeln wie in 3.1.1 bis 3.1.2 beschrieben. Das Filter verwerfen.

3.2.2. Dem Filtrat 1 g Kaliumpyrosulfat (1.6) zusetzen, den Meßkolben mit Wasser bis zur Marke auffüllen und weiterbehandeln wie in 3.1.4 beschrieben.

3.3. Eichkurve

3.3.1. Eine Reihe von „Matrixlösungen" nach 3.2.1 herstellen und 1 g Kaliumpyrosulfat zugeben.

3.3.2. Bei Probeneinwaagen von 1 g steigende Volumina Aluminium-Standardlösung I zwischen 5 und 50 ml (entsprechend Aluminiumgehalten zwischen 0,1 und 1 %) oder bei Probeneinwaagen von 0,5 g steigende Volumina Aluminium-Standardlösung II zwischen 5 und 15 ml (entsprechend Aluminiumgehalten zwischen 1 und 3 %) einmessen und mit Wasser auf 100 ml auffüllen.

3.3.3. Die Eichlösungen mit den Probe- und Blindwertlösungen zeitlich zusammenhängend und unter denselben apparativen Bedingungen (3.1.4) atomabsorptionsspektrometrisch messen. Die um ihren Blindwert (3.2) verminderten Extinktionen der Eichlösungen gegen die zugehörigen Aluminiummengen in einem Diagramm auftragen.

3.4.   Auswertung
Anhand der Eichkurve aus der Probenextinktion die in der Probe enthaltene
Aluminiummenge ermitteln und daraus unter Berücksichtigung der Einwaage
den Aluminiumgehalt der Probe berechnen.

Bestimmung geringer Kohlenstoffgehalte (unter 100 μg/g) in Molybdän-Metallpulver

Anmerkung: Diese Vorschrift ergänzt die allgemeinen Ausführungen zur Kohlenstoffbestimmung in Bd. I, S. 194 ff. und Bd. II, S. 296 ff. unter besonderer Berücksichtigung der coulometrischen Methode.

Grundlage: Die Probe wird im Sauerstoffstrom in Anwesenheit von Kupferoxid verbrannt. Das gebildete Kohlendioxid wird coulometrisch bestimmt.

Anmerkung: Das gebildete Kohlendioxid kann ebenso konduktometrisch oder mit Hilfe der Infrarotabsorption bestimmt werden. Hierzu sei auf die Anweisungen der Gerätehersteller verwiesen.

Anwendungsbereich: Für die Coulometrie liegt der optimale Meßbereich zwischen etwa 10 und 600 μg Kohlenstoff. Entsprechend ist die Einwaage der Probe zu wählen. Die Nachweisgrenze bei Verwendung handelsüblicher Geräte beträgt etwa 5 μg Kohlenstoff (dreifache Standardabweichung der Blindwertmessungen).

Das beschriebene Verfahren läßt sich in gleicher Weise auch auf andere Metallpulver wie z. B. Wolfram, Tantal, Niob, Nickel und Kobalt anwenden.

Genauigkeit: $v = 20\%$ bei Kohlenstoffgehalten von etwa 5 bis 20 μg/g

$v = 10\%$ bei Kohlenstoffgehalten von etwa 20 bis 50 μg/g

$v = 5\%$ bei Kohlenstoffgehalten von etwa 50 bis 100 μg/g

Zeitaufwand: 5 min ohne Vorbereitungsarbeiten

1. Reagenzien

1.1. Natronasbest, gekörnt oder Natronkalk, gekörnt

1.2. Kupferoxid in Drahtform

1.3. Bariumperchlorat, $Ba(ClO_4)_2$

1.4. Propanol-(2)

1.5. Lösung für Titrierzelle:
10 g Bariumperchlorat und 10 g Propanol-(2) in 150 ml Wasser lösen und auf 200 ml auffüllen

1.6. Bariumcarbonat, $BaCO_3$

1.7. Perhydrit (Additionsverbindung Wasserstoffperoxid-Harnstoff)

1.8. Natriumcarbonat, Na_2CO_3, wasserfrei, möglichst suprapur

1.9. Sauerstoff (Druckflasche oder zentrale Gasversorgung)

2. Geräte

2.1. Gasreinigungssystem
Platinkontaktofen mit einer Temperatur von 600 °C zur vollständigen Oxidation kohlenstoffhaltiger Verunreinigungen mit nachgeschaltetem Natronasbest/Natronkalk-Turm zur Kohlendioxid-Absorption.

2.2.	Verbrennungsofen Silitstab-Widerstandsofen mit Temperaturmeß- und -regeleinrichtung, auswechselbaren Verbrennungsrohren aus Pythagorasmasse oder Prokurund, Verschluß mit Sauerstoff-Einleitungsstutzen und Verbindungsmuffen aus Siliconkautschuk.
2.3.	Verbrennungschiffchen aus Hartporzellan, unglasiert
2.4.	Coulometrischer Titrierautomat
2.5.	Mikrowaage mit einer Auflösung von $1\,\mu g$

3.   Ausführung

3.0.	Vorbereitung
3.0.1.	Das pulverförmige Probematerial darf wegen möglicher Kohlenstoffaufnahme auf keinen Fall in Kunststoffbehältern aufbewahrt werden. Ebenso sind Kunststoffverschlüsse bei Glasgefäßen zu vermeiden.
3.0.2.	Die Verbrennungsschiffchen ca. 4 Stunden bei 800 bis 1000 °C ausglühen und im Exsikkator aufbewahren. Hantieren nur mit Tiegelzange oder Pinzette.
3.0.3.	Kupferoxid etwa 4 Stunden bei 800 bis 1000 °C ausglühen und in Glasflaschen aufbewahren.
3.0.4.	Das Analysengerät gemäß Bedienungsanleitung des Herstellers vorbereiten.
3.1.	Analyse
3.1.1.	Eine geeignete Probemenge (0,5 bis 1,0 g) in ein Porzellanschiffchen (3.0.2) einwägen und mit 2 g Kupferoxid (3.0.3) überschichten.
3.1.2.	Das Schiffchen mit der Probe und dem Kupferoxid in das auf 1300 °C aufgeheizte Verbrennungsrohr einführen. Die Probe im Sauerstoffstrom verbrennen und das Ende der coulometrischen Titration abwarten. Die Anzahl der Zählwerkschritte Z_p registrieren.
3.2.	Blindwert Vor und nach jeder Probenverbrennung in gleicher Weise den Blindwert des mit Kupferoxid beschickten Schiffchens ermitteln. Anzahl der Zählwerkschritte Z_b registrieren.
3.3.	Eichung
3.3.1.	Eine für etwa 10 Einwaagen zwischen 500 und 2500 μg ausreichende Menge Natriumcarbonat (1.8) 2 Stunden bei 105 °C nachtrocknen.
3.3.2.	In eine Reihe von etwa 10 ausgeglühten Porzellanschiffchen (3.0.2) je etwa 500 bis 2500 μg nachgetrocknetes Natriumcarbonat mit Hilfe einer Mikrowaage auf 1 μg genau einwägen.

3.3.3. Schiffchen im auf 1300 °C aufgeheizten Verbrennungsrohr im Sauerstoffstrom reagieren lassen und das Ende der coulometrischen Titration abwarten. Anzahl der Zählwerkschritte $Z(Na_2CO_3)$ registrieren.

Anmerkung: Das Natriumcarbonat reagiert mit der Kieselsäure des Porzellanschiffchens unter Freisetzung von Kohlendioxid.

Der Eichfaktor kann auch durch Verbrennung einer definierten Menge Kaliumhydrogenphthalat ermittelt werden.

3.3.4. In gleicher Weise die Zählwerkschritte $Z_b(Na_2CO_3)$ für die Blindwerte der leeren Porzellanschiffchen (3.0.2) ermitteln.

3.3.5. Berechnung des Faktors F(C) für jede Einzelmessung nach

$$F(C) = \frac{m(Na_2CO_3) \cdot 0{,}1133}{Z(Na_2CO_3) - Z_b(Na_2CO_3)}$$

wobei $m(Na_2CO_3)$ die Masse des eingesetzten Natriumcarbonats und 0,1133 der Umrechnungsfaktor auf die äquivalente Kohlenstoffmasse ist. Aus den Einzelergebnissen für F(C) den Mittelwert $\overline{F(C)}$ errechnen.

Beispiel: Es seien bei der Umsetzung von 1325 μg Natriumcarbonat 301 Zählwerkschritte registriert worden. Der Blindwert der Prozellanschiffchen (3.3.4) betrage 5 Schritte.

$$m(Na_2CO_3) = 1325\ \mu g;\ Z(Na_2CO_3) = 301;\ Z_b(Na_2CO_3) = 5,$$

$$F(C) = \frac{m(Na_2CO_3) \cdot 0{,}1133}{Z(Na_2CO_3) - Z_b(Na_2CO_3)} = \frac{1325\ \mu g \cdot 0{,}1133}{301 - 5} = 0{,}507\ \mu g\ \text{(pro Zählwerkschritt)}.$$

3.4. Auswertung

Berechnung des Kohlenstoffgehaltes w(C) der Probe nach

$$w(C) = \frac{(Z_p - Z_b) \cdot \overline{F(C)}}{m_p},$$

wobei m_p die Masse der untersuchten Probe ist. Z_p, Z_b bzw. $\overline{F(C)}$ sind in 3.1.2, 3.2 bzw. 3.3.5 definiert.

Beispiel:

Bei der Verbrennung einer Einwaage von 1,005 g seien 117 Zählwerkschritte registriert. Der Blindwert der Schiffchen mit Kupferoxid (3.2) betrage 7 Schritte und der Mittelwert des Faktors sei $\overline{F(C)} = 0{,}504\ \mu g$:

$$m_p = 1{,}005\ g;\ Z_p = 117;\ Z_b = 7;\ \overline{F(C)} = 0{,}504\ \mu g,$$

$$w(C) = \frac{(Z_p - Z_b) \cdot \overline{F(C)}}{m_p} = \frac{(117 - 7) \cdot 0{,}504\ \mu g}{1{,}005\ g} = 55\ \mu g/g.$$

Literatur

Lassner, E.: Erzmetall 24 (1971) 568
Abresch, K.; Claassen, I.: Die coulometrische Analyse. Weinheim 1961

Bestimmung von Eisen in Chrommetall

Grundlage: Die Probe wird in Salzsäure gelöst und das Eisen nach Oxidation mit Salpetersäure mittels Atomabsorption bestimmt.

Anwendungsbereich: Eisengehalte von 0,03 bis 0,5 %

Genauigkeit: $v = 5\%$ bei Eisengehalten um 0,2 %

Zeitaufwand: 0,5 Stunden

1.   Reagenzien

1.1.   Eisen-Stammlösung (1 mg/ml):
1,000 g Eisenpulver in 60 ml Salzsäure (1 + 1) unter Erwärmen lösen. Die abgekühlte Lösung in einen 1000-ml-Meßkolben überspülen und mit Wasser zur Marke auffüllen.

1.2.   Eisen-Standardlösung (0,1 mg/ml):
25,0 ml Eisen-Stammlösung (1.1) in einen 250-ml-Meßkolben pipettieren, 10 ml Salzsäure (1 + 1) zugeben und mit Wasser zur Marke auffüllen.

1.3.   Salzsäure (1 + 1):
500 ml Salzsäure (37 %) mit 500 ml Wasser mischen.

1.4.   Salpetersäure (65 %; 1,40 g/ml)

1.5.   Elektrolytchrom oder Chrom(III)-chlorid $CrCl_3 \cdot 6H_2O$

2.   Geräte

2.1.   Atomabsorptionsspektrometer mit Luft-Acetylen-Brenner

2.2.   Eisen-Hohlkathodenlampe, Wellenlänge der Meßstrahlung 248,3 nm

3.   Ausführung

3.1.   Analyse

3.1.1.   1,000 g Probe im 250-ml-Becherglas mit 20 ml Salzsäure (1 + 1) unter gelindem Erwärmen lösen, danach mit 1 bis 2 ml Salpetersäure (65 %) oxidieren und kurz aufkochen.

3.1.2.   Die erkaltete Lösung in einen 100-ml-Meßkolben überspülen und mit Wasser zur Marke auffüllen.

3.1.3.   Atomabsorptionsspektrometrie in einer Luft-Acetylen-Flamme bei einer Wellenlänge von 248,3 nm unter optimalen Bedingungen nach Anweisung des Geräteherstellers.

3.2.   Blindwert

Dem Chromgehalt der Probeneinwaagen entsprechende Mengen Elektrolytchrom oder Chrom(III)-chlorid (1.5) behandeln wie unter 3.1.1 bis 3.1.3
beschrieben.

3.3.   Eichkurve

3.3.1.   In eine Reihe von 250-ml-Bechergläsern dem Chromgehalt der Probeneinwaage
entsprechende Mengen Elektrolytchrom oder Chrom(III)-chlorid (1.5) einwägen.

3.3.2.   Steigende Volumina Eisen-Standardlösung (1.2) zwischen 3 und 50 ml (entsprechend Eisengehalten zwischen 0,03 und 0,5 % bei einer Einwaage von 1 g)
einmessen.

3.3.3.   Die Eichansätze behandeln wie unter 3.1.1 und 3.1.2 beschrieben und mit den
Probelösungen und deren Blindlösungen zeitlich zusammenhängend und unter
denselben apparativen Bedingungen (3.1.3) atomabsorptionsspektrometrisch
messen.

Anmerkung: Es ist wesentlich, die Eisen-Standardlösungen bereits beim Lösevorgang
zuzusetzen, da nicht oxidierte Lösungen zu fehlerhaften Analysenergebnissen führen können.

Die um den Blindwert verminderten Extinktionen der Eichlösungen gegen die
zugehörigen Eisenmengen in einem Diagramm auftragen.

3.4.   Auswertung

Aus der um den Blindwert verminderten Extinktion der Probelösung anhand
der Eichkurve die in der Probe enthaltene Eisenmenge ermitteln und daraus
den Eisengehalt der Probe berechnen.

Röntgenfluoreszenzanalytische Bestimmung von Molybdän in Ferromolybdän

Grundlage: Nach dem Lösen der Probe in einer definierten Säuremenge unter definierten Bedingungen wird die Intensität der Röntgenfluoreszenzstrahlung des Molybdäns gemessen und mit der Intensität von Eichlösungen verglichen.

Anwendungsbereich:　Molybdängehalte in dem in Ferromolybdän üblichen Bereich

Genauigkeit:　$v = 0,23\,\%$ bei Molybdängehalten um $70\,\%$

Zeitaufwand:　1 Stunde für zwei Proben ohne Ansetzen der Eichlösungen
2,5 Stunden einschließlich der Herstellung von fünf Eichlösungen

1.　Reagenzien

1.1.　Flußsäure (40 %; 1,13 g/ml)

1.2.　‑Salpetersäure (65 %; 1,40 g/ml)

1.3.　Salpetersäure (1 + 1):
500 ml Salpetersäure (65 %) mit 500 ml Wasser mischen.

1.4.　Mischsäure:
250 ml o-Phosphorsäure (85 %; 1,71 g/ml) mit 750 ml Salpetersäure (1 + 1) mischen.

1.5.　Molybdän (mindestens 99,7 %)

1.6.　Eisen (mindestens 99,5 %)

2.　Geräte

2.1.　Röntgenfluoreszenzspektrometer

2.2.　Platinschalen mit Deckel

2.3.　Kunststoffmeßkolben, 100 ml

2.4.　Wasserbad

3.　Ausführung

3.1.　Analyse

3.1.1.　(0,5000 ± 0,0001) g Einwaage in einer Platinschale mit 2 ml Wasser versetzen, die Schale mit einem Platindeckel bedecken und mit einer Pipette 10,0 ml Mischsäure (1.4) zugeben. Nach dem Abklingen der Lösereaktion 2 ml Flußsäure (40 %) hinzufügen und die bedeckte Schale 5 min auf ein siedendes Wasserbad stellen. Dann abkühlen lassen, den Schaleninhalt in einen 100-ml-

Kunststoffmeßkolben überspülen und mit Wasser zur Marke auffüllen. Die Lösung in einem Polyäthylengefäß mit Schraubverschluß aufbewahren.

Anmerkung: Da die Infensität der Röntgenfluoreszenzstrahlung stark von der Säurekonzentration abhängt, sind die angegebenen Säuremengen und die Verweilzeit auf dem siedenden Wasserbad genau einzuhalten.

3.1.2. Die Lösung in eine Kunststoffküvette einfüllen und abdecken, damit möglichst wenig Säuredämpfe während der Messung in die Apparatur gelangen. Die Einfüllhöhe so bemessen, daß sie über der Eindringtiefe der anregenden Strahlung liegt. Dann die Intensität der Röntgenfluoreszenzstrahlung der K_α-Linie des Molybdäns unter folgenden Bedingungen messen:

– Anregung mit Hilfe einer Goldanoden-Röntgenröhre; 50 kV, 20 mA,
– Lithiumfluorid-Analysatorkristall,
– Messung mit einem Szintillatonszählrohr,
– Zählzeit 20 s.

3.2. Eichkurve

In eine Reihe von mindestens fünf Platinschalen auf 0,1 mg genau steigende Mengen Molybdän so einwägen, daß der Gehaltsbereich der Probe sicher abgedeckt ist und die Einwaage mit Eisen auf 0,5 g ergänzen.

Anmerkung: Molybdänpulver kann merkliche Sauerstoffmengen enthalten. In solchem Fall ist der Sauerstoffgehalt beim Ansetzen der Eichlösungen entsprechend zu berücksichtigen.

Die Einwaagen nach 3.1.1 und 3.1.2 weiterverarbeiten.

Bei Aufbewahrung in Polyäthylengefäßen mit dichtem Schraubverschluß sind die Eichlösungen mindestens 2 Monate haltbar.

3.2.2. Die Intensitäten (Zählrate pro Zeiteinheit) der Mo-K_α-Linie der Eichlösungen mit der Intensität der Probelösung zeitlich zusammenhängend und unter denselben apparativen Bedingungen (3.1.2) messen. Die in den einzelnen Eichlösungen gemessenen Intensitäten gegen die zugehörigen Molybdängehalte in einem Diagramm auftragen. Im betrachteten Gehaltsbereich ist die Eichfunktion eine Gerade.

3.3. Blindwert

Innerhalb des von den Eichlösungen abgedeckten Gehaltsbereiches ist eine Bestimmung des Blindwertes nicht erforderlich, da er für die jeweiligen Proben und Eichlösungen identisch ist und somit bei der Eichung eliminiert wird.

3.4. Auswertung

Aus der in der Probelösung gemessenen Intensität anhand der Eichkurve den Molybdängehalt ermitteln.

Literatur

Schneider, H., et al.: Erzmetall 22 (1969) 338
Rothmann, H.; Schneider, H., et al.: Arch. Eisenhüttenwes. 33 (1962) 17

Röntgenfluoreszenzanalytische Bestimmung von Molybdän und Wolfram in Molybdän-Wolfram-Legierungen

Grundlage: Nach dem Lösen der Probe in einer definierten Säuremenge unter definierten Bedingungen werden die Intensitäten der Röntgenfluoreszenzstrahlungen der Elemente Wolfram und Molybdän gemessen und mit den Intensitäten von Eichlösungen verglichen.

Anwendungsbereich: Wolframgehalte von 0,2 bis 100%
Molybdängehalte von 0,3 bis 100%

Genauigkeit: $v = 0{,}6\%$ bei Wolframgehalten um 10%
$v = 0{,}4\%$ bei Wolframgehalten um 50%
$v = 0{,}25\%$ bei Wolframgehalten um 90%

$v = 0{,}17\%$ bei Molybdängehalten um 90%
$v = 0{,}4\%$ bei Molybdängehalten um 50%
$v = 0{,}9\%$ bei Molybdängehalten um 10%

Zeitaufwand: 1 Stunde für zwei Proben ohne Ansetzen der Eichlösungen
2,5 Stunden einschließlich der Herstellung von fünf Eichlösungen

1.   Reagenzien

1.1.   Flußsäure (40%; 1,13 g/ml)

1.2.   Salpetersäure (65%; 1,40 g/ml)

1.3.   Molybdän (mindestens 99,7%)

1.4.   Wolfram (mindestens 99,9%)

2.   Geräte

2.1.   Röntgenfluoreszenzspektrometer

2.2.   Platinschalen mit Deckel

2.3.   Kunststoffmeßkolben, 100 ml

2.4.   Wasserbad

3.   Ausführung

3.1.   Analyse

3.1.1. $(1{,}000 \pm 0{,}0001)$ g Einwaage in einer Platinschale mit 10 ml Flußsäure (40%) versetzen, nach Zugabe von 2 ml Salpetersäure (65%) mit einem Deckel bedecken und auf ein siedendes Wasserbad stellen. Nach 10 min nochmals 2 ml Salpetersäure (65%) hinzufügen und die bedeckte Schale weitere 10 min auf dem siedenden Wasserbad belassen. Dann die Schale abkühlen lassen, die Lösung in einen 200-ml-Kunststoffmeßkolben überspülen und mit Wasser zur Marke auffüllen. Die Lösung in einem Polyäthylengefäß mit Schraubverschluß aufbewahren.

Anmerkung: Da die Intensität der Röntgenfluoreszenzstrahlung stark von der Säure-konzentration abhängt, sind die angegebenen Säuremengen und die Verweilzeiten auf dem siedenden Wasserbad genau einzuhalten.

3.1.2.　Die Lösung in eine Kunststoffküvette einfüllen und abdecken, damit möglichst wenig Säuredämpfe während der Messung in die Apparatur gelangen. Die Ein-füllhöhe so bemessen, daß sie über der Eindringtiefe der anregenden Strahlung liegt. Dann die Intensitäten der Röntgenfluoreszenzstrahlungen der K_α-Linie des Molybdäns und der $L_{\alpha1}$-Linie des Wolframs unter folgenden Bedingungen messen:

— Anregung mit Hilfe einer Goldanoden-Röntgenröhre; 50 kV, 20 mA,
— Lithiumfluorid-Analysatorkristall,
— Messung mit einem Szintillationszählrohr,
— Zählzeit je nach Wolfram- und Molybdängehalt 10 bis 40 s.

Anmerkung: Die Messung der W-$L_{\alpha1}$-Linie hat wegen der Nähe der II. Ordnung der Mo-K_α-Linie unter Verwendung des Impulshöhendiskriminators zu erfolgen.

3.2.　Eichkurven

3.2.1.　In eine Reihe von mindestens fünf Platinschalen auf 0,1 mg genau steigende Mengen Molybdän so einwägen, daß der Gehaltsbereich der Probe sicher ab-gedeckt ist und die Einwaage mit Wolfram auf $(1,0000 \pm 0,0001)$ g ergänzen.

Anmerkung: Reinmetallpulver können merkliche Sauerstoffmengen enthalten. In solchen Fällen ist der Sauerstoffgehalt beim Ansetzen der Eichlösungen entsprechend zu berück-sichtigen.

Einwaagen nach 3.1.1. und 3.1.2 weiterverarbeiten.

Bei Aufbewahrung in Polyäthylengefäßen mit dichtem Schraubverschluß sind die Eichlösungen mindestens 2 Monate haltbar.

3.2.2.　Die Intensitäten (Zählrate pro Zeiteinheit) der Eichlösungen mit den Inten-sitäten der Probelösung zeitlich zusammenhängend und unter denselben appa-rativen Bedingungen (3.1.2) messen. Die Intensitäten der Mo-K_α-Linie gegen die zugehörigen Molybdängehalte der Eichproben und die Intensitäten der W-$L_{\alpha1}$-Linie gegen die zugehörigen Wolframgehalte der Eichproben in jeweils einem Diagramm auftragen. In den untersuchten Gehaltsbereichen sind die Eichfunktionen Geraden.

3.3.　Blindwert
Innerhalb des von den Eichlösungen abgedeckten Gehaltsbereiches ist eine Bestimmung des Blindwertes nicht erforderlich, da er für die jeweiligen Pro-ben und Eichlösungen identisch ist und somit bei der Eichung eliminiert wird.

3.4.　Auswertung
Aus den in der Probelösung gemessenen Intensitäten der Mo-K_α-Linie bzw. der W-$L_{\alpha1}$-Linie mit Hilfe der entsprechenden Eichkurve den Molybdän- bzw. Wolframgehalt der Probe ermitteln.

Literatur

Schneider, H., et al.: Erzmetall 22 (1969) 338
Rothmann, H.; Schneider, H., et al.: Arch. Eisenhüttenwes. 33 (1962) 17

Röntgenfluoreszenzanalytische Bestimmung von Niob und Tantal in Ferro-Niob-Tantal

Grundlage: Nach dem Lösen der Probe in einer definierten Säuremenge unter definierten Bedingungen werden die Intensitäten der Röntgenfluoreszenzstrahlungen von Tantal und Niob in unterschiedlich verdünnten Lösungen gemessen und mit den Intensitäten von Eichlösungen verglichen.

Anwendungsbereich:　　Niobgehalte in dem für Ferro-Niob-Tantal üblichen Bereich
Tantalgehalte über 0,3 % in dem für Ferro-Niob-Tantal üblichen Bereich

Genauigkeit:　　$v = 0,27\%$ bei Niobgehalten um 60 %
$v = 1,7\%$ bei Tantalgehalten um 6 %

Zeitaufwand:　　1,5 Stunden für zwei Proben ohne Ansetzen der Eichlösungen
2,5 Stunden einschließlich der Herstellung von 5 Eichlösungen

1.　　Reagenzien

1.1.　　Flußsäure (40 %; 1,13 g/ml)

1.2.　　Salpetersäure (65 %; 1,40 g/ml)

1.3.　　Niobmetall (mindestens 99,9 %)

1.4.　　Tantalmetall (mindestens 99,7 %)

1.5.　　Eisen (mindestens 99,5 %)

2.　　Geräte

2.1.　　Röntgenfluoreszenzspektrometer

2.2.　　Platinschalen mit Deckel

2.3.　　Wasserbad

2.4.　　Kunststoffmeßkolben, 100 ml

2.5.　　Kunststoffmeßkolben, 50 ml

3.　　Ausführung

3.1.　　Analyse

3.1.1.　　$(0,5000 \pm 0,0001)$ g Einwaage in einer Platinschale mit 5 ml Wasser und 10 ml Flußsäure (40 %) versetzen, die Schalen mit einem Platindeckel bedecken und tropfenweise 2 ml Salpetersäure (65 %) zugeben. Die bedeckte Schale 3 min auf einem siedenden Wasserbad erwärmen und nach dem Abkühlen den Schaleninhalt in einen 100-ml-Kunststoffmeßkolben überspülen und mit Wasser zur Marke auffüllen (Lösung A). Hiervon 20,0 ml in einen 50-ml-Kunststoff-meßkolben pipettieren und mit Wasser zur Marke auffüllen (Lösung B). Beide Lösungen in Polyäthylengefäßen mit Schraubverschluß aufbewahren.

3.1.2.　Die Lösungen in eine Kunststoffküvette einfüllen und abdecken, damit möglichst wenig Säuredämpfe während der Messung in die Apparatur gelangen. Die Einfüllhöhe so bemessen, daß sie über der Eindringtiefe der anregenden Strahlung liegt. Dann die Intensität der Röntgenfluoreszenzstrahlung der $L_{\alpha 1}$-Linie des Tantals in der Lösung A und die der K_α-Linie des Niobs in der Lösung B unter folgenden Bedingungen messen:

— Anregung mit Hilfe einer Goldanoden-Röntgenröhre; 50 kV, 20 mA,
— Lithiumfluorid-Analysatorkristall,
— Messung mit einem Szintillationszählrohr,
— Zählzeit je nach Gehalt 20 bis 40 s.

Anmerkung: Die Messung der Ta-$L_{\alpha 1}$-Linie hat wegen der Nähe der II. Ordnung der Nb-K_α-Linie unter Verwendung des Impulshöhendiskriminators zu erfolgen.

3.2.　Eichkurven

3.2.1.　In eine Reihe von mindestens fünf Platinschalen auf 0,1 mg genau steigende Mengen Niob und fallende Mengen Tantal so einwägen, daß der Gehaltsbereich der Probe sicher abgedeckt ist und die Einwaage mit Eisen auf 0,5 g ergänzen.

Ein Beispiel für eine Probe mit einem Niobgehalt um 60 % und einem Tantalgehalt um 6 % zeigt die folgende Tabelle:

Eichlösung Nr.	Niob mg	Tantal mg	Eisen mg	Niobgehalt %	Tantalgehalt %
1	280	40	180	56	8
2	290	35	175	58	7
3	300	30	170	60	6
4	310	25	165	62	5
5	320	20	160	64	4

Anmerkung: Reinmetallpulver können merkliche Sauerstoffmengen enthalten. In solchen Fällen ist der Sauerstoffgehalt beim Ansetzen der Eichlösungen entsprechend zu berücksichtigen.

Die Einwaagen nach 3.1.1 und 3.1.2 weiterverarbeiten. Bei Aufbewahrung in Polyäthylengefäßen mit dichtem Schraubverschluß sind die Eichlösungen mindestens 2 Monate haltbar.

3.2.2.　Die Intensitäten (Zählrate pro Zeiteinheit) der Eichlösungen mit den Intensitäten der Probelösungen zeitlich zusammenhängend und unter denselben apparativen Bedingungen messen. Die Intensitäten der Ta-$L_{\alpha 1}$-Linie in den Eichlösungen A gegen die zugehörigen Tantalgehalte der Eichproben und die Intensitäten der Nb-K_α-Linie in den Eichlösungen B gegen die zugehörigen Niobgehalte der Eichproben in jeweils einem Diagramm auftragen. In den untersuchten Gehaltsbereichen sind die Eichfunktionen Geraden.

3.3.   Blindwert
Innerhalb des von den Eichlösungen abgedeckten Gehaltsbereiches ist eine Bestimmung des Blindwertes nicht erforderlich, da er für die jeweiligen Proben und Eichlösungen identisch ist und somit bei der Eichung eliminiert wird.

3.4.   Auswertung
Aus den für die Probelösungen A bzw. B gemessenen Intensitäten mit Hilfe der entsprechenden Eichkurven den Tantal- bzw. Niobgehalt der Probe ermitteln.

Literatur

Schneider, H., et al.: Erzmetall 22 (1969) 338
Rothmann, H.; Schneider, H., et al.: Arch. Eisenhüttenwes. 33 (1962) 17

Bestimmung von Silicium in Wolframmetall und Wolframoxid

Anmerkung: Die in Bd. II, S. 891 angegebene gravimetrische Methode zur Bestimmung von Silicium in Wolframmetall ist für kleine Gehalte nicht geeignet.

Die hier beschriebene Methode kann mit geringen Änderungen auch für die Untersuchung von Molybdänmetall und Molybdänoxid eingesetzt werden.

Grundlage: Wolframmetall wird durch Glühen oxidiert und das Oxid mit Natriumcarbonat geschmolzen. Die wäßrige Aufschlußlösung wird mit Ammoniummmolybdatlösung und zur Unterdrückung des Störeinflusses von Phosphor und Arsen mit Oxalsäure versetzt, die entstandene Molybdatokieselsäure wird mit Eisen(II) zu Molybdänblau reduziert, dessen Farbintensität photometrisch gemessen wird.

Anmerkung: Die im Analysengang zugesetzte Oxalsäure zerstört weitgehend evtl. gebildete Molybdatophosphorsäure und Molybdatoarsensäure. Es verbleibt jedoch ein geringfügiger Störeinfluß. So täuscht ein Phosphorgehalt von $100\,\mu g/g$ einen Siliciumgehalt von $5\,\mu g/g$ und ein Arsengehalt von $100\,\mu g/g$ einen Siliciumgehalt von $2\,\mu g/g$ vor.

Anwendungsbereich: Siliciumgehalte zwischen 20 und $1000\,\mu g/g$.

Die zur Untersuchung von Molybdän und Molybdänoxid erforderlichen Änderungen des Verfahrens sind in 3.5 beschrieben.

Genauigkeit: $v = 10\%$ bei Siliciumgehalten von etwa 20 bis $100\,\mu g/g$

$v = 5\%$ bei Siliciumgehalten von etwa 100 bis $1000\,\mu g/g$

Zeitaufwand: 1 Stunde für eine Einzelbestimmung.

1.   Reagenzien

1.1.   Bidestilliertes Wasser (zum Ansetzen und Verdünnen sämtlicher Lösungen)

1.2.   Natriumcarbonat, wasserfrei, suprapur

1.3.   Ammoniummolybdatlösung

1.3.1.   25 g Ammoniumheptamolybdat $(NH_4)_6Mo_7O_{24} \cdot 4H_2O$ in 200 ml kaltem Wasser lösen und auf 250 ml auffüllen.

1.3.2.   15 ml Schwefelsäure (96 %), suprapur, vorsichtig in etwa 100 ml Wasser eintragen und mit Wasser auf 250 ml verdünnen.

1.3.3.   Kurz vor Gebrauch eine ausreichende Menge der Lösungen 1.3.1 und 1.3.2 im Volumenverhältnis 1:1 mischen.

Anmerkung: Die Lösung 1.3.1 spätestens alle zwei Wochen frisch ansetzen. Blaugefärbte Lösungen verwerfen.

1.4.   Oxalsäurelösung:

20 g Oxalsäuredihydrat in ca. 220 ml Wasser lösen und auf 250 ml auffüllen.

1.5.   Reduktionslösung:

3 g Ammoniumeisen(II)-sulfat $(NH_4)_2Fe(SO_4)_2 \cdot 6H_2O$ und 1 g Ammoniumeisen(III)-sulfat $(NH_4)Fe(SO_4)_2 \cdot 12\,H_2O$ in einer Mischung aus 0,5 ml Schwe-

felsäure (1+3) und 10 ml Wasser lösen. Die Lösung mit Wasser auf 50 ml verdünnen.

Die Lösung ist wöchentlich frisch anzusetzen.

1.6. Silicium-Stammlösung (200 μg/ml):
Ca. 200 mg Quarzmehl (aus Quarzglas hergestellt) im Platintiegel 2 bis 3 Stunden bei 1000 °C glühen. Nach dem Abkühlen hiervon 0,107 g mit 2 g Natriumcarbonat (1.2) im Platintiegel mit heißer Flamme schmelzen und vollständig aufschließen. Nach dem Erkalten die Schmelze in einem Kunststoffbecher mit warmem Wasser lösen. Nach dem Abkühlen die Lösung auf 250 ml auffüllen, umschütteln und in einer Kunststoffflasche aufbewahren.

1.7. Silicium-Standarlösung (10 μg/ml):
25 ml der Stammlösung (1.6) mit Wasser auf 500 ml verdünnen, umschütteln und in einer Kunststoffflasche aufbewahren.
Anmerkung: Die Lösungen (1.6) und (1.7) sind nur begrenzt haltbar.

1.8. Wolfram(VI)-oxid, möglichst siliciumfrei

2. Geräte

2.1. Spektralphotometer oder Filterphotometer, Wellenlänge der Meßstrahlung 720 nm

2.2. Platintiegel mit Deckel

2.3. Tiegelzange mit Platinschuhen

2.4. Kunststoffmeßzylinder 100 ml, 250 ml und 500 ml (sämtlich nacheichen)

2.5. Kunststoffbecher, 500 ml

2.6. Kunststoffpipetten, 1 ml und 10 ml (mit Wasser durch Wägung nacheichen)

2.7. Kunststoffvorratsflaschen
Anmerkung: Die Kunststoffgeräte (2.4) bis (2.7) können aus Polyäthylen, Polypropylen oder Polytetrafluoräthylen gefertigt sein.

3. Ausführung

3.0. Vorbemerkung
Die Reagenz-, Proben- und Eichlösungen sind ausschließlich in Kunststoffgefäßen zu handhaben (Ausnahme: Abmessen der Schwefelsäure (96 %) in 1.3.2).

3.1. Analyse

3.1.1. 2,5 g Wolframmetallpulver oder die äquivalente Menge Wolframoxid (3,15 g) auf 1 mg genau in einen gründlich gereinigten Platintiegel einwägen.

3.1.2. Das Wolframmetallpulver vorsichtig bei ca. 650 °C zum Oxid verglühen.

3.1.3. 5,00 g Natriumcarbonat (1.2) abwägen.

3.1.4. Etwa die halbe Menge Natriumcarbonat im Platintiegel mit der Probe vermischen, mit der restlichen Menge die Mischung abdecken.

3.1.5. Den Tiegel mit einem Platindeckel bedecken und mit der nichtleuchtenden Flamme vorsichtig von der Seite auf Rotglut erhitzen, um ein Verstäuben des lockeren Probegutes zu vermeiden.

Anmerkung: Es wird auch empfohlen, zuvor etwa 5 ml Wasser zur Aufschlußmischung zu geben, bei erhöhter Temperatur einzudampfen und die so verfestigte Masse zu schmelzen.

3.1.6. Nach Beendigung der Hauptreaktion den Deckel abnehmen, den Tiegel scharf erhitzen und mit der Zange leicht schwenken, bis eine klare Schmelze entstanden ist.

3.1.7. Während des Abkühlens den Tiegel nach allen Seiten schwenken, damit die erstarrende Schmelze die Tiegelwände benetzt.

3.1.8. Den erkalteten Tiegel und den Deckel in einen 500-ml-Kunststoffbecher legen. Den Schmelzkuchen mit heißem Wasser lösen, Tiegel und Deckel sorgfältig abspülen.

3.1.9. Die Aufschlußlösung in einem Meßzylinder auf 250 ml verdünnen, durchmischen und in einer Kunststoffflasche aufbewahren. Die Lösung ist nur begrenzt haltbar.

3.1.10. 10 ml der Aufschlußlösung in einen 100-ml-Meßzylinder abpipettieren.

Anmerkung: Lösungen, die einen leichten Eisenhydroxidniederschlag erkennen lassen, zuvor gut durchschütteln, damit ein aliquoter Teil des silicatadsorbierenden Hydroxids entnommen wird.

3.1.11. 10 ml Wasser zufügen, die Temperatur der Lösung soll 20 °C betragen.

3.1.12. 10 ml Ammoniummmolybdatlösung (1.3.3) zusetzen und mit einem Kunststoffstab gut durchmischen. Die Lösung 14 bis 15 min stehen lassen.

3.1.13. 10 ml Oxalsäurelösung (1.4) zufügen und gut durchmischen. Die Mischung 7 min stehen lassen.

3.1.14. 1,0 ml der Reduktionslösung (1.5) unter Rühren zusetzen, dann mit Wasser zur 50-ml-Marke auffüllen, durchmischen und nach einer genau einzuhaltenden Wartezeit von 5 min die Extinktion der Lösung bei einer Wellenlänge von 720 nm in einer 10-mm-Küvette gegen Wasser messen.

3.2. Blindwert
Die Siliciumgehalte der verwendeten Reagenzien und auch des beim Ansatz der Eichlösungen (3.3) verwendeten Wolframoxids sind nicht vernachlässigbar klein. Sie müssen sowohl bei der Messung der Probelösungen als auch der Eichlösungen berücksichtigt werden. Dies erfordert den Ansatz unterschiedlicher Blindwertlösungen für Probe- und Eichlösungen.

3.2.1. Blindwert der Probelösungen (Chemikalienblindwert):
5 g Natriumcarbonat (1.2) im Platintiegel schmelzen und weiter wie den Aufschluß der Probe behandeln (3.1.5) bis (3.1.14).

3.2.2. Blindwert der Eichlösungen:
3,15 g Wolfram(VI)-oxid (1.8) behandeln wie in 3.1.1 bis 3.1.9 beschrieben. 10 ml hiervon wie in 3.1.10 bis 3.1.14 beschrieben weiterbehandeln.

Den Rest der Aufschlußlösung als „Matrixlösung" für die Eichansätze 3.3.1 verwenden.

3.3.   Eichkurve

3.3.1.   In eine Reihe von 100-ml-Meßzylindern je 10 ml „Matrixlösung" (3.2.2, bearbeitet von 3.1.1 bis 3.1.9) und steigende Mengen Silicium-Standardlösung (1.7) zwischen 1,0 und 10,0 ml (entsprechend Sliliciummengen zwischen 10 und 100 μg) einmessen.

Das Volumen der Zugaben an Silicium-Standardlösung mit Wasser auf jeweils 10 ml ergänzen. Die Lösung auf 20 °C temperieren.

3.3.2.   Weiterbehandeln wie in 3.1.11 bis 3.1.14 beschrieben.

3.3.3.   Die um ihren Blindwert verminderten Extinktionen der Eichlösungen (3.3.2) gegen die zugehörigen Siliciummengen in einem Diagramm auftragen.

Für Siliciummengen bis zu 100 μg ist die Eichfunktion eine Gerade, die im Koordinatennullpunkt entspringt.

Anmerkung: Die Anwesenheit von Wolfram in den Lösungen verringert deren Extinktion. So wird an einer wolframhaltigen Eichlösung nach 3.3.2 mit einer Siliciumkonzentration von 60 μg/50 ml eine Extinktion von 0,5 gemessen, während die gleiche Extinktion in einer wolframfreien Eichlösung bereits bei einer Siliciumkonzentration von 56 μg/50 ml gemessen werden kann.

Die Wolframkonzentration der Eichlösung ist daher auf den Wert der Probelösung einzustellen.

3.4.   Auswertung

Aus den um ihren Blindwert verminderten Extinktionen der Probelösungen (3.1.14) anhand der Eichkurve die in der Abnahme (3.1.10) enthaltene Siliciummenge ermitteln und hieraus unter Bezug auf die Einwaage 3.1.1 den Siliciumgehalt errechnen.

Anmerkung: Für Siliciumgehalte in der Nähe der Nachweisgrenze kann die Extinktion auch in Küvetten mit größerer Schichtdicke als 1 cm gemessen werden. Die gemessenen Werte sind dann auf die Schicktdicke von 1 cm umzurechnen.

3.5.   Untersuchung von Molybdän und Molybdänoxid

Die für die Untersuchung von Wolfram in 3.1.2 beschriebene Oxidation des Metalls ist durch 3.5.1 zu ersetzen.

Die Farbintensität des Molybdänblaus wird durch wechselnde Molybdänkonzentrationen nicht beeinflußt. Die Eichlösungen können daher ohne Molybdänzusatz zur Matrixsimulation angesetzt werden.

3.3.1 durch 3.5.2 ersetzen.

3.5.1.   Molybdänmetallpulver in eine Platinschale einwägen, mit 5 ml Wasser befeuchten und durch tropfenweise Zugabe von Salpetersäure (67 %) oxidieren. Auf dem Wasserbad zur Trockne dampfen, dann vorsichtig bis auf etwa 500 °C erhitzen, um letzte Säureanteile zu entfernen.

3.5.2.   In eine Reihe von 100-ml-Meßzylindern steigende Volumina Silicium-Standardlösung (1.7) zwischen 0 und 10 ml (entsprechend Siliciummengen zwischen 0 und 100 μg) einmessen. Die Lösung ohne Siliciumzusatz ist der Blindwert der Eichlösungen. Weiterbearbeiten wie von 3.3.2 an beschrieben. Blindwertmessungen sinngemäß berücksichtigen.

Literatur

Lassner, E.: Erzmetall 24 (1971) 568

Bestimmung von Zinn in Ferro-Niob-Tantal

Grundlage: Die Probe wird in Salpeter- und Flußsäure gelöst. In dieser Lösung wird Zinn direkt mittels Atomabsorption bestimmt.

Anwendungsbereich: Zinngehalte ab 0,1 %

Genauigkeit: $v = 11 \%$ bei Zinngehalten um 0,1 %

Zeitaufwand: 0,5 Stunden

1.   Reagenzien

1.1.   Zinn-Standardlösung (0,2 mg/ml):
200 mg Zinn in 20 ml Salzsäure (37 %) lösen, die Lösung in einen 1000-ml-Meßkolben überspülen, 50 ml Salzsäure (37 %) hinzufügen und mit Wasser zur Marke auffüllen.

1.2.   Salpetersäure (65 %; 1,40 g/ml)

1.3.   Flußsäure (40 %; 1,13 g/ml)

1.4.   Niobmetall

1.5.   Tantalmetall

1.6.   Ferrum reductum

2.   Geräte

2.1.   Atomabsorptionsspektrometer mit Lachgas-Acetylen-Brenner
Anmerkung: Ohne großen Empfindlichkeitsverlust kann statt Lachgas auch Luft verwendert werden. Bei manchen Geräten kann der Einsatz einer Wasserstoffflamme eine Empfindlichkeitsverbesserung bewirken.

2.2.   Zinn-Hohlkathodenlampe, Wellenlänge der Meßstrahlung 287,0 nm

2.3.   Platinschale

2.4.   Kunststoffmeßkolben, 100 ml

2.5.   Kunststoffschalen oder -becher

3.   Ausführung

3.1.   Analyse

3.1.1.   1,000 g Probe in einer Platinschale mit 20 ml Salpetersäure (65 %) und 10 ml Flußsäure (40 %) ohne Erwärmen lösen und danach die Lösung kurz erhitzen.

3.1.2.   Die erkaltete Lösung in einen 100-ml-Kunststoffmeßkolben überspülen und mit Wasser zur Marke auffüllen.

3.1.3. Atomabsorptionsspektrometrie bei einer Wellenlänge von 287,0 nm unter optimalen Bedingungen nach Anweisung des Geräteherstellers.

Anmerkung: Tritt bei der Probelösung eine geringe Trübung auf, so wird vor der Messung durch ein trockenes Filter filtriert.

3.2. Blindwert

Der Zusammensetzung der Probe entsprechende Mengen Niob- und Tantalmetall sowie Ferrum reductum in eine Kunststoffschale einwiegen und behandeln wie unter 3.1.1 bis 3.1.3 beschrieben.

3.3. Eichkurve

3.3.1. Der Zusammensetzung der Probe entsprechende Mengen Niob- und Tantalmetall sowie Ferrum reductum in Kunststoffschalen oder Becher (kein Platin) einwiegen und mit Zinn-Standardlösung (1.1) versetzen.

3.3.2. Eichansätze behandeln wie unter 3.1.1 bis 3.1.2 beschrieben und mit den Probelösungen und deren Blindlösungen zeitlich zusammenhängend und unter denselben apparativen Bedingungen (3.1.3) atomabsorptionsspektrometrisch messen.

3.3.3 Die um den Blindwert verminderten Extinktionen der Eichlösungen gegen die zugehörigen Zinnmengen in einem Diagramm auftragen.

3.4. Auswertung

Anhand der Eichkurve aus der um den Blindwert verminderten Probeextinktion die in der Probe enthaltene Zinnmenge ermitteln und daraus den Zinngehalt der Probe berechnen.

Röntgenfluoreszenzanalytische Bestimmung von Wolfram in Ferrowolfram

Grundlage: Nach dem Lösen der Probe in einer definierten Säuremenge unter definierten Bedingungen wird die Intensität der Röntgenfluoreszenzstrahlung des Wolframs gemessen und mit Intensitäten von Eichlösungen verglichen.

Anwendungsbereich: Wolframgehalte in dem in Ferrowolfram üblichen Bereich

Genauigkeit: $v = 0,36\%$ bei Wolframgehalten um 80%

Zeitaufwand: 1 Stunde für zwei Proben ohne Ansetzen der Eichlösungen
2,5 Stunden einschließlich der Herstellung von 5 Eichlösungen

1.   Reagenzien

1.1.   Flußsäure (40 %; 1,13 g/ml)

1.2.   Salpetersäure (65 %; 1,40 g/ml)

1.3.   Wolfram (mindestens 99,9 %)

1.4.   Eisen (mindestens 99,5 %)

2.   Geräte

2.1.   Röntgenfluoreszenzspektrometer

2.2.   Platinschalen mit Deckel

2.3.   Kunststoffmeßkolben, 100 ml

2.4.   Wasserbad

3.   Ausführung

3.1.   Analyse

3.1.1. $(0,5000 \pm 0,0001)$ g Einwaage in einer Platinschale mit 5 ml Wasser und 10 ml Flußsäure (40 %) versetzen, mit einem Platindeckel abdecken, tropfenweise 2 ml Salpetersäure (65 %) hinzufügen und anschließend 5 min auf ein siedendes Wasserbad stellen. Dann abkühlen und den Schaleninhalt in einem 100-ml-Kunststoffmeßkolben mit Wasser zur Marke auffüllen. Die Lösung in einem Polyäthylengefäß mit Schraubverschluß aufbewahren.

Anmerkung: Da die Intensität der Röntgenfluoreszenzstrahlung stark von der Säurekonzentration abhängt, sind die angegebenen Säuremengen und die Verweilzeit auf dem siedenden Wasserbad genau einzuhalten.

3.1.2.   Die Lösung in eine Kunststoffküvette einfüllen und abdecken, damit möglichst wenig Säuredämpfe während der Messung in die Apparatur gelangen. Die Einfüllhöhe wird so bemessen, daß diese über der Eindringtiefe der anre-

genden Strahlung liegt. Dann die Intensität der Röntgenfluoreszenzstrahlung der $L_{\alpha 1}$-Linie des Wolframs unter folgenden Bedingungen messen:
- Anregung mit Hilfe einer Goldanoden-Röntgenröhre; 50 kV, 20 mA,
- Lithiumfluorid-Analysatorkristall,
- Messung mit einem Szintillationszählrohr,
- Zählzeit 20 s.

3.2.   Eichkurve

3.2.1.   In eine Reihe von mindestens fünf Platinschalen auf 0,1 mg genau steigende Mengen Wolfram so einwägen, daß der Gehaltsbereich der Probe sicher abgedeckt ist und die Einwaage mit Eisen auf 0,5 g ergänzen.

Anmerkung: Wolframpulver kann merkliche Sauerstoffmengen enthalten. In solchem Fall ist der Sauerstoffgehalt beim Ansetzen der Eichlösungen entsprechend zu berücksichtigen.

Die Einwaagen nach 3.1.1 und 3.1.2 weiterverarbeiten.

Bei Aufbewahrung in Polyäthylengefäßen mit dichtem Schraubverschluß sind die Eichlösungen mindestens 2 Monate haltbar.

3.2.2.   Die Intensitäten (Zählrate pro Zeiteinheit) der W-$L_{\alpha 1}$-Linie der Eichlösungen mit der Intensität der Probelösung zeitlich zusammenhängend und unter denselben apparativen Bedingungen (3.1.2) messen. Die in den einzelnen Eichlösungen gemessenen Intensitäten gegen die zugehörigen Wolframgehalte auftragen. Im untersuchten Gehaltsbereich ist die Eichfunktion eine Gerade.

3.3.   Blindwert
Innerhalb des von den Eichlösungen abgedeckten Gehaltsbereiches ist eine Bestimmung des Blindwertes nicht erforderlich, da er für die jeweiligen Proben und Eichlösungen identisch ist und somit bei der Eichung eliminiert wird.

3.4.   Auswertung
Aus der in der Probelösung gemessenen Intensität an Hand der Eichkurve den Wolframgehalt der Probe ermitteln.

Literatur

Schneider, H., et al.: Erzmetall 22 (1969) 338
Rothmann, H.; Schneider, H., et al.: Arch. Eisenhüttenwes. 33 (1962) 17

Analyse der Metalle

Herausgeber:
Chemikerausschuß der Gesellschaft
Deutscher Metallhütten- und Bergleute e.V.

1. Band
Schiedsanalysen

3., neubearbeitete Auflage. 1966. 23 Abbildungen, XII, 507 Seiten
Gebunden DM 112,–   ISBN 3-540-03458-7

Inhaltsübersicht:
Aluminium. Antimon. Arsen. Beryllium.
Blei. Bor. Cadmium. Chrom. Edelmetalle.
Gallium. Germanium. Indium. Kobalt.
Kohlenstoff. Kupfer. Lithium. Magnesium.
Mangan. Molybdän. Nickel. Phosphor.
Quecksilber. Selen. Silicium. Tantal/Niob.
Tellur. Thallium. Titan. Uran. Vanadium.
Wismut. Wolfram. Zink. Zinn. Zirkonium. –
Namenverzeichnis. – Sachverzeichnis.

2. Band
Betriebsanalysen

2., neubearbeitete Auflage. 1961. 227 Abbildungen. XX, 1568 Seiten
Gebunden DM 280,–   ISBN 3-540-02630-4

Inhaltsübersicht:
Erster Teil:
Atomgewichte. Aluminium. Antimon.
Arsen. Barium. Beryllium. Blei. Bor. Cadmium. Calcium. Caesium. Ceritmetall und
Cerium. Chrom. Gallium. Germanium.
Indium. Kalium. Kobalt. Kupfer. Lithium.
Magnesium. Mangan. Molybdän. Natrium.
Nickel. Niob und Tantal. Platinmetalle.
Quecksilber. Rhenium. Rubidium. Schwefel.

Zweiter Teil:
Selen. Silber und Gold. Silicium. Strontium.
Tellur. Thallium. Thorium. Titan. Uran.
Vanadin. Wismut. Wolfram. Zink. Zinn.
Zirkonium. Metallische und nichtmetallische
Überzüge. Der Sauerstoffgehalt von Metallen. Feuerfeste Baustoffe. Feste Brennstoffe.
Untersuchungsverfahren für Heizöle. Industrielle Gase. Wasseruntersuchungen im
Kesselbetrieb. Beizereiabwässer. Photometrie. Polarographie. Potentiometrie. Konduktometrie. Hochfrequenztitration.
Spektrochemische Analyse. Lösungen.
Pufferlösungen. Genormte Metalle und Legierungen. – Namenverzeichnis. – Sachverzeichnis.

3. Band
Probenahme

2., neubearbeitete Auflage. 1975. 242 Abbildungen. XII, 535 Seiten
Gemeinsam herausgegeben mit dem Verlag
Stahleisen mbH, Düsseldorf
Gebunden DM 188,–   ISBN 3-540-06759-0

Inhaltsübersicht:
Allgemeiner Teil: Hilfsmittel für die Probenahme. Verfahren zur Probenahme von
Erzen (Konzentraten) und ähnlichen Rohstoffen. Verfahren zur Probenahme von Metallen, ihren Legierungen und Verbindungen.
Weiterbehandlung der Rohprobe. Probenahme für die Spektralanalyse. Anwendung
der technischen Statistik auf die Probenahme. – Spezieller Teil: Probenahme bei
speziellen Metallen und anderen Elementen.
Probenahme von Hilfs- und sonstigen
Stoffen.

Springer-Verlag
Berlin
Heidelberg
New York